CHOUSHUI XUNENG DIANZHAN TONGYONG ZAOJIA

抽水蓄能电站通用造价

筹建期工程分册

国网新源控股有限公司　组编

中国电力出版社

CHINA ELECTRIC POWER PRESS

内容提要

为进一步提升抽水蓄能电站标准化建设水平，深入总结工程建设管理经验，提高工程建设质量和管理效益，国网新源控股有限公司组织有关研究机构、设计单位和专家，在充分调研、精心设计、反复论证的基础上，编制完成了《抽水蓄能电站通用造价》系列丛书，本丛书共5个分册。

本书为《筹建期工程分册》，主要内容有8篇30章，第一篇总论，包括概述、通用造价编制与应用总体原则、通用造价编制工作过程、通用造价编制说明；第二篇交通洞和通风洞工程编制说明，包括典型方案编制说明；第三篇交通洞和通风洞工程典型方案通用造价，包括典型方案说明、典型方案一、典型方案二、典型方案三、典型方案四、典型方案五、单位造价指标作用与说明、工程单价；第四篇交通洞和通风洞工程通用造价使用调整方法及工程示例，包括典型方案造价汇总、使用方法、调整方法、工程示例；第五篇上下水库连接路工程编制说明，包括典型方案编制说明；第六篇上下水库连接路工程典型方案通用造价，包括典型方案说明、典型方案一、典型方案二、典型方案三、典型方案四、单位造价指标作用与说明、工程单价；第七篇上下水库连接路工程通用造价使用调整方法及工程示例，包括典型方案造价汇总、使用方法、调整方法、工程示例；第八篇上下水库连接路工程附表，包括编制规定补充调整文件。附录为单价分析表。

本丛书适合抽水蓄能电站设计、建设、运维等有关技术人员阅读使用，其他相关人员可供参考。

图书在版编目（CIP）数据

抽水蓄能电站通用造价 . 筹建期工程分册 / 国网新源控股有限公司组编 . —北京：中国电力出版社，2020.7（2023.6重印）
ISBN 978-7-5198-4261-1

Ⅰ．①抽…　Ⅱ．①国…　Ⅲ．①抽水蓄能水电站－水利工程－工程造价　Ⅳ．①TV743

中国版本图书馆CIP数据核字（2020）第 027677 号

出版发行：中国电力出版社
地　　址：北京市东城区北京站西街 19 号
邮政编码：100005
网　　址：http://www.cepp.sgcc.com.cn
责任编辑：孙建英（010-63412369）
责任校对：黄　蓓　常燕昆
装帧设计：赵姗姗
责任印制：吴　迪

印　　刷：三河市百盛印装有限公司
版　　次：2020 年 7 月第一版
印　　次：2023 年 6 月北京第二次印刷
开　　本：787 毫米 ×1092 毫米　横 16 开本
印　　张：13.5
字　　数：445 千字
印　　数：1001—1600 册
定　　价：108.00 元

编　委　会

主　　任　路振刚

副 主 任　黄悦照　王洪玉

委　　员　赵常伟　朱安平　佟德利　张国良　苏　非　于显浩　沙保卫

主　　编　赵常伟

执行主编　吴　强　张菊梅

编写人员　张国良　息丽琳　张体壮　佰春明　周首喆　马　赫　王　凯　葛军强　刘旭伟　许　力

　　　　　张建业　徐爱香　代振峰　王友政　孙可欣　张　扬

前　　言

　　抽水蓄能电站运行灵活、反应快速，是电力系统中具有调峰、填谷、调频、调相、备用和黑启动等多种功能的特殊电源，是目前最具经济性的大规模储能设施。随着我国经济社会的发展，电力系统规模不断扩大，用电负荷和峰谷差持续加大，电力用户对供电质量要求不断提高，随机性、间歇性新能源大规模开发，对抽水蓄能电站发展提出了更高要求。2014 年国家发展改革委下发"关于促进抽水蓄能电站健康有序发展有关问题的意见"，确定"到 2025 年，全国抽水蓄能电站总装机容量达到约 1 亿 kW，占全国电力总装机的比重达到 4% 左右"的发展目标。

　　抽水蓄能电站建设规模持续扩大，大力研究和推广抽水蓄能电站标准化设计，是适应抽水蓄能电站快速发展的客观需要。国网新源控股有限公司作为全球最大的调峰调频专业运营公司，承担着保障电网安全、稳定、经济、清洁运行的基本使命，经过多年的工程建设实践，积累了丰富的抽水蓄能电站建设管理经验。为进一步提升抽水蓄能电站标准化建设水平，深入总结工程建设管理经验，提高工程建设质量和管理效益，国网新源控股有限公司组织有关研究机构、设计单位和专家，在充分调研、精心设计、反复论证的基础上，编制完成了《抽水蓄能电站通用造价》系列丛书，包括地下厂房、上下水库、输水系统、机电设备安装、筹建期工程五个分册。

　　本通用造价坚持"安全可靠、技术先进、保护环境、投资合理、标准统一、运行高效"的设计原则，追求统一性与可靠性、先进性、经济性、适应性和灵活性的协调统一。该书凝聚了抽水蓄能行业诸多专家和广大工程技术人员的心血和智慧，是公司推行抽水蓄能电站标准化建设的又一重要成果。希望本书的出版和应用，能有力促进和提升我国抽水蓄能电站建设发展，为保障电力供应、服务经济社会发展做出积极的贡献。

　　由于编者水平有限，不妥之处在所难免，敬请读者批评指正。

编者

2020 年 3 月

目　　录

第四篇 交通洞和通风洞工程通用造价使用调整方法及工程示例

第五篇 上下水库连接路工程编制说明

第六篇 上下水库连接路工程典型方案通用造价

第七篇 上下水库连接路工程通用造价使用调整方法及工程示例

第八篇 上下水库连接路工程附表

附录 单价分析表

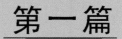

第一篇

总　　论

第1章　概　　述

1.1　通用造价目的和意义

为深入贯彻党的十九大精神，全面对接国家电网有限公司（简称国家电网公司）"建设具有中国特色国际领先的能源互联网企业"的战略目标，国网新源控股有限公司（简称国网新源公司）坚持和丰富安全健康发展理念，以推进管理提升为主线，着力提升电网服务能力、核心竞争力和行业引导力，按照"集团化运作、集约化发展、精益化管理、标准化建设"的要求，不断强化抽水蓄能电站建设管理，国网新源公司在通用设计和典型工程的基础上，通过深入广泛地调查研究，根据现行水电行业造价相关规定标准，组织编制完成了《抽水蓄能电站通用造价》丛书。

国网新源公司作为专业的抽水蓄能电站建设和运行管理公司，处在高速发展期，目前管理60家单位，其中基建单位占比较大。无论前期方案投资决策、招标阶段控制价确定和投标报价合理性判断，还是实施阶段造价管控，都需要一套参考标准，为广大造价管理人员提供评判尺度。抽水蓄能电站工程造价涉及国网新源公司经济效益和长远发展，建立工程造价标准化体系，合理控制工程造价，提高投资效益，既是抽水蓄能发展方式转变的具体措施，也是抽水蓄能快速发展关键时期的基本保障。

《抽水蓄能电站通用造价》丛书是国网新源公司标准化建设成果的重要组成部分，为国网新源公司各部门提供科学的依据和客观的标准，既可规范工程建设市场行为，还有利于通用设计的推广与应用。

（1）编制通用造价是全面贯彻党的十九大精神、深刻认识发展抽水蓄能的重要意义、全面提高工作质量和水平、为我国能源转型做出积极贡献的具体行动。

（2）编制通用造价是抽水蓄能快速发展关键时期对造价工作的具体要求，也是国网新源公司作为抽水蓄能电站建设领域引导者的责任和使命。

（3）编制通用造价是国网新源公司贯彻国家电网公司的战略目标，建设具有中国特色国际领先的能源互联网企业具体体现。

（4）编制通用造价是基建标准化管理体系的重要建设内容，也是实现造价标准统一、内容深度统一的基础支撑。

（5）编制通用造价为抽水蓄能电站规划选点、预可行性研究、可行性研究、集中规模招标和工程竣工结算等工作的开展创造有利条件。

（6）编制通用造价为造价审查提供尺度，为造价编制和比较分析提供参考，加快设计、评审的进度，方便工程招标，提高抽水蓄能电站建设效率。

1.2　通用造价体系介绍

1.2.1　体系构成

《抽水蓄能电站通用造价》丛书包括五个分册，分别是筹建期工程分册、上下水库分册、输水系统分册、地下厂房分册、机电设备安装分册。《抽水蓄能电站通用造价》丛书按滚动开发方式编制，目前编制的版本为2019年版，各分册主要项目组成见图1-1。

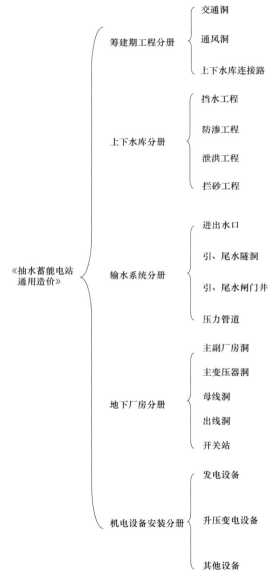

図中文字:

《抽水蓄能电站通用造价》

筹建期工程分册
— 交通洞
— 通风洞
— 上下水库连接路

上下水库分册
— 挡水工程
— 防渗工程
— 泄洪工程
— 拦砂工程

输水系统分册
— 进出水口
— 引、尾水隧洞
— 引、尾水闸门井
— 压力管道

地下厂房分册
— 主副厂房洞
— 主变压器洞
— 母线洞
— 出线洞
— 开关站

机电设备安装分册
— 发电设备
— 升压变电设备
— 其他设备

图 1-1 《抽水蓄能电站通用造价》主要项目组成

1.2.2 应用层次

《抽水蓄能电站通用造价》通过典型方案、基本模块和工程单价三个层次实现对项目的造价管理应用，以典型方案造价、基本模块造价和工程单价为基础，调整组合出不同方案的工程造价。

第一层次，典型方案。《抽水蓄能电站通用造价》各分册包含若干典型方案，通过对各分册典型方案的选取、调整和组合，构成目标电站建筑安装工程造价。

第二层次，基本模块。《抽水蓄能电站通用造价》各分册中典型方案由二级项目组成，将各典型方案二级项目的单位造价指标作为基本模块参数，以典型方案为基础，结合实际方案二级项目特征、建筑物尺寸，对二级项目替换、组合和调整，构成目标方案工程造价。

第三层次，工程单价。《抽水蓄能电站通用造价》各分册中给出了不同影响因素的工程造价调整方法，以典型方案工程单价为基础，调整影响工程单价的因素，编制目标工程单价。

1.2.3 各分册主要内容

《抽水蓄能电站通用造价》各分册主要内容包括：统一通用造价的编制条件；选取有代表性的典型方案，说明典型方案的主要技术条件；编制典型方案的工程造价；介绍通用造价的单位造价指标和工程单价；说明通用造价使用方法、单位造价指标和工程单价的主要影响因素及调整办法；编制参考工程示例。

1.2.4 适用范围

《抽水蓄能电站通用造价》适用于抽水蓄能电站从前期到实施各个阶段的造价管控，具体适用范围如下：

（1）适用于抽水蓄能电站规划选点投资匡算、预可行性研究投资估算、可行性研究设计概算、招标控制价、投标报价和工程变更的评审。

（2）适用于抽水蓄能电站可行性研究设计概算、招标控制价、投标报价和工程变更的编制。

（3）适用于不同项目地区、海拔高程、价格水平、岩石级别、断面尺寸和运距等影响因素的造价调整。

（4）常规水电站可参照使用。

第 2 章　通用造价编制与应用总体原则

2.1　编制总体原则

通用造价编制过程中，认真贯彻落实国家电网公司"安全可靠、优质适用、性价合理"的工程建设的总体标准，严格执行现行的水电行业概估算编制规定、取费标准和定额。通用造价的总体编制原则为：方案典型，造价合理，全面清晰，编制科学，简捷灵活，应用广泛。

（1）方案典型，结合实际。抽水蓄能电站通用造价编制采用的典型方案是以国网新源公司抽水蓄能电站通用设计和典型电站为基础，通过对国网新源公司近年开工建设项目的统计、筛选、分析，结合影响工程造价的主要技术条件，科学合理选择典型方案。

（2）标准统一，造价合理。统一抽水蓄能电站通用造价的编制原则、依据和编制深度，按照国家电网公司和国网新源公司总体建设标准，综合考虑各地区工程建设实际情况，体现近年抽水蓄能电站造价的真实水平。

（3）模块全面，边界清晰。抽水蓄能电站通用造价编制贯彻模块化设计思想，明确模块划分的边界条件，每个分册编制了典型方案造价、基本模块造价和工程单价，各个分册构成了抽水蓄能电站通用造价体系，最大限度满足抽水蓄能电站设计方案需要，增强通用造价的适应性和灵活性。

（4）总结经验，科学编制。本次通用造价编制工作通过分析影响工程造价的主要技术条件，提出既能满足当前建设要求又有一定代表性的典型方案，依据现行规程规范、建设标准和现行的概算编制依据，符合现实条件，使通用造价更合理、更科学。

（5）使用灵活，简捷适用。抽水蓄能电站通用造价各分册包括典型方案、基本模块和调整方法。通过分册间和分册内部的灵活组合，计算出与各类实际工程相对应的工程造价，同时为分析其他工程的造价合理性提供依据。

（6）阶段全面，应用广泛。抽水蓄能电站通用造价编制以设计概算为桥梁，通过不同阶段的造价调整办法，将规划选点投资匡算、预可行性研究投资估算、招标阶段控制价和建议合同价格联系在一起，便于不同阶段的造价管理控制。

2.2　应用总体原则

抽水蓄能电站通用造价在推广应用中应与通用设计相协调，从工程实际出发，充分考虑抽水蓄能电站技术进步、国家政策和项目自身特点等影响工程造价的各类因素，有效控制工程造价。

（1）处理好与通用设计的关系。通用造价在通用设计的基础上，按照工程造价管理要求，合理调整完善了典型方案种类，进一步明确了方案的编制依据。抽水蓄能电站通用造价补充了部分基本模块。通用造价与通用设计的侧重点不同，但编制原则、技术条件一致，因此，在应用中可根据两者的特点，相互补充利用。

（2）因地制宜，加强对影响工程造价各类费用的控制。通用造价按照水电行业现行概估算编制规定计算了每个典型方案及基本模块的具体造价，对于计价依据明确的费用，在实际工程设计、评审、管理中须严格把关；对于与通用造价差异较大、计价依据未明确的费用，应进行合理的比较、分析、控制。对于基本模块的选用，要根据项目特点选择，并根据通用造价调整办法对与基本模块差异的部分进行分析调整。

（3）尊重客观实际，合理选择调整方式。对于招标文件或合同文件中明确规定了合同单价或变更单价调整办法的项目，宜根据工程实际条件，具体问题具体分析，编制相应工程单价，不宜简单机械地选用典型工程单价。

（4）加强通用造价的全面推广应用工作。国网新源公司系统内各项目单位在抽水蓄能电站规划选点、预可行性研究、可行性研究、招标、施工、评审和其他造价管理等工作中，要应用通用造价进行工程投资分析、比较，切实发挥通用造价在造价管理中的作用。

（5）滚动开发，与时俱进。根据国家有关工程造价文件修订、抽水蓄能电站工程技术进步、通用设计的修订及完善和典型电站的变化情况，建立通用造价滚动修订机制，不断更新、补充和完善，与时俱进，使通用造价及时体现工程技术进步和市场变化，不断满足工程建设实际工作需要。

2.3 编制与应用特点

《抽水蓄能电站通用造价》丛书在通用设计和典型工程的基础上进行编制，应用简捷灵活，主要特点如下：

（1）方案全面通用。《抽水蓄能电站通用造价》方案选择紧密结合通用设计和工程实际，对通用设计方案覆盖率达 100%，包括全部影响抽水蓄能电站造价的主要技术条件，样本齐全，方案典型，通用性强。

（2）模块形式多样，组合灵活。《抽水蓄能电站通用造价》各分册的典型方案造价、二级项目造价和工程单价构成了通用造价体系的基础模块，分册间典型方案造价可组合出整座电站的建安工程造价，二级项目造价可组合出分册项目范围对应的各实际方案造价，工程单价的组合可适用多种实际条件变化。理论上，基础模块样本全面，可进行无限组合，覆盖所有实际情况。

（3）通用造价使用方法宏观和微观相结合，兼顾准确性和便捷性。通用造价使用方便，计算快速准确，提供单位造价指标法和工程单价法两种使用方法。单位造价指标法属于宏观使用方法，侧重便捷性，适用于二级项目和方案调整；工程单价法属于微观使用方法，侧重准确性，适用于精度要求较高的造价调整。

（4）引入相对概念，消除项目间差异。由于装机规模、地形地貌、枢纽布置条件和建筑物尺寸等差异影响，抽水蓄能电站间相似度不高，采用投资绝对数额，样本数量有限且不利推广应用；引入单位造价指标相对数量的概念，能有效避免项目间差异因素影响，方便灵活组合，克服样本数量不多的限制，有利于通用造价推广应用。

（5）包含造价主要影响因素，调整方法全面。通用造价调整因素包含项目构成差异、尺寸变化、岩石级别差异、价格水平调整、项目地区差异、海拔高程等影响造价的主要因素，并提供了相应的调整方法，调整方法全面，操作简便。

（6）工程阶段全面，适合全过程造价管理。通用造价通过不同阶段的调整方法，可以为抽水蓄能电站规划选点投资匡算、预可行性研究投资估算、可行性研究设计概算、招标控制价和施工变更结算等提供编制参考和评审尺度。

（7）适合各级人员使用。通用造价不但包括单位千瓦、单位体积和单位延米等宏观指标，还包括可具体操作的工程单价，可为管理决策人员提供决策参考和依据，也可为造价管理执行人员提供控制尺度。

第3章 通用造价编制工作过程

3.1 工作方式

抽水蓄能电站通用造价总体工作方式是：统一组织、分工明确、广泛调研、方案典型、定期协调、严格把关。通用造价以通用设计和典型工程方案为基础，以控制工程造价为核心，建立滚动修订机制，不断更新、补充和完善。

（1）统一组织。由国网新源公司统一组织编制通用造价，提出抽水蓄能电站通用造价指导性意见，统一协调进度安排，统一组织推广应用，统一组织滚动修订。

（2）分工明确。对通用造价编制工作进行明确分工，山东沂蒙抽水蓄能有限公司组织通用造价实施，中国电建集团北京勘测设计研究院有限公司负责通用造价具体编制及修改工作，国网新源公司系统造价专家对通用造价的质量进行把关和评审。

（3）广泛调研。为了保证通用造价的代表性和典型性，在通用造价编制的过程中，开展深入和广泛的调研工作，在不同阶段充分征求各方的意见和建议，与实际工程建设紧密结合。

（4）方案典型。对典型方案的代表性、科学性、合理性、灵活性进行分析是通用造价编制的重点工作之一，重点确定影响抽水蓄能电站通用造价水平的技术条件，选择通用设计各方案的典型电站和典型施工方法。

（5）定期协调。为了保证通用造价的进度，定期召开协调会，检查工作进展，推进整个编制工作的顺利开展，确保通用造价编制工作在统一的技术原则下进行，按期完成。

（6）严格把关。为保证通用造价编制工作的质量与效率，对通用造价的技术条件、编制依据等关键环节进行严格把关，对每个关键环节组织专家研讨与评审，通过对每一步工作质量的把关，确保通用造价最终成果的科学性、合理性。

3.2 编制过程

抽水蓄能电站通用造价编制工作于 2018 年 3 月启动，2019 年 12 月形成最终成果，期间召开 5 次协调评审会，明确各阶段工作任务，对技术方案进行把关，对编制依据、方法和内容进行评审，提高通用造价科学性、正确性和合理性。具体编制过程如下：

2018 年 3 月 15 日，在北京召开《抽水蓄能通用造价研究科技项目》启动会，会议明确了通用造价编制的总体思路、原则、工作方案、各单位分工和下阶段工作目标。

2018 年 5 月 11 日，在北京召开《抽水蓄能通用造价编制细则》审查会，会议对编制细则进行评审，确定通用造价各分册编制办法和各典型方案代表项目。

2018 年 8 月 7 日，在北京召开抽水蓄能电站通用造价科技项目推进会，会议对抽水蓄能通用造价科技项目进行了进度检查，并提出增加通用造价筹建期工程分册要求。

2018 年 9 月 26 日，在北京召开抽水蓄能电站通用造价地下厂房分册中间成果检查会，进一步明确工作内容和成果要求。

2018 年 10 月 16 日，在北京召开抽水蓄能电站通用造价地下厂房分册成果评审会。

2019 年 4 月 2 日，在北京召开抽水蓄能电站通用造价筹建期工程分册、上下水库分册、输水系统分册和机电设备安装分册中间成果检查会，进一步明确工作内容和成果要求。

2019 年 6 月 20 日，在北京召开抽水蓄能电站通用造价上下水库分册和输水系统分册初稿讨论会。

2019 年 7 月 18 日，在北京召开抽水蓄能电站通用造价上下水库分册和输水系统分册成果评审会。

2019 年 11 月 13 日，在北京召开抽水蓄能电站通用造价机电设备安装分册和筹建期工程分册成果评审会。

第 4 章　通用造价编制说明

抽水蓄能电站通用造价编制严格执行国家有关法律法规，水电行业基本建设管理制度，水电造价相关编制规定、取费标准和配套定额，结合实际工程情况，确定通用造价编制依据，价格水平为 2019 年四季度，以典型电站可行性研究阶段设计工程量为基础。

本册为《筹建期工程分册》，筹建期工程包含交通洞工程、通风洞工程和上下水库连接路工程三部分内容。其中，交通洞工程和通风洞工程通用造价的编制深度、内容、项目划分和表格形式按现行《水电工程设计概算编制规定（2013 年版）》（简称水电 2013 年版编规）要求编制。上下水库连接路工程通用造价按现行《公路工程建设项目概算预算编制办法》（简称公路 2018 年版编规）要求编制。因此，根据不同行业编制依据，将筹建期工程分册分为两部分分别为交通洞和通风洞工程、上下水库连接路工程。

国家电网公司
STATE GRID
CORPORATION OF CHINA

第二篇

交通洞和通风洞工程编制说明

第 5 章　典型方案编制说明

5.1　编制依据

（1）可再生定额〔2014〕54 号文《水电工程设计概算编制规定（2013 年版）》及《水电工程费用构成及概（估）算费用标准（2013 年版）》。

（2）可再生定额〔2019〕14 号文《关于调整水电工程、风电场工程及光伏发电工程计价依据中建筑安装工程增值税税率及相关系数的通知》。

（3）可再生定额〔2018〕16 号文《关于调整水电工程计价依据中建筑安装工程增值税税率及相关系数的通知》。

（4）可再生定额〔2016〕25 号文《关于发布〈关于建筑业营业税改征增值税后水电工程计价依据调整实施意见〉的通知》。

（5）财政部、税务总局、海关总署公告 2019 年第 39 号《关于深化增值税改革有关政策的公告》。

（6）可再生定额〔2008〕5 号文《水电建筑工程概算定额（2007年版）》。

（7）水电规造价〔2004〕0028 号文《水电工程施工机械台时费定额（2004 年版）》。

（8）2019 年四季度山东地区材料价格信息。

（9）典型电站的可研、招标、合同和结算资料。

（10）典型的施工方案和施工方法。

（11）其他相关资料。

5.2　条件设定说明

国网新源公司项目所属区域范围较广，站址地质类别多样，地形条件复杂，水文和施工条件不同，且所属区域社会、经济发展不平衡，实际工程的费用选取存在较大差别。通用造价交通洞和通风洞工程编制工作中通过广泛调研，明确了交通洞和通风洞相关技术条件，确定了编制依据、材料价格编制原则、取费假定条件等，从而使不同地区、不同站址条件的典型方案造价建立在相同的造价平台上，同时各典型方案造价也具备了横向可比性。通用造价交通洞和通风洞工程编制过程中进行了必要的、适当的条件设定和取费标准设定。具体如下：

（1）选用实际工程作为通用造价交通洞和通风洞工程的典型方案。

（2）典型方案工程量采用所选工程的核准可研报告设计概算工程量。

（3）各典型方案相同项目采用同一施工组织设计。

（4）各典型方案的价格水平相同，统一按 2019 年四季度考虑。

（5）各典型方案采用相同的定额和取费标准。

（6）海拔高程按高程 2000m 以下的一般地区考虑。

（7）人工预算单价计算标准采用一般地区，冬雨季施工增加费费率采用中南、华东地区费率，夜间施工增加费费率取中值，规费取值 36。

（8）土方工程按Ⅲ类土考虑，石方明挖岩石级别按Ⅸ～Ⅹ、石方洞挖岩石级别按Ⅺ～Ⅻ考虑。

（9）典型方案工程的混凝土配合比参考类似工程混凝土配合比试验资料分

析计算。

5.3 典型方案代表工程选择和工程量

5.3.1 典型方案代表工程选择

通过对国网新源公司正在实施工程的深入研究，根据地区类别、围岩类别等影响工程造价的主要技术条件因素，筛选出涵盖华北、东北、华中、华东、西南五大地区的五个抽水蓄能电站作为通用造价交通洞和通风洞工程的典型方案代表工程。各典型方案主要特征参数见表5-1。

表 5-1   交通洞和通风洞工程典型方案主要特征参数

名称	特征参数	方案一	方案二	方案三	方案四	方案五
交通洞	长度	1768m	1349m	1130m	1701m	1510m
	围岩类别	Ⅱ类围岩长1440m，约占81%；Ⅲ类围岩长170m，约占10%；Ⅳ～Ⅴ类围岩长158m，占9%	Ⅱ类围岩长809m，约占60%；Ⅲ类围岩长405m，约占30%；Ⅳ～Ⅴ类围岩长135m，占10%	Ⅱ类围岩长680m，约占59%；Ⅲ类围岩长330m，约占30%；Ⅳ～Ⅴ类围岩长120m，占11%	围岩以Ⅱ～Ⅲ类为主，局部为Ⅳ类	Ⅱ～Ⅲ类为主，占78%；局部为Ⅳ～Ⅴ类，占22%
	岩性条件	为斜长角闪岩、二长花岗岩、花岗闪长岩、片麻状闪长岩	主要为中等风化～新鲜花岗岩	主要为新鲜白岗花岗岩	主要为强风化～新鲜粗粒花岗岩和（似）斑状花岗岩	主要为浅紫红色变质含砾中粗砂岩
	水文地质条件	微～极微透水岩体	微透水岩体	微透水岩体	总体属微透水性，局部为弱透水性，极少数为中等透水性	微透水岩体
	衬砌型式	混凝土衬砌	混凝土衬砌	混凝土衬砌	混凝土衬砌	混凝土衬砌
通风洞	长度	1265m	1349m	1180m	1137m	1218m
	围岩	Ⅱ类围岩长274m，约占22%；Ⅲ类围岩长544m，约占43%；Ⅳ～Ⅴ类围岩长447m，占35%	Ⅱ类围岩长809m，约占60%；Ⅲ类围岩长405m，约占30%；Ⅳ～Ⅴ类围岩长135m，占10%	Ⅱ类围岩长770m，约占65%；Ⅲ类围岩长325m，约占28%；Ⅳ～Ⅴ类围岩长85m，占7%	围岩以Ⅱ～Ⅲ类为主，局部为Ⅳ类	围岩类别Ⅱ～Ⅲ类为主，约占84%；局部为Ⅳ～Ⅴ类，占16%
	岩性及水文地质条件	为斜长角闪岩、二长花岗岩、花岗闪长岩、片麻状闪长岩	主要为中等风化～新鲜花岗岩	围岩岩性为新鲜白岗花岗岩	主要为强风化～新鲜粗粒花岗岩和（似）斑状花岗岩	主要为浅紫红色变质含砾中粗砂岩
	水文地质条件	微～极微透水岩体	微透水岩体	微透水岩体	总体属微透水性，局部为弱透水性，极少数为中等透水性	微透水岩体
	衬砌型式	混凝土衬砌	混凝土衬砌	混凝土衬砌	混凝土衬砌	混凝土衬砌

5.3.2 工程量

通用造价交通洞和通风洞工程各典型方案项目划分按水电2013年版编规划分，项目出项和工程量与各典型方案代表工程核准的可行性研究设计概算中的项目出项和工程量保持一致。各典型方案详细工程量见第7～11章内容，各典型方案工程量汇总见表5-2。

表 5-2   交通洞和通风洞工程典型方案工程量汇总表

编号	项目名称	单位	方案一	方案二	方案三	方案四	方案五
1	土方开挖	m³	8400	12993	18500	13052	41284
2	石方明挖	m³	33200	30318	81900	16189	88924
3	石方洞挖	m³	204200	140953	185400	187598	174282
4	喷混凝土	m³	7614	4529	11800	8498	10601

编号	项目名称	单位	方案一	方案二	方案三	方案四	方案五
5	混凝土	m³	14700	10947.8	17600	23648	12525
6	钢筋及钢材	t	786	767.7	778	2071.38	597
7	固结灌浆钻孔	m	/	/	/	5238	550
8	固结灌浆	t	/	/	/	361.79	14
9	锚杆	根	23192	19622	16209	39092	29445
10	锚索	束	/	44	/	/	/
11	回填灌浆	m²	8974	5253.6	/	10538	7733
12	排水孔	m	14274	14619	9300	31766	29676
13	浆砌石	m³	1040	231.6	/	1000	/
14	止水	m	2581	/	/	966	/

5.4 基础价格

5.4.1 人工预算单价

抽水蓄能电站通用造价人工预算单价根据《水电工程费用构成及概（估）算费用标准（2013 年版）》计算，各典型方案人工预算单价计算标准统一采用一般地区标准，人工预算价格见表 5-3。

表 5-3　　　　　　人 工 预 算 单 价

编号	项目名称	预算价格（元/工时）
1	高级熟练工	10.26
2	熟练工	7.61
3	半熟练工	5.95
4	普工	4.90

5.4.2 材料预算价格

材料预算价格由材料原价、运杂费、运输保险费和采购及保管费等组成，以不含增值税进项税额的价格计算。主要材料预算价格超过"可再生定额〔2016〕25 号文"所规定的最高限额价格时，按最高限额价格计算工程直接费、间接费和利润等，超出最高限额价格部分以补差形式计入相应工程单价，并计算税金。主要材料预算价格见表 5-4。

其他材料预算价格参考同类工程资料分析确定。

表 5-4　　　　　　主 要 材 料 预 算 价 格

编号	名称及规格	单位	预算价格（元）	限额价（元）
1	钢筋	t	4047	3400
2	水泥 42.5	t	503	440
3	原木	m³	1540	
4	板枋材	m³	2099	
5	柴油	t	7076	
6	汽油	t	8427	
7	炸药	t	10751	6800

5.4.3 电、水、风、砂石料价格

电、水、风、砂石料价格根据典型施工组织设计方案计算。施工用电以电网供电为主，柴油发电机发电为辅；施工用水按多级供水考虑，水价根据各级用水比例综合计算；施工供风采取分区布置，集中设置空压站与配备移动空压机相结合方式；砂石料加工系统料源为其他部位开挖料。电、水、风、砂石料价格见表 5-5。

表 5-5　　　　　　电、水、风、砂石料价格

编号	名称及规格	单位	预算价格（元）
1	施工用电	kWh	0.801
2	施工用水	m³	2.840
3	施工用风	m³	0.134
4	碎石	m³	40.85
5	砂	m³	70.00

5.4.4 混凝土材料单价

混凝土材料价格根据类似工程混凝土配合比试验资料分析计算。

5.4.5 施工机械台时费

施工机械台时费按水电规造价〔2004〕0028 号颁发的《水电工程施工机械台时费定额（2004 年版）》以及"可再生能源定额站〔2016〕25 号文"、"可再生定额〔2018〕16 号文"和"可再生定额〔2019〕14 号文"计算。

5.5 工程单价

建筑工程单价由直接费、间接费、利润、税金组成。根据典型施工组织设

计、"可再生定额〔2016〕25 号文"、"可再生定额〔2018〕16 号文"、"可再生定额〔2019〕14 号文"、《水电建筑工程概算定额（2007 年版）》、《水电施工机械台时费定额（2004 年版）》和《水电工程费用构成及概（估）算费用标准（2013 年版）》等计算，定额中缺项的工程单价，参考其他行业定额及类似实际工程单价计列。

5.5.1 施工组织设计

典型施工组织设计根据近年在抽水蓄能电站施工中广泛使用的施工方案和施工方法等确定。主要施工方法：石方洞挖采用气腿钻钻孔爆破，全断面开挖，周边光面爆破，3m³ 侧卸式装载机装 15t 自卸车出渣，开挖出渣与锚喷支护平行交叉施工。引水隧洞混凝土衬砌采用钢模台车施工，3m³ 混凝土搅拌运输车运至工作面，HB-30 型混凝土泵送入仓。各部位施工方法详见表 5-6。

表 5-6　　　　交通洞和通风洞工程各部位施工方法

编号	项目名称	施工方法
	土方工程	
1	土方明挖-交通洞-2.6km	118kW 推土机剥离集料，3m³ 装载机装土，15t 自卸出渣，运距 2.6km
2	土方明挖-通风洞-2.0km	118kW 推土机剥离集料，3m³ 装载机装土，15t 自卸出渣，运距 2.0km
	石方工程	
3	石方明挖-交通洞-2.6km	采用气腿钻钻孔爆破，132kW 推土机集渣，3m³ 挖掘机装 15t 自卸汽车运输出渣，运输距离 2.6km
4	石方明挖-通风洞-2.0km	采用气腿钻钻孔爆破，132kW 推土机集渣，3m³ 挖掘机装 15t 自卸汽车运输出渣，运输距离 2.0km
5	浆砌石护坡-交通洞-2.0km	人工从渣场拣石块，手推车运 100m，2m³ 装载机装 10t 自卸汽车运输 2.0km，人工砌筑
6	浆砌石护坡-通风洞-1.0km	人工从渣场拣石块，手推车运 100m，2m³ 装载机装 10t 自卸汽车运输 1.0km，人工砌筑
7	石方洞挖-交通洞-洞内 1.0km-洞外 2.6km	采用气腿钻钻孔爆破，3m³ 装载机装 15t 自卸汽车出渣，运距洞内 1.0km，洞外 2.6km
8	石方洞挖-通风洞-洞内 0.8km-洞外 2.0km	采用气腿钻钻孔爆破，3m³ 装载机装 15t 自卸汽车出渣，运距洞内 0.8km，洞外 2.0km
	混凝土工程	
9	隧洞衬砌 C25 混凝土-开挖断面 70m²-衬厚 50cm	拌和楼拌制混凝土，3m³ 混凝土搅拌运输车运混凝土，运距洞内 1.0km，洞外 0.5km，混凝土泵送入仓，插入式振捣器振捣
10	隧洞衬砌 C25 混凝土-开挖断面 50m²-衬厚 50cm	拌和楼拌制混凝土，3m³ 混凝土搅拌运输车运混凝土，运距洞内 0.8km，洞外 0.5km，混凝土泵送入仓，插入式振捣器振捣
11	底板混凝土 C30-交通洞	拌和楼拌制混凝土，3m³ 混凝土搅拌运输车运混凝土，运距洞内 1.0km，洞外 0.5km，直接入仓，插入式振捣器振捣
12	底板混凝土 C30-通风洞	拌和楼拌制混凝土，3m³ 混凝土搅拌运输车运混凝土，运距洞内 0.8km，洞外 0.5km，直接入仓，插入式振捣器振捣
13	排水沟混凝土 C15-交通洞	拌和楼拌制混凝土，3m³ 混凝土搅拌运输车运混凝土，运距洞内 1.0km，洞外 0.5km，直接入仓，插入式振捣器振捣
14	排水沟混凝土 C15-通风洞	拌和楼拌制混凝土，3m³ 混凝土搅拌运输车运混凝土，运距洞内 0.8km，洞外 0.5km，直接入仓，插入式振捣器振捣
15	回填混凝土 C15-交通洞	拌和楼拌制混凝土，3m³ 混凝土搅拌运输车运混凝土，运距洞内 1.0km，洞外 0.5km，直接入仓，插入式振捣器振捣
16	回填混凝土 C15-通风洞	拌和楼拌制混凝土，3m³ 混凝土搅拌运输车运混凝土，运距洞内 0.8km，洞外 0.5km，直接入仓，插入式振捣器振捣
17	板梁柱混凝土-通风洞	拌和楼拌制混凝土，3m³ 混凝土搅拌运输车运混凝土，运距洞内 0.8km，洞外 0.5km，混凝土泵送入仓，插入式振捣器振捣
	基础处理工程	
18	洞内固结灌浆钻孔（风钻）	气腿钻钻孔，孔深 5m 以内
19	隧洞固结灌浆（40kg/m）	隧洞固结灌浆，水泥单位注入量 40kg/m
20	洞内 排水孔 5m 以内	气腿钻钻孔，孔深 5m 以内
	喷锚支护工程	
21	露天 锚杆 ϕ22 $L=3$m（风钻）	风钻钻孔
22	露天 锚杆 ϕ25 $L=4.5$m（风钻）	风钻钻孔
23	洞内 锚杆 ϕ20 $L=2.5$m（风钻）	风钻钻孔
24	洞内 锚杆 ϕ22 $L=3$m（风钻）	风钻钻孔
25	洞内 锚杆 ϕ22 $L=4$m（风钻）	风钻钻孔

编号	项目名称	施工方法
26	洞内 锚杆 $\phi22$ $L=5m$（风钻）	风钻钻孔
27	洞内 锚杆 $\phi25$ $L=4m$（风钻）	风钻钻孔
28	洞内 锚杆 $\phi25$ $L=5m$（风钻）	风钻钻孔
29	洞内 锚杆 $\phi25$ $L=6m$（风钻）	风钻钻孔
30	洞内 喷混凝土 10cm	机械湿喷，平洞支护，有钢筋网
31	洞内 喷钢纤维混凝土 60kg	机械湿喷，平洞支护
32	露天 锚索 2000kN $L=30m$（地质钻机）	无黏结式岩石预应力锚索，地质钻钻孔

5.5.2 取费费率

取费费率根据《水电工程费用构成及概（估）算费用标准（2013 年版）》、"可再生定额〔2016〕25 号文"和"可再生定额〔2018〕16 号文"和"可再生定额〔2019〕14 号文"计取。其中，其他直接费中的冬雨季施工增加费费率采用中南、华东地区费率，夜间施工增加费费率取中值。建筑工程取费费率详见表 5-7。

表 5-7　　　　　　　建筑安装工程取费费率

编号	工程或费用名称	计算基础	费率（%）	备注
一	其他直接费	基本直接费	6.75	
二	间接费费率			
	土方工程	直接费	13.3	
	石方工程	直接费	22.4	
	混凝土工程	直接费	16.9	
	钢筋制作安装工程	直接费	8.41	
	喷锚支护工程	直接费	21.46	
	基础处理工程	直接费	19.04	
	其他工程	直接费	18.29	
三	利润	直接费＋间接费	7	
四	税金	直接费＋间接费＋利润	9	

第三篇

交通洞和通风洞工程典型方案通用造价

第6章 典型方案说明

根据通用造价编制和应用原则选定五个不同地区具有较强代表性的电站，重点突出影响抽水蓄能电站造价的技术条件。

交通洞和通风洞工程通用造价典型方案主要技术条件汇总表见表6-1。

表6-1　交通洞和通风洞工程通用造价典型方案主要技术条件

编号	项目名称		水文地质条件	衬砌型式	围岩类别
1	方案一	交通洞	微～极微透水岩体	钢筋混凝土	Ⅱ～Ⅲ类为主 局部为Ⅳ～Ⅴ类
		通风洞	微～极微透水岩体	钢筋混凝土	Ⅱ～Ⅳ类为主 局部为Ⅴ类
2	方案二	交通洞	微透水岩体	钢筋混凝土	Ⅱ～Ⅲ类为主 局部为Ⅳ类
		通风洞	微透水岩体	钢筋混凝土	Ⅱ～Ⅲ类为主 局部为Ⅳ类

续表

编号	项目名称		水文地质条件	衬砌型式	围岩类别
3	方案三	交通洞	微透水岩体	钢筋混凝土	Ⅱ类为主 局部为Ⅲ～Ⅴ类
		通风洞	微透水岩体	钢筋混凝土	Ⅱ～Ⅲ类为主 局部为Ⅳ～Ⅴ类
4	方案四	交通洞	微透水岩体、局部弱透水性	钢筋混凝土	Ⅱ～Ⅲ类为主 局部为Ⅳ类
		通风洞	微透水岩体、局部弱透水性	钢筋混凝土	Ⅱ～Ⅲ类为主 局部为Ⅳ类
5	方案五	交通洞	微透水岩体	钢筋混凝土	Ⅱ～Ⅲ类为主 局部为Ⅳ～Ⅴ类
		通风洞	微透水岩体	钢筋混凝土	Ⅱ～Ⅲ类为主 局部为Ⅳ～Ⅴ类

第7章 典型方案一

7.1 主要技术条件

方案一交通洞是进出地下厂房洞室群的主要通道，沿线地形起伏，沿途穿越两沟三梁，沿洞线地形以缓坡为主，全长1768m，平均坡度为5.4%。交通洞进口洞口高程为230.00m，末端从厂房下游侧进入地下厂房安装间，高程为134.00m。交通洞断面采用三心圆，断面最大净宽度为9.6m，底部路面宽度为8.0m，净高为8.5m。

方案一通风洞为地下洞室群进风通道，并可作为安全疏散通道，施工期兼作厂房顶拱施工通道。沿线地形起伏，地形以缓坡为主，全长1265m，平均坡度为6.3‰。通风洞进口洞口高程为230.00m，末端与副厂房端部通风机室连接，高程为150.20m。通风洞断面采用三心圆，断面最大净宽度为8.0m，底部路面宽度为7.5m，净高为6.5m。

典型方案一主要技术条件见表7-1。

表7-1　　　　交通洞和通风洞工程典型方案一主要技术条件

名称	特征参数	备注
交通洞	洞子长度（m）	1768
	净断面尺寸（m）（宽×高）	8.0×8.5
	喷混凝土厚度（cm）	10
	衬砌厚度（cm）	50
	围岩类别	Ⅱ类围岩长700m，约占40%；Ⅲ类围岩长896m，约占51%；Ⅳ～Ⅴ类围岩长172m，占10%
	岩性条件	围岩岩性为斜长角闪岩、二长花岗岩、花岗闪长岩、片麻状闪长岩
	水文地质条件	微～极微透水岩体
通风洞	洞子长度（m）	1265
	净断面尺寸（m）（宽×高）	7.5×6.5
	喷混凝土厚度（cm）	10
	衬砌厚度（cm）	50
	围岩类别	Ⅱ类围岩长274m，约占22%；Ⅲ类围岩长544m，约占43%；Ⅳ～Ⅴ类围岩长447m，占35%
	岩性及水文地质条件	洞室岩性为斜长角闪岩、二长花岗岩、花岗闪长岩、片麻状闪长岩
	水文地质条件	微～极微透水岩体

7.2　方案造价

根据典型方案一代表工程的可研阶段设计工程量和第5章中拟定条件计算的工程单价编制交通洞和通风洞工程典型方案一通用造价。典型方案一通用造价见表7-2。

表7-2　　　　交通洞和通风洞工程典型方案一通用造价

编号	工程或费用名称	单位	数量	单价（元）	合计（万元）
	方案一工程				5628.74
1	交通洞工程				3388.31
	土方开挖	m³	4200	16.86	7.08
	石方明挖	m³	16600	42.36	70.32
	石方洞挖	m³	129400	117.6	1521.74
	喷混凝土	m³	4555	977.78	445.38
	钢筋	t	458	6429.15	294.46
	锚杆 $\phi22\ L=4m$（地下）	根	13756	192.79	265.2
	衬砌混凝土 C25	m³	5200	791.7	411.68
	路面混凝土 C30	m³	2600	618.84	160.9
	排水沟混凝土 C15	m³	800	553.14	44.25
	排水孔 $\phi50$	m	8539.85	26.81	22.9
	排水管 $\phi50$	m	10743	30	32.23
	回填灌浆	m²	4827	106.37	51.34
	浆砌石	m³	520	273.85	14.24
	橡胶止水	m	1457	166.29	24.23
	细部结构	m³	13155	17	22.36
2	通风洞工程				2240.43
	土方开挖	m³	4200.00	15.6	6.55
	石方明挖	m³	16600.00	40.57	67.35
	石方洞挖	m³	74800.00	120.03	897.82
	喷混凝土	m³	3059.00	977.78	299.10
	钢筋	t	328.00	6429.15	210.88
	锚杆 $\phi22\ L=4m$（地下）	根	9436.00	192.79	181.92
	衬砌混凝土 C25	m³	3800.00	815.22	309.78
	路面混凝土 C30	m³	1800.00	616.67	111.00
	排水沟混凝土 C15	m³	500.00	550.96	27.55
	排水孔 $\phi50$	m	5735.00	26.81	15.38
	排水管 $\phi50$	m	6874.00	30	20.62
	回填灌浆	m²	4147.00	106.37	44.11
	橡胶止水	m	1124.00	166.29	18.69
	浆砌石	m³	520.00	271.26	14.11
	细部结构	m³	9159.00	17	15.57

第8章 典型方案二

8.1 主要技术条件

方案二交通洞从主厂房安装场左端进厂，洞口高程 497m，洞内进厂高程 450.6m，综合纵坡 3.5‰。洞室围岩为中等风化～新鲜花岗岩，沿线地质构造较简单，无规模及较大的断层通过，小规模断层和节理裂隙为主要构造特征。交通洞全长 1349.40m，采用城门洞形断面，在洞口段和进厂段各有一处弯道，转弯半径分别为 150m、200m。方案采用进厂交通洞兼做地下洞室群的通风洞。

典型方案二主要技术条件见表 8-1。

表 8-1　交通洞与通风洞工程典型方案二主要技术条件

名称	特征参数	备注
交通洞	洞子长度（m）	1349
	净断面尺寸（m）（宽×高）	8.5×10.5
	喷混凝土厚度（cm）	10
	衬砌厚度（cm）	40
	围岩类别	Ⅱ类围岩长 809m，约占 60%；Ⅲ类围岩长 405m，约占 30%；Ⅳ类围岩长 135m，占 10%
	岩性条件	中等风化～新鲜花岗岩
	水文地质条件	基岩裂隙水
通风洞	洞子长度（m）	1349
	净断面尺寸（m）（宽×高）	8.5×10.5
	喷混凝土厚度（cm）	10
	衬砌厚度（cm）	40
	围岩类别	Ⅱ类围岩长 809m，约占 60%；Ⅲ类围岩长 405m，约占 30%；Ⅳ类围岩长 135m，占 10%
	岩性条件	中等风化～新鲜花岗岩
	水文地质条件	基岩裂隙水

8.2 方案造价

根据典型方案二代表工程的可研阶段设计工程量和第 5 章中拟定条件计算的工程单价编制交通洞和通风洞工程典型方案二通用造价。典型方案二通用造价见表 8-2。

表 8-2　交通洞与通风洞工程典型方案二通用造价

编号	工程或费用名称	单位	数量	单价（元）	合计（万元）
	方案二工程				4215.18
1	交通洞兼通风洞工程				4215.18
	土方开挖	m³	12993.80	16.86	21.91
	石方明挖	m³	30318.80	42.36	128.43
	石方洞挖	m³	140953.60	117.6	1657.61
	喷混凝土	m³	4529.00	977.78	442.84
	钢筋	t	762.10	6429.15	489.97
	锚杆 ϕ22 L=3m（地面）	根	484.00	126.6	6.13
	锚杆 ϕ25 L=4.5m（地面）	根	484.00	220.05	10.65
	锚杆 ϕ22 L=3m（地下）	根	13058.00	144.56	188.77
	锚杆 ϕ25 L=5m（地下）	根	5596.00	279.04	156.15
	锚索 T=200t L=30m	束	44.00	36261.63	159.55
	衬砌混凝土 C25	m³	6404.00	791.7	507.00
	路面混凝土 C30	m³	3652.90	618.84	226.06
	排水沟混凝土 C15	m³	890.90	553.14	49.28
	路面水泥稳定砂砾整平层	m²	2235.50	174.04	38.91
	排水孔 ϕ50	m	14619.00	26.81	39.19
	回填灌浆	m²	5253.60	106.37	55.88
	浆砌石	m³	231.60	273.85	6.34
	钢材	t	5.60	7500	4.20
	细部结构	m³	15476.80	17	26.31

第9章 典型方案三

9.1 主要技术条件

方案三交通洞底端始于厂房安装间，出口处最高高程 226.50m，洞室围岩为微风化～新鲜白岗花岗岩，岩质坚硬，较为完整。交通洞全长为 1130m，断面呈城门洞型。

方案三通风洞底端始于副厂房左端墙，出口处最高高程 226.50m，底板高程 175.40m，洞室围岩为微风化～新鲜白岗花岗岩。通风洞全长 1180m，断面呈城门洞形。

典型方案三主要技术条件见表 9-1。

表 9-1　　　　交通洞与通风洞工程典型方案三主要技术条件

名称	特征参数	备注
交通洞	洞子长度（m）	1130
	净断面尺寸（m）（宽×高）	8.5×8
	喷混凝土厚度（cm）	10
	衬砌厚度（cm）	40
	围岩类别	Ⅱ类围岩长 760m，约占 67%；Ⅲ类围岩长 250m，约占 22%；Ⅳ～Ⅴ类围岩长 120m，占 11%
	岩性条件	围岩岩性为新鲜白岗花岗岩
	水文地质条件	微透水岩体
通风洞	洞子长度（m）	1180
	净断面尺寸（m）（宽×高）	7.5×6.8
	喷混凝土厚度（cm）	10
	衬砌厚度（cm）	40
	围岩类别	Ⅱ类围岩长 770m，约占 65%；Ⅲ类围岩长 325m，约占 28%；Ⅳ～Ⅴ类围岩长 85m，占 7%
	岩性条件	围岩岩性为新鲜白岗花岗岩
	水文地质条件	微透水岩体

9.2 方案造价

根据典型方案三代表工程的可研阶段设计工程量和第 5 章中拟定条件计算的工程单价编制交通洞和通风洞工程典型方案三通用造价。典型方案三通用造价见表 9-2。

表 9-2　　交通洞与通风洞工程典型方案三通用造价

编号	工程或费用名称	单位	数量	单价（元）	合计（万元）
	方案三工程				6209.03
1	交通洞工程				3850.38
	土方开挖	m³	6900.00	16.86	11.63
	石方明挖	m³	38800.00	42.36	164.36
	石方洞挖	m³	110200.00	117.6	1295.95
	喷混凝土	m³	9500.00	977.78	928.89
	钢筋	t	582.00	6429.15	374.18
	锚杆 ϕ20 L=2.5m（地下）	根	543.00	111.9	6.08
	锚杆 ϕ22 L=3m（地下）	根	3380.00	144.56	48.86
	锚杆 ϕ22 L=5m（地下）	根	3500.00	250.46	87.66
	锚杆 ϕ25 L=5m（地下）	根	15.00	279.04	0.42
	衬砌混凝土 C25	m³	9700.00	791.7	767.95
	排水孔 ϕ50	m	4500.00	26.81	12.06
	排水管 ϕ50	m	5600.00	30	16.80
	钢材	t	6.00	7500	4.50
	钢结构排水盲沟 ϕ100	m	2800.00	150	42.00
	复合土工膜	m²	5000.00	36	18.00
	混凝土冬季温控施工费	m³	19200.00	20	38.40
	细部结构	m³	19200.00	17	32.64
2	通风洞工程				2358.65
	土方开挖	m³	11600.00	15.6	18.10
	石方明挖	m³	43100.00	40.57	174.86
	石方洞挖	m³	75200.00	120.03	902.63

编号	工程或费用名称	单位	数量	单价（元）	合计（万元）
	喷混凝土	m³	2300.00	977.78	224.89
	钢筋	t	190.00	6429.15	122.15
	锚杆 $\phi22$ $L=3m$（地下）	根	4371.00	144.56	63.19
	锚杆 $\phi22$ $L=5m$（地下）	根	4400.00	250.46	110.20
	衬砌混凝土 C25	m³	7900.00	815.22	644.02

编号	工程或费用名称	单位	数量	单价（元）	合计（万元）
	排水孔 $\phi50$	m	4800.00	26.81	12.87
	排水管 $\phi50$	m	6000.00	30	18.00
	钢结构排水盲沟 $\phi100$	m	2000.00	150	30.00
	混凝土冬季温控施工费	m³	10200.00	20	20.40
	细部结构	m³	10200.00	17	17.34

第 10 章 典 型 方 案 四

10.1 主要技术条件

方案四交通洞从厂房右端进厂与安装场相连，洞口高程为 344.0m。围岩主要为强风化～新鲜粗粒花岗岩和（似）斑状花岗岩。交通洞全长约 1701m，平均纵坡 5.81%。交通洞断面为城门洞型，平面上呈"U"形弧线布置，0+905～1+262m 为弧形洞段。

方案四通风兼安全洞从厂房左端进入副厂房洞和主变压器洞顶拱，施工期作为厂房及主变压器洞顶拱施工支洞。围岩主要为强风化～新鲜粗粒花岗岩和（似）斑状花岗岩，全长约 1137m，平均纵坡 5.12%。交通兼安全洞断面为城门洞型，平面上呈"L"形布置，0+550～0+710m 为弧形弯段。

典型方案四主要技术条件见表 10-1。

表 10-1 交通洞与通风洞工程典型方案四主要技术条件

名称	特征参数	备注
交通洞	洞子长度（m）	1701
	净断面尺寸（m）（宽×高）	7.8×7.8
	喷混凝土厚度（cm）	10
	衬砌厚度（cm）	50
	围岩类别	围岩以 Ⅱ～Ⅲ 类为主，局部为 Ⅳ 类
	岩性条件	围岩主要为强风化～新鲜粗粒花岗岩和（似）斑状花岗岩
	水文地质条件	总体属微透水性，局部为弱透水性，极少数为中等透水性

名称	特征参数	备注
通风洞	洞子长度（m）	1137
	净断面尺寸（m）（宽×高）	7.0×6.5
	喷混凝土厚度（cm）	10
	衬砌厚度（cm）	50
	围岩类别	围岩以 Ⅱ～Ⅲ 类为主，局部为 Ⅳ 类
	岩性条件	围岩主要为强风化～新鲜粗粒花岗岩和（似）斑状花岗岩
	水文地质条件	总体属微透水性，局部为弱透水性，极少数为中等透水性

10.2 方案造价

根据典型方案四代表工程的可研阶段设计工程量和第 5 章中拟定条件计算的工程单价编制交通洞和通风洞工程典型方案四通用造价。典型方案四通用造价见表 10-2。

表 10-2 交通洞与通风洞工程典型方案四通用造价

编号	工程或费用名称	单位	数量	单价（元）	合计（万元）
	方案四工程				8624.12
1	交通洞工程				5289.64
	土方开挖	m³	9106.00	16.86	15.35
	石方明挖	m³	11009.00	42.36	46.63

编号	工程或费用名称	单位	数量	单价（元）	合计（万元）
	石方洞挖	m³	120982.00	117.6	1422.75
	喷混凝土	m³	5223.00	977.78	510.69
	钢筋	t	893.02	6429.15	574.14
	锚杆 $\phi22$ $L=3$m（地下）	根	11418.00	144.56	165.06
	锚杆 $\phi25$ $L=4$m（地下）	根	635.00	215.75	13.70
	锚杆 $\phi25$ $L=5$m（地下）	根	11418.00	279.04	318.61
	锚杆 $\phi25$ $L=6$m（地下）	根	635.00	342.31	21.74
	衬砌混凝土 C25	m³	7076.00	791.7	560.21
	路面混凝土 C30	m³	5597.00	618.84	346.36
	排水沟混凝土 C15	m³	500.00	553.14	27.66
	回填混凝土 C15	m³	500.00	562.87	28.14
	排水孔 $\phi50$	m	20175.00	26.81	54.09
	排水管 $\phi50$	m	17293.00	30	51.88
	固结灌浆钻孔	m	3330.00	28.07	9.35
	固结灌浆	t	266.41	4338.42	115.58
	回填灌浆	m²	6565.00	106.37	69.83
	浆砌石	m³	500.00	273.85	13.69
	钢材	t	336.08	7500	252.06
	止水铜片	m	614.00	589.08	36.17
	EVA 复合防水板，厚 1.5mm	m²	12286.00	55	67.57
	成品无机复合沟盖板	m²	1505.00	400	60.20
	主动防护网	m²	1100.00	250	27.50
	被动防护网	m²	550.00	650	35.75
	$\phi108\times8$ $L30$m 管棚支护	m	9108.00	360	327.89
	$\phi152\times5$ $L2$m 管棚支护	m	607.00	290	17.60
	$\phi42\times4$ $L4.5$m 管棚支护	m	3366.00	200	67.32
	细部结构	m³	18896.00	17	32.12
2	通风洞工程				3334.48
	土方开挖	m³	3946.00	15.6	6.16

编号	工程或费用名称	单位	数量	单价（元）	合计（万元）
	石方明挖	m³	5180.00	40.57	21.02
	石方洞挖	m³	66616.00	120.03	799.59
	喷混凝土	m³	3275.00	977.78	320.22
	钢筋	t	650.00	6429.15	417.89
	锚杆 $\phi22$ $L=3$m（地下）	根	7109.00	144.56	102.77
	锚杆 $\phi25$ $L=4$m（地下）	根	384.00	215.75	8.28
	锚杆 $\phi25$ $L=5$m（地下）	根	7109.00	279.04	198.37
	锚杆 $\phi25$ $L=6$m（地下）	根	384.00	342.31	13.14
	衬砌混凝土 C25	m³	4401.00	815.22	358.78
	路面混凝土 C30	m³	4070.00	616.67	250.98
	排水沟混凝土 C15	m³	500.00	550.96	27.55
	回填混凝土 C15	m³	500.00	561.19	28.06
	板梁柱混凝土 C25	m³	504.00	921.6	46.45
	排水孔 $\phi50$	m	11591.00	26.81	31.08
	排水管 $\phi50$	m	9935.00	30	29.80
	钢材	t	192.28	7500	144.21
	固结灌浆钻孔	m	1908.00	28.07	5.36
	固结灌浆	t	95.38	4338.42	41.38
	回填灌浆	m²	3973.00	106.37	42.26
	浆砌石	m³	500.00	271.26	13.56
	止水铜片	m	352.00	589.08	20.74
	EVA 复合防水板，厚 1.5mm	m²	7038.00	55	38.71
	成品无机复合沟盖板	m²	1012.00	400	40.48
	主动防护网	m²	1100.00	250	27.50
	被动防护网	m²	550.00	650	35.75
	$\phi108\times8$ $L30$m 管棚支护	m	5280.00	360	190.08
	$\phi152\times5$ $L2$m 管棚支护	m	352.00	290	10.21
	$\phi42\times4$ $L4.5$m 管棚支护	m	2079.00	200	41.58
	细部结构	m³	13250.00	17	22.52

第11章 典型方案五

11.1 主要技术条件

方案五交通洞布置在安装间右端，进口高程186.50m，进口段洞线走向N20.5°E，进洞约900m后转向N59.5°E，靠近厂房处洞线转向N47.5°W，两处转弯半径分别为100m和60m，进厂高程108.00m。围岩以Ⅱ、Ⅲ类为主，主要为变质含砾中粗砂岩，总体工程地质条件较好。进厂交通洞长1510m，纵向平均坡度5.2%，断面为城门形。

方案五通风兼安全洞布置在副厂房左端，洞口地面高程186.50m。洞身岩性为变质中细砂岩（Z1d1-2）和变质含砾中粗砂岩。通风兼安全洞水平全长1218m，纵向平均坡度5.2%，断面为城门形。

典型方案五主要技术条件见表11-1。

表11-1　　　　　交通洞与通风洞工程典型方案五主要技术条件

名称	特征参数		备注
交通洞	洞子长度（m）	1510	
	净断面尺寸（m）（宽×高）	7.8×8.0	
	喷混凝土厚度（cm）	10	
	衬砌厚度（cm）	35/60	
	围岩类别		围岩类别Ⅱ～Ⅲ类为主，局部为Ⅳ～Ⅴ类
	岩性条件		围岩主要为浅紫红色变质含砾中粗砂岩
	水文地质条件		微透水岩体
通风洞	洞子长度（m）	1218	
	净断面尺寸（m）（宽×高）	7×6.5	
	喷混凝土厚度（cm）	10	
	衬砌厚度（cm）	50	
	围岩类别		围岩类别Ⅱ～Ⅲ类为主，局部为Ⅳ～Ⅴ类
	岩性条件		围岩主要为浅紫红色变质含砾中粗砂岩
	水文地质条件		微透水岩体

11.2 方案造价

根据典型方案五代表工程的可研阶段设计工程量和第5章中拟定条件计算的工程单价编制交通洞和通风洞工程典型方案五通用造价。典型方案五通用造价见表11-2。

表11-2　　　交通洞与通风洞工程典型方案五通用造价

编号	工程或费用名称	单位	数量	单价（元）	合计（万元）
	方案五工程				6129.87
1	交通洞工程				3567.60
	土方开挖	m³	35824.00	16.86	60.40
	石方明挖	m³	48919.00	42.36	207.22
	石方洞挖	m³	105335.00	117.6	1238.74
	喷混凝土	m³	4776.00	977.78	466.99
	钢筋	t	356.00	6429.15	228.88
	喷钢纤维混凝土 60kg/m³	m³	1194.00	1463.17	174.70
	锚杆 $\phi22\ L=3m$（地下）	根	8841.00	144.56	127.81
	锚杆 $\phi25\ L=5m$（地下）	根	8841.00	279.04	246.70
	衬砌混凝土 C25	m³	3652.00	791.7	289.13
	路面混凝土 C30	m³	4076.00	618.84	252.24
	排水孔 $\phi50$	m	19261.00	26.81	51.64
	排水管 $\phi50$	m	12995.00	30	38.98
	回填灌浆	m²	2591.00	106.37	27.56
	钢材	t	32.00	7500	24.00
	小导管及注浆 $\phi42$	m	4886.00	150	73.29
	植草格栅	m²	12011.00	30	36.03
	细部结构	m³	13698.00	17	23.29
2	通风洞工程				2562.27
	土方开挖	m³	5460.00	15.6	8.52
	石方明挖	m³	40005.00	40.57	162.30

编号	工程或费用名称	单位	数量	单价（元）	合计（万元）
	石方洞挖	m³	68947.00	120.03	827.57
	喷混凝土	m³	2205.00	977.78	215.60
	钢筋	t	178.00	6429.15	114.44
	喷钢纤维混凝土 60kg/m³	m³	2426.00	1463.17	354.97
	锚杆 $\phi25$ L=4m（地下）	根	8673.00	215.75	187.12
	锚杆 $\phi25$ L=5m（地下）	根	3090.00	279.04	86.22
	衬砌混凝土 C25	m³	1910.00	815.22	155.71
	路面混凝土 C30	m³	2887.00	616.67	178.03

编号	工程或费用名称	单位	数量	单价（元）	合计（万元）
	排水孔 $\phi50$	m	10415.00	26.81	27.92
	排水管 $\phi50$	m	8927.00	30	26.78
	钢材	t	31.00	7500	23.25
	固结灌浆钻孔	m	550.00	28.07	1.54
	固结灌浆	t	14.00	4338.42	6.07
	回填灌浆	m²	5142.00	106.37	54.70
	小导管及注浆 $\phi42$	m	7700.00	150	115.50
	细部结构	m³	9428.00	17	16.03

第12章 单位造价指标作用与说明

12.1 单位造价指标作用

由于水文地质、地形地貌、枢纽布置条件和建筑物尺寸等差异影响，抽水蓄能电站之间相似度不高，如果采用投资等绝对数值组合出方案造价不具可行性，一方面因为样本数量有限，另一方面各建筑物特点鲜明、代表性差。采用相对数值的单位千瓦造价、单位长度造价和单位体积造价等单位造价指标，则能很好的解决上述问题。

单位造价指标作为综合数值，有效地消除装机、尺寸等差异影响，增强抽水蓄能电站通用造价使用的灵活性、组合性和扩展性，可快速地组合出不同方案的造价。作为相对关系的单位造价指标，为不同方案及二级项目之间架起桥梁，具有了横向可比性，使个性鲜明的方案和二级建筑物具备了样本的代表属性，丰富样本数量，更有利于通用造价推广。

12.2 单位造价指标汇总

影响交通洞和通风洞工程造价的主要技术因素包括建筑物尺寸和围岩类别等，对项目特征参数与造价进行相关性分析，提炼相关性和代表性较好的方案和二级项目单位造价指标，并以二级项目单位造价指标作为基本模块参数，结合实际方案二级项目建筑物尺寸，计算出相应二级项目造价，实现方案组合。

通用造价各典型方案及二级项目单位造价指标见表12-1。在进行投资计算引用此表指标时需结合第六章和第五章5.3节的各典型方案特征综合选择。

表 12-1

交通洞与通风洞工程单位体积造价指标汇总

元/m³

编号	名称	交通洞		通风洞	
		围岩条件	单位造价指标	围岩条件	单位造价指标
1	方案一	Ⅱ类围岩长 1440m，约占 81%；Ⅲ类围岩长 170m，约占 10%；Ⅳ～Ⅴ类围岩长 158m，占 9%	262	Ⅱ类围岩长 274m，约占 22%；Ⅲ类围岩长 544m，约占 43%；Ⅳ～Ⅴ类围岩长 447m，占 35%	300
2	方案二	Ⅱ类围岩长 809m，约占 60%；Ⅲ类围岩长 405m，约占 30%；Ⅳ类围岩长 135m，占 10%	299	Ⅱ类围岩长 809m，约占 60%；Ⅲ类围岩长 405m，约占 30%；Ⅳ类围岩长 135m，占 10%	299
3	方案三	Ⅱ类围岩长 680m，约占 59%；Ⅲ类围岩长 330m，约占 30%；Ⅳ～Ⅴ类围岩长 120m，占 11%	349	Ⅱ类围岩长 770m，约占 65%；Ⅲ类围岩长 325m，约占 28%；Ⅳ～Ⅴ类围岩长 85m，占 7%	314
4	方案四	Ⅱ～Ⅲ类为主，局部为Ⅳ类	437	Ⅱ～Ⅲ类为主，局部为Ⅳ类	501
5	方案五	Ⅱ～Ⅲ类为主，约占 78%；局部为Ⅳ～Ⅴ类，占 22%	339	Ⅱ～Ⅲ类为主，约占 84%；局部为Ⅳ～Ⅴ类，占 16%	372

说明：按开挖体积计算。

12.3 单位造价指标说明

表 12-1 中各典型方案二级项目个别单位造价指标存在差异，主要是由于围岩类别不同产生的设计工程量差异造成。

造价指标的计算结果均为遵照第 5 章 5.2 节的条件设定前提下计算得

出，为可研阶段深度，在应用单位造价指标时，要选择表 12-1 中与自身围岩条件相似的方案，围岩条件好的选用小值，围岩条件差的选用大值。同时，需要注意的是，选用造价指标计算出的投资为初始投资，还需根据实际情况进行岩石级别、海拔高程、价格水平等不同参数的调整，具体用法参见第 15～17 章。

第 13 章　工　程　单　价

13.1 工程单价作用

工程单价属于造价管理控制的基本层次和单位，与详细的工程量配合使用，为解决工程造价具体问题创造条件，其灵活性和组合性不受限制，应用广泛，能够因地制宜、具体问题具体分析，提高造价预测和控制的准确性和精度，是工程造价测算和单位造价指标提炼的基础。

工程单价是微观造价管理工具，为编制、比较分析造价提供参考，为造价评审提供尺度，是控制造价精度的重要方法，在抽水蓄能电站各阶段的造价编制、评审和投资决策中都有广泛应用。

13.2 工程单价汇总

为了满足多个阶段的造价管理需要，编制了不同水平的工程单价，构成单价区间。工程单价包括概算水平、预算水平和投标报价水平三阶段。各阶段工程单价采用相同的施工方法和基础价格，编制依据、施工方法和基础价格等边界条件见第 5 章。工程单价区间见表 13-1。

概算水平工程单价为通用造价典型方案工程单价。概算水平工程单价、特征和施工方法见表 13-2。

为了便于同招投标工程单价对比，预算水平工程单价分为预算水平一和预算水平二。预算水平一取费标准同通用造价工程单价取费标准；考虑招标时一般项目出项情况，预算水平二取费标准中不包含安全文明施工措施费，小型临时设施摊销费费率降低 0.5%，利润率降为 6%。

投标报价与招标条件、报价策略、技术水平和竞争激烈程度等因素有关，根据对水电市场投标报价水平的统计分析，将投标报价水平分为投标报价一和

投标报价二。投标报价一为报价高限，投标报价二为报价低限。

预算水平和投标报价水平工程单价、特征和施工方法见表 13-3。

表 13-1　　　　　　　交通洞与通风洞工程单价区间

编号	项目名称	单位	概算水平	预算水平一	预算水平二	投标报价一	投标报价二
	土方工程						
1	土方明挖-交通洞-2.6km	m³	16.86	16.37	15.84	14.27	12.56
2	土方明挖-通风洞-2.0km	m³	15.60	15.15	14.66	13.21	11.62
	石方工程						
3	石方明挖-交通洞-2.6km	m³	42.36	41.40	40.10	36.98	35.7
4	石方明挖-通风洞-2.0km	m³	40.57	39.66	38.42	35.46	34.19
5	浆砌石护坡-交通洞-2.0km	m³	273.85	268.18	259.68	253.33	243.95
6	浆砌石护坡-通风洞-1.0km	m³	271.26	265.67	257.25	250.95	241.64
7	石方洞挖-交通洞-洞内 1.0km-洞外 2.6km	m³	117.60	115.17	111.62	103.80	99.16
8	石方洞挖-通风洞-洞内 0.8km-洞外 2.0km	m³	120.03	117.56	113.94	106.00	101.21
	混凝土工程						
9	橡胶止水	m	166.29	165.85	160.45	159.04	148
10	铜止水	m	589.08	587.63	568.51	563.83	524.32
11	隧洞衬砌 C25 混凝土-开挖断面 70m²-衬厚 50cm	m³	791.70	781.93	757.58	726.19	705.67
12	隧洞衬砌 C25 混凝土-开挖断面 50m²-衬厚 50cm	m³	815.22	805.17	780.09	747.78	726.62

编号	项目名称	单位	概算水平	预算水平一	预算水平二	投标报价一	投标报价二
13	底板混凝土 C30-交通洞	m³	618.84	610.76	591.85	565.91	551.7
14	底板混凝土 C30-通风洞	m³	616.67	608.66	589.81	564.08	549.76
15	排水沟混凝土 C15-交通洞	m³	553.14	544.84	527.85	501.19	493.01
16	排水沟混凝土 C15-通风洞	m³	550.96	542.74	525.82	499.36	491.07
17	回填混凝土 C15-交通洞	m³	562.87	555.76	538.36	515.54	501.61
18	回填混凝土 C15-通风洞	m³	561.19	554.15	536.80	514.13	500.12
19	板梁柱混凝土-通风洞	m³	921.60	910.27	881.54	845.09	821.1
20	路面水泥稳定砂砾整平层	m³	174.04	172.83	167.44	163.54	155.12
	钢筋制作安装工程						
21	地下钢筋制作安装	t	6429.14	6401.38	6216.45	6126.93	5931.86
	基础处理工程						
22	洞内固结灌浆钻孔	m	28.07	27.33	26.44	25.97	24.44
23	隧洞固结灌浆（40kg/m）	t	4338.42	4255.27	4119.52	4065.86	3779.45
24	隧洞回填灌浆	m²	106.37	104.99	101.73	97.30	89.66
25	洞内排水孔 5m 以内	m	26.81	26.10	25.25	24.80	23.34

编号	项目名称	单位	概算水平	预算水平一	预算水平二	投标报价一	投标报价二
	喷锚支护工程						
26	露天锚杆 $\phi22\ L=3m$	根	126.60	124.93	120.87	115.48	93.09
27	露天锚杆 $\phi25\ L=4.5m$（风钻）	根	220.05	217.38	210.31	201.69	161.8
28	洞内锚杆 $\phi20\ L=2.5m$	根	111.90	110.21	106.62	101.17	82.28
29	洞内锚杆 $\phi22\ L=3m$	根	144.56	142.49	137.86	131.19	106.29
30	洞内锚杆 $\phi22\ L=4m$	根	192.79	189.97	183.80	174.70	141.76
31	洞内锚杆 $\phi22\ L=5m$	根	250.46	246.58	238.56	226.07	184.16
32	洞内锚杆 $\phi25\ L=4m$	根	215.75	212.93	206.01	196.92	158.64
33	洞内锚杆 $\phi25\ L=5m$	根	279.04	275.16	266.21	253.72	205.17
34	洞内锚杆 $\phi25\ L=6m$	根	342.31	337.38	326.41	310.51	251.7
35	洞内喷混凝土 10cm	m³	977.78	963.47	933.32	909.62	877.32
36	洞内喷钢纤维混凝土 60kg	m³	1463.17	1450.63	1404.62	1382.64	1318.73
37	露天锚索 2000kN $L=30m$（地质钻机）	束	36261.62	35771.80	34610.05	34123.37	32978.91

表 13-2 　　　　　　　　　　交通洞与通风洞工程概算水平工程单价汇总表

编号	项目名称	单位	工程单价	工程特征	施工方法
	土方工程				
1	土方明挖-交通洞-2.6km	m³	16.86	Ⅲ类土	118kW 推土机剥离集料，3m³ 装载机装土，15t 自卸出渣，运距 2.6km
2	土方明挖-通风洞-2.0km	m³	15.60	Ⅲ类土	118kW 推土机剥离集料，3m³ 装载机装土，15t 自卸出渣，运距 2.0km
	石方工程				
3	石方明挖-交通洞-2.6km	m³	42.36	岩石级别Ⅸ～Ⅹ	采用气腿钻钻孔爆破，132kW 推土机集渣，3m³ 挖掘机装 15t 自卸汽车运输出渣，运输距离 2.6km
4	石方明挖-通风洞-2.0km	m³	40.57	岩石级别Ⅸ～Ⅹ	采用气腿钻钻孔爆破，132kW 推土机集渣，3m³ 挖掘机装 15t 自卸汽车运输出渣，运输距离 2.0km
5	浆砌石护坡-交通洞-2.0km	m³	273.85		人工从渣场拣石块，手推车运 100m，2m³ 装载机装 10t 自卸汽车运输 2.0km，人工砌筑
6	浆砌石护坡-通风洞-1.0km	m³	271.26		人工从渣场拣石块，手推车运 100m，2m³ 装载机装 10t 自卸汽车运输 1.0km，人工砌筑
7	石方洞挖-交通洞-洞内 1.0km-洞外 2.6km	m³	117.60	岩石级别Ⅺ～Ⅻ，开挖断面 70m²	采用气腿钻钻孔爆破，3m³ 装载机装 15t 自卸汽车出渣。运距洞内 1.0km，洞外 2.6km
8	石方洞挖-通风洞-洞内 0.8km-洞外 2.0km	m³	120.03	岩石级别Ⅺ～Ⅻ，开挖断面 50m²	采用气腿钻钻孔爆破，3m³ 装载机装 15t 自卸汽车出渣。运距洞内 0.8km，洞外 2.0km
	混凝土工程				

编号	项目名称	单位	工程单价	工程特征	施工方法
9	橡胶止水	m	166.29		
10	铜止水	m	589.08		
11	隧洞衬砌 C25 混凝土-开挖断面 70m²-衬厚 50cm	m³	791.70	衬砌厚度 50cm	拌和楼拌制混凝土，3m³混凝土搅拌运输车运混凝土，运距洞内 1.0km，洞外 0.5km，混凝土泵送入仓，插入式振捣器振捣
12	隧洞衬砌 C25 混凝土-开挖断面 50m²-衬厚 50cm	m³	815.22	衬砌厚度 50cm	拌和楼拌制混凝土，3m³混凝土搅拌运输车运混凝土，运距洞内 0.8km，洞外 0.5km，混凝土泵送入仓，插入式振捣器振捣
13	底板混凝土 C30-交通洞	m³	618.84	底板厚度 30cm	拌和楼拌制混凝土，3m³混凝土搅拌运输车运混凝土，运距洞内 1.0km，洞外 0.5km，直接入仓，插入式振捣器振捣
14	底板混凝土 C30-通风洞	m³	616.67	底板厚度 30cm	拌和楼拌制混凝土，3m³混凝土搅拌运输车运混凝土，运距洞内 0.8km，洞外 0.5km，直接入仓，插入式振捣器振捣
15	排水沟混凝土 C15-交通洞	m³	553.14		拌和楼拌制混凝土，3m³混凝土搅拌运输车运混凝土，运距洞内 1.0km，洞外 0.5km，直接入仓，插入式振捣器振捣
16	排水沟混凝土 C15-通风洞	m³	550.96		拌和楼拌制混凝土，3m³混凝土搅拌运输车运混凝土，运距洞内 0.8km，洞外 0.5km，直接入仓，插入式振捣器振捣
17	回填混凝土 C15-交通洞	m³	562.87		拌和楼拌制混凝土，3m³混凝土搅拌运输车运混凝土，运距洞内 1.0km，洞外 0.5km，直接入仓，插入式振捣器振捣
18	回填混凝土 C15-通风洞	m³	561.19		拌和楼拌制混凝土，3m³混凝土搅拌运输车运混凝土，运距洞内 0.8km，洞外 0.5km，直接入仓，插入式振捣器振捣
19	板梁柱混凝土-通风洞	m³	921.60		拌和楼拌制混凝土，3m³混凝土搅拌运输车运混凝土，运距洞内 0.8km，洞外 0.5km，混凝土泵送入仓，插入式振捣器振捣
20	路面水泥稳定砂砾整平层	m³	174.04		
	钢筋制作安装工程				
21	地下 钢筋制作安装	t	6429.14		
	基础处理工程				
22	洞内固结灌浆钻孔（风钻）	m	28.07	岩石级别 XII	气腿钻钻孔，孔深 5m 以内
23	隧洞固结灌浆（40kg/m）	t	4338.42		隧洞固结灌浆，水泥单位注入量 40kg/m
24	隧洞回填灌浆	m²	106.37		

编号	项目名称	单位	工程单价	工程特征	施工方法
25	洞内 排水孔 5m 以内	m	26.81	岩石级别 XII	气腿钻钻孔，孔深 5m 以内
	喷锚支护工程				
26	露天 锚杆 $\phi22$ $L=3m$（风钻）	根	126.60	岩石级别 XI～XII	风钻钻孔
27	露天 锚杆 $\phi25$ $L=4.5m$（风钻）	根	220.05	岩石级别 XI～XII	风钻钻孔
28	洞内 锚杆 $\phi20$ $L=2.5m$（风钻）	根	111.90	岩石级别 XI～XII	风钻钻孔
29	洞内 锚杆 $\phi22$ $L=3m$（风钻）	根	144.56	岩石级别 XI～XII	风钻钻孔
30	洞内 锚杆 $\phi22$ $L=4m$（风钻）	根	192.79	岩石级别 XI～XII	风钻钻孔
31	洞内 锚杆 $\phi22$ $L=5m$（风钻）	根	250.46	岩石级别 XI～XII	风钻钻孔
32	洞内 锚杆 $\phi25$ $L=4m$（风钻）	根	215.75	岩石级别 XI～XII	风钻钻孔
33	洞内 锚杆 $\phi25$ $L=5m$（风钻）	根	279.04	岩石级别 XI～XII	风钻钻孔
34	洞内 锚杆 $\phi25$ $L=6m$（风钻）	根	342.31	岩石级别 XI～XII	风钻钻孔
35	洞内 喷混凝土 10cm	m³	977.78		机械湿喷，平洞支护，有钢筋网
36	洞内 喷钢纤维混凝土 60kg	m³	1463.17		机械湿喷，平洞支护
37	露天 锚索 2000kN $L=30m$（地质钻机）	束	36261.62		无黏结式岩石预应力锚索，地质钻钻孔

表 13-3　交通洞与通风洞工程预算水平和投标报价水平工程单价汇总表

编号	项目名称	单位	预算水平一	预算水平二	投标报价一	投标报价二	工程特征	施工方法
	土方工程							
1	土方明挖-交通洞-2.6km	m³	16.37	15.84	14.27	12.56	III 类土	118kW 推土机剥离集料，3m³ 装载机装土，15t 自卸出渣，运距 2.6km
2	土方明挖-通风洞-2.0km	m³	15.15	14.66	13.21	11.62	III 类土	118kW 推土机剥离集料，3m³ 装载机装土，15t 自卸出渣，运距 2.0km
	石方工程							
3	石方明挖-交通洞-2.6km	m³	41.40	40.10	36.98	35.7	岩石级别 IX～X	采用气腿钻钻孔爆破，132kW 推土机集渣，3m³ 挖掘机装 15t 自卸汽车运输出渣，运输距离 2.6km
4	石方明挖-通风洞-2.0km	m³	39.66	38.42	35.46	34.19	岩石级别 IX～X	采用气腿钻钻孔爆破，132kW 推土机集渣，3m³ 挖掘机装 15t 自卸汽车运输出渣，运输距离 2.0km
5	浆砌石护坡-交通洞-2.0km	m³	268.18	259.68	253.33	243.95		人工从渣场拣石块，手推车运 100m，2m³ 装载机装 10t 自卸汽车运输 2.0km，人工砌筑
6	浆砌石护坡-通风洞-1.0km	m³	265.67	257.25	250.95	241.64		人工从渣场拣石块，手推车运 100m，2m³ 装载机装 10t 自卸汽车运输 1.0km，人工砌筑
7	石方洞挖-交通洞-洞内 1.0km-洞外 2.6km	m³	115.17	111.62	103.80	99.16	岩石级别 XI～XII，开挖断面 70m²	采用气腿钻钻孔爆破，3m³ 装载机装 15t 自卸汽车出渣，运距洞内 1.0km，洞外 2.6km

続表

编号	项目名称	单位	预算水平一	预算水平二	投标报价一	投标报价二	工程特征	施工方法
8	石方洞挖-通风洞-洞内0.8km-洞外2.0km	m³	117.56	113.94	106.00	101.21	岩石级别Ⅺ～Ⅻ，开挖断面50m²	采用气腿钻钻孔爆破，3m³装载机装15t自卸汽车出渣，运距洞内0.8km，洞外2.0km
	混凝土工程							
9	橡胶止水	m	165.85	160.45	159.04	148		
10	铜止水	m	587.63	568.51	563.83	524.32		
11	隧洞衬砌C25混凝土-开挖断面70m²-衬厚50cm	m³	781.93	757.58	726.19	705.67	衬砌厚度50cm	拌和楼拌制混凝土，3m³混凝土搅拌运输车运混凝土，运距洞内1.0km，洞外0.5km，混凝土泵送入仓，插入式振捣器振捣
12	隧洞衬砌C25混凝土-开挖断面50m²-衬厚50cm	m³	805.17	780.09	747.78	726.62	衬砌厚度50cm	拌和楼拌制混凝土，3m³混凝土搅拌运输车运混凝土，运距洞内0.8km，洞外0.5km，混凝土泵送入仓，插入式振捣器振捣
13	底板混凝土C30-交通洞	m³	610.76	591.85	565.91	551.7	底板厚度30cm	拌和楼拌制混凝土，3m³混凝土搅拌运输车运混凝土，运距洞内1.0km，洞外0.5km，直接入仓，插入式振捣器振捣
14	底板混凝土C30-通风洞	m³	608.66	589.81	564.08	549.76	底板厚度30cm	拌和楼拌制混凝土，3m³混凝土搅拌运输车运混凝土，运距洞内0.8km，洞外0.5km，直接入仓，插入式振捣器振捣
15	排水沟混凝土C15-交通洞	m³	544.84	527.85	501.19	493.01		拌和楼拌制混凝土，3m³混凝土搅拌运输车运混凝土，运距洞内1.0km，洞外0.5km，直接入仓，插入式振捣器振捣
16	排水沟混凝土C15-通风洞	m³	542.74	525.82	499.36	491.07		拌和楼拌制混凝土，3m³混凝土搅拌运输车运混凝土，运距洞内0.8km，洞外0.5km，直接入仓，插入式振捣器振捣
17	回填混凝土C15-交通洞	m³	555.76	538.36	515.54	501.61		拌和楼拌制混凝土，3m³混凝土搅拌运输车运混凝土，运距洞内1.0km，洞外0.5km，直接入仓，插入式振捣器振捣
18	回填混凝土C15-通风洞	m³	554.15	536.80	514.13	500.12		拌和楼拌制混凝土，3m³混凝土搅拌运输车运混凝土，运距洞内0.8km，洞外0.5km，直接入仓，插入式振捣器振捣
19	板梁柱混凝土-通风洞	m³	910.27	881.54	845.09	821.1		拌和楼拌制混凝土，3m³混凝土搅拌运输车运混凝土，运距洞内0.8km，洞外0.5km，混凝土泵送入仓，插入式振捣器振捣
20	路面水泥稳定砂砾整平层	m³	172.83	167.44	163.54	155.12		
	钢筋制作安装工程							
21	地下钢筋制作安装	t	6401.38	6216.45	6126.93	5931.86		
	基础处理工程							
22	洞内固结灌浆钻孔（风钻）	m	27.33	26.44	25.97	24.44	岩石级别Ⅻ	气腿钻钻孔，孔深5m以内
23	隧洞固结灌浆（40kg/m）	t	4255.27	4119.52	4065.86	3779.45		隧洞固结灌浆，水泥单位注入量40kg/m
24	隧洞回填灌浆	m²	104.99	101.73	97.30	89.66		

编号	项目名称	单位	预算水平一	预算水平二	投标报价一	投标报价二	工程特征	施工方法
25	洞内排水孔 5m 以内	m	26.10	25.25	24.80	23.34	岩石级别 XII	气腿钻钻孔，孔深 5m 以内
	喷锚支护工程							
26	露天锚杆 ϕ22 L＝3m	根	124.93	120.87	115.48	93.09	岩石级别 XI～XII	风钻钻孔
27	露天锚杆 ϕ25 L＝4.5m	根	217.38	210.31	201.69	161.8	岩石级别 XI～XII	风钻钻孔
28	洞内锚杆 ϕ20 L＝2.5m	根	110.21	106.62	101.17	82.28	岩石级别 XI～XII	风钻钻孔
29	洞内锚杆 ϕ22 L＝3m	根	142.49	137.86	131.19	106.29	岩石级别 XI～XII	风钻钻孔
30	洞内锚杆 ϕ22 L＝4m	根	189.97	183.80	174.70	141.76	岩石级别 XI～XII	风钻钻孔
31	洞内锚杆 ϕ22 L＝5m	根	246.58	238.56	226.07	184.16	岩石级别 XI～XII	风钻钻孔
32	洞内锚杆 ϕ25 L＝4m	根	212.93	206.01	196.92	158.64	岩石级别 XI～XII	风钻钻孔
33	洞内锚杆 ϕ25 L＝5m	根	275.16	266.21	253.72	205.17	岩石级别 XI～XII	风钻钻孔
34	洞内锚杆 ϕ25 L＝6m	根	337.38	326.41	310.51	251.7	岩石级别 XI～XII	风钻钻孔
35	洞内喷混凝土 10cm	m³	963.47	933.32	909.62	877.32		机械湿喷，平洞支护，有钢筋网
36	洞内喷钢纤维混凝土 60kg	m³	1450.63	1404.62	1382.64	1318.73		机械湿喷，平洞支护
37	露天锚索 2000kN L＝30m（地质钻机）	束	35771.80	34610.05	34123.37	32978.91		无黏结式岩石预应力锚索，地质钻钻孔

国家电网公司
STATE GRID
CORPORATION OF CHINA

交通洞和通风洞工程通用造价使用调整方法及工程示例

第14章 典型方案造价汇总

14.1 典型方案造价

典型方案造价见表14-1。

表 14-1 交通洞和通风洞工程典型方案造价

编号	项目名称	单位	方案一	方案二	方案三	方案四	方案五
1	交通洞工程	万元	3388	4215	3850	5290	3568
2	通风洞工程	万元	2240	4215	2359	3334	2562

14.2 单位造价指标

交通洞工程单位造价指标见表14-2，通风洞工程单位造价指标见表14-3。

14.3 主要工程单价

主要工程单价见表14-4。

表 14-2 交通洞工程单位造价指标

编号	项目名称	单位	交通洞工程				
			方案一	方案二	方案三	方案四	方案五
1	参数						
1.1	围岩类别		围岩Ⅱ类为主，局部Ⅲ类	围岩Ⅱ~Ⅲ类为主，局部为Ⅳ类	围岩Ⅱ~Ⅲ类为主，局部为Ⅳ~Ⅴ类	围岩Ⅱ~Ⅲ类为主，局部为Ⅳ类	围岩Ⅱ~Ⅲ类为主，局部为Ⅳ~Ⅴ类
1.2	净断面尺寸（宽×高）	m	8.0×8.5	8.5×10.5	8.5×8	7.8×7.8	7.8×8.0
1.3	喷混凝土厚度	cm	10	10	10	10	10
1.4	衬砌厚度	cm	50	40	40	50	35/60
1.5	衬砌段占总洞长	%	23	39	85	34	20
1.6	项目特点			洞子断面积大	衬砌长度比重大	支护量大	石方明挖量大
2	造价指标						
2.1	按开挖体积计算	元/m³	262	299	349	437	339
2.2	按隧洞长度计算	万元/m	1.92	3.12	3.41	3.11	2.36

表 14-3

通风洞工程单位造价指标

编号	项目名称	单位	通风洞工程				
			方案一	方案二	方案三	方案四	方案五
1	参数						
1.1	围岩类别		围岩Ⅱ～Ⅲ类为主，局部为Ⅳ～Ⅴ类	围岩Ⅱ～Ⅲ类为主，局部为Ⅳ类	围岩Ⅱ～Ⅲ类为主，局部为Ⅳ～Ⅴ类	围岩Ⅱ～Ⅲ类为主，局部为Ⅳ类	围岩Ⅱ～Ⅲ类为主，局部为Ⅳ～Ⅴ类
1.2	净断面尺寸（宽×高）	m	7.5×6.5	8.5×10.5	7.5×6.8	7.0×6.5	7×6.5
1.3	喷混凝土厚度	cm	10	10	10	10	10
1.4	衬砌厚度	cm	50	40	40	50	50
1.5	衬砌段占总洞长	%	28	39	76	37	15
1.6	项目特点			洞子断面积大	衬砌长度比重大	支护量大	石方明挖量大
2	造价指标						
2.1	按开挖体积计算	元/m³	300	299	314	501	372
2.2	按隧洞长度计算	万元/m	1.77	3.12	2.00	2.93	2.10

表 14-4

交通洞与通风洞工程主要工程单价

编号	项目名称	单位	单价（元）	施工方法
1	土方明挖-交通洞-2.6km	m³	16.86	118kW 推土机剥离集料，3m³装载机装土，15t 自卸出渣，运距 2.6km
2	土方明挖-通风洞-2.0km	m³	15.60	118kW 推土机剥离集料，3m³装载机装土，15t 自卸出渣，运距 2.0km
3	石方明挖-交通洞-2.6km	m³	42.36	采用气腿钻钻孔爆破，132kW 推土机集渣，3m³挖掘机装 15t 自卸汽车运输出渣，运输距离 2.6km
4	石方明挖-通风洞-2.0km	m³	40.57	采用气腿钻钻孔爆破，132kW 推土机集渣，3m³挖掘机装 15t 自卸汽车运输出渣，运输距离 2.0km
5	浆砌石护坡-交通洞-2.0km	m³	273.85	人工从渣场拣石块，手推车运 100m，2m³装载机装 10t 自卸汽车运输 2.0km，人工砌筑
6	浆砌石护坡-通风洞-1.0km	m³	271.26	人工从渣场拣石块，手推车运 100m，2m³装载机装 10t 自卸汽车运输 1.0km，人工砌筑
7	石方洞挖-交通洞-洞内 1.0km-洞外 2.6km	m³	117.60	采用气腿钻钻孔爆破，3m³装载机装 15t 自卸汽车出渣，运距洞内 1.0km，洞外 2.6km
8	石方洞挖-通风洞-洞内 0.8km-洞外 2.0km	m³	120.03	采用气腿钻钻孔爆破，3m³装载机装 15t 自卸汽车出渣，运距洞内 0.8km，洞外 2.0km
9	橡胶止水	m	166.29	
10	铜止水	m	589.08	
11	隧洞衬砌 C25 混凝土-开挖断面 70m²-衬厚 50cm	m³	791.70	拌和楼拌制混凝土，3m³混凝土搅拌运输车运混凝土，运距洞内 1.0km，洞外 0.5km，混凝土泵送入仓，插入式振捣器振捣
12	隧洞衬砌 C25 混凝土-开挖断面 50m²-衬厚 50cm	m³	815.22	拌和楼拌制混凝土，3m³混凝土搅拌运输车运混凝土，运距洞内 0.8km，洞外 0.5km，混凝土泵送入仓，插入式振捣器振捣
13	底板混凝二 C30-交通洞	m³	618.84	拌和楼拌制混凝土，3m³混凝土搅拌运输车运混凝土，运距洞内 1.0km，洞外 0.5km，直接入仓，插入式振捣器振捣
14	底板混凝土 C30-通风洞	m³	616.67	拌和楼拌制混凝土，3m³混凝土搅拌运输车运混凝土，运距洞内 0.8km，洞外 0.5km，直接入仓，插入式振捣器振捣
15	排水沟混凝土 C15-交通洞	m³	553.14	拌和楼拌制混凝土，3m³混凝土搅拌运输车运混凝土，运距洞内 1.0km，洞外 0.5km，直接入仓，插入式振捣器振捣
16	排水沟混凝土 C15-通风洞	m³	550.96	拌和楼拌制混凝土，3m³混凝土搅拌运输车运混凝土，运距洞内 0.8km，洞外 0.5km，直接入仓，插入式振捣器振捣
17	回填混凝土 C15-交通洞	m³	562.87	拌和楼拌制混凝土，3m³混凝土搅拌运输车运混凝土，运距洞内 1.0km，洞外 0.5km，直接入仓，插入式振捣器振捣

编号	项目名称	单位	单价（元）	施工方法
18	回填混凝土 C15-通风洞	m³	561.19	拌和楼拌制混凝土，3m³混凝土搅拌运输车运混凝土，运距洞内 0.8km，洞外 0.5km，直接入仓，插入式振捣器振捣
19	板梁柱混凝土-通风洞	m³	921.60	拌和楼拌制混凝土，3m³混凝土搅拌运输车运混凝土，运距洞内 0.8km，洞外 0.5km，混凝土泵送入仓，插入式振捣器振捣
20	路面水泥稳定砂砾整平层	m³	174.04	
21	地下 钢筋制作安装	t	6429.14	
22	洞内固结灌浆钻孔（风钻）	m	28.07	气腿钻钻孔，孔深 5m 以内
23	隧洞固结灌浆（40kg/m）	t	4338.42	隧洞固结灌浆，水泥单位注入量 40kg/m
24	隧洞回填灌浆	m²	106.37	
25	洞内 排水孔 5m 以内	m	26.81	气腿钻钻孔，孔深 5m 以内
26	露天 锚杆 $\phi22$ $L=3m$	根	126.60	风钻钻孔
27	露天 锚杆 $\phi25$ $L=4.5m$	根	220.05	风钻钻孔
28	洞内 锚杆 $\phi20$ $L=2.5m$	根	111.90	风钻钻孔
29	洞内 锚杆 $\phi22$ $L=3m$	根	144.56	风钻钻孔
30	洞内 锚杆 $\phi22$ $L=4m$	根	192.79	风钻钻孔
31	洞内 锚杆 $\phi22$ $L=5m$	根	250.46	风钻钻孔
32	洞内 锚杆 $\phi25$ $L=4m$	根	215.75	风钻钻孔
33	洞内 锚杆 $\phi25$ $L=5m$	根	279.04	风钻钻孔
34	洞内 锚杆 $\phi25$ $L=6m$	根	342.31	风钻钻孔
35	洞内 喷混凝土 10cm	m³	977.78	机械湿喷，平洞支护，有钢筋网
36	洞内 喷钢纤维混凝土 60kg	m³	1463.17	机械湿喷，平洞支护
37	露天 锚索 2000kN $L=30m$（地质钻机）	束	36261.62	无黏结式岩石预应力锚索，地质钻钻孔

第15章 使 用 方 法

15.1 单位造价指标

单位造价指标是通用造价的宏观管理应用工具，主要用于方案和二级项目的造价调整，可在抽水蓄能电站选点规划投资匡算、预可行性研究投资估算和可行性研究设计概算等的编制、评审和决策中广泛应用。

根据实际工程技术条件，合理选择典型方案通用造价、二级项目造价或单位造价指标，通过拼接、调整影响造价主要因素，快速计算工程造价。具体使用步骤如下：

（1）根据站址围岩条件，以 14.1 节单位造价指标为基础，选择合适的通用造价典型方案作为基础方案。

（2）对基础方案的二级项目构成进行调整，使其与实际方案二级项目构成相同。

（3）根据实际方案二级项目围岩类别、建筑物型式、尺寸来选择相近的单位造价指标。

（4）计算相应二级项目造价及合计投资。

（5）以各二级项目合计投资作为基数，乘以调整系数（岩石级别、价格水平、项目地区、海拔高程、设计阶段、综合调整）计算实际方案的工程造价。

15.2　工程单价

工程单价是通用造价的微观管理应用工具，是控制造价精度的重要方法，可在抽水蓄能电站各阶段的造价编制、评审和决策中广泛应用。

工程单价的使用方法为：根据项目所处阶段，以14.2节工程单价区间表为基础，合理选择工程单价水平，调整运距、断面尺寸、岩石级别、项目地区、海拔高程等影响工程单价的主要因素，形成目标单价。

通用造价中工程单价主要目的是提供造价编制、分析和评审的参考，并提供快速计算工程单价的方法。对于招标文件或合同条款中有工程单价明确的计算条件或方法的情况，建议需结合实际情况具体分析，不宜简便选用。

第16章　调 整 方 法

16.1　单位造价指标

影响典型方案与实际方案造价差异的主要因素包括建筑物尺寸变化、岩石级别差异、价格水平不同、项目地区差异和项目所处海拔高程等。影响造价的主要因素调整方法见本章16.1.1～16.1.7。

16.1.1　尺寸变化

实际方案与通用造价典型方案建筑物尺寸、面积变化，比如洞室断面面积差异，可通过实际方案二级项目的特征尺寸和通用造价典型方案对应项目单位造价指标计算投资，替换典型方案相应造价。

16.1.2　岩石级别差异

典型方案通用造价石方洞挖、锚杆和灌浆钻孔岩石级别按Ⅺ～Ⅻ考虑，为了便于对岩石级别Ⅸ～Ⅹ和ⅩⅢ～ⅩⅣ的调整，通过计算岩石级别Ⅸ～Ⅹ和ⅩⅢ～ⅩⅣ方案的投资，分别与典型方案通用造价做比值，作为不同岩石级别的调整系数。通用造价各典型方案岩石级别调整系数见表16-1。

表 16-1　　　　　典型方案岩石级别调整系数

编号	项目名称	Ⅺ～Ⅻ	Ⅸ～Ⅹ	ⅩⅢ～ⅩⅣ	备注
1	典型方案一	1	0.956	1.045	
2	典型方案二	1	0.958	1.043	
3	典型方案三	1	0.966	1.034	
4	典型方案四	1	0.966	1.037	

续表

编号	项目名称	Ⅺ～Ⅻ	Ⅸ～Ⅹ	ⅩⅢ～ⅩⅣ	备注
5	典型方案五	1	0.959	1.044	
6	均值		0.961	1.040	

16.1.3　价格水平

实际方案与通用造价典型方案价格水平不同时，价格水平采用指数法进行调整。价格指数采用水电总院可再生能源定额站发布的价格指数，或者通过权重法计算，价格指数的权重法计算公式如下：

$$A+\left(B_1\times\frac{F_{t1}}{F_{o1}}+B_2\times\frac{F_{t2}}{F_{o2}}+B_3\times\frac{F_{t3}}{F_{o3}}+\cdots+B_n\times\frac{F_{tn}}{F_{on}}\right)\qquad(16-1)$$

式中　　　　　A——定值权重（即不调部分的权重）；

$B_1,B_2,B_3,\cdots,B_n$——各可调因子的变值权重（即可调部分的权重），为各可调因子单项工程造价中所占的比例；

$F_{t1},F_{t2},F_{t3},\cdots,F_{tn}$——各可调因子的调整期价格；

$F_{o1},F_{o2},F_{o3},\cdots,F_{on}$——各可调因子的通用造价编制期价格。

建筑工程部分可调因子包括高级熟练工、熟练工、半熟练工、普工、柴油、汽油、钢筋、水泥、炸药、砂石料、电水风等。

经分析方案一至方案五建筑工程定值权重分别为37.80%、36.35%、36.72%、44.60%、43.41%，定值权重平均值为39.78%。

可调因子的变值权重见表16-2。

表 16-2

建筑工程可调因子变值权重

编号	项目名称	高级工	熟练工	半熟练工	普工	钢筋	水泥	柴油	炸药	板枋材	汽油	砂	碎石	电	水	风
1	典型方案一	1.15%	5.06%	4.17%	3.62%	7.93%	17.20%	11.12%	0.01%	0.28%	0.32%	3.20%	1.82%	2.52%	0.52%	3.29%
2	典型方案二	1.12%	5.17%	4.45%	3.76%	10.28%	16.08%	10.86%	0.01%	0.26%	0.38%	2.91%	1.81%	2.54%	0.65%	3.36%
3	典型方案三	1.21%	5.05%	3.78%	3.48%	7.01%	20.04%	10.76%	0.01%	0.45%	0.37%	3.68%	1.87%	2.41%	0.42%	2.73%
4	典型方案四	0.88%	4.22%	3.63%	3.04%	9.86%	15.57%	6.68%	0.00%	0.26%	0.27%	2.88%	1.86%	2.07%	0.66%	3.54%
5	典型方案五	0.99%	4.56%	3.73%	3.68%	4.93%	16.23%	10.69%	0.01%	0.17%	0.25%	2.97%	1.44%	2.08%	0.50%	4.37%
6	均值	1.07%	4.81%	3.95%	3.52%	8.00%	17.02%	10.02%	0.01%	0.28%	0.32%	3.13%	1.76%	2.32%	0.55%	3.46%

16.1.4 项目地区

典型方案通用造价取费按中南、华东的一般地区考虑，在此基础上根据 2013 版取费标准中其他直接费规定，分别计算出西南、华北、西北、东北、西藏等地区的方案造价，以上述地区的方案造价与通用造价的比值作为不同地区的调整系数，项目地区差异各方案计算结果相同，调整系数见表 16-3。

表 16-3　　　项目地区差异调整系数

名称	中南、华东	西南	华北	西北、东北、西藏
调整系数	1.000	1.004	1.008	1.021

16.1.5 海拔高程

典型方案通用造价按高程 2000m 以下的一般地区考虑，在此基础上根据定额高海拔地区调整系数分析计算 2000～4000m 各高程区间的方案造价，以各高程区间的方案造价与 2000m 以下方案造价的比值作为不同海拔高程调整系数，高海拔调整系数分档同《水电建筑工程概算定额（2007 年版）》，海拔高程调整系数见表 16-4。

表 16-4　　　海拔高程调整系数

编号	项目名称	2000m 以内	2000～2500m	2500～3000m	3000～3500m	3500～4000m
1	典型方案一	1.00	1.11	1.16	1.20	1.25
2	典型方案二	1.00	1.11	1.15	1.20	1.25
3	典型方案三	1.00	1.11	1.15	1.19	1.24
4	典型方案四	1.00	1.08	1.12	1.15	1.19
5	典型方案五	1.00	1.10	1.15	1.19	1.23
	平均	1.00	1.10	1.15	1.19	1.23

16.1.6 设计阶段

典型方案通用造价按可研阶段深度考虑，在此基础上根据现行水电估算、匡算和工程量计算规定，分析计算规划和预可研阶段的方案造价，以规划和预可研阶段的方案造价与典型方案通用造价的比值作为规划和预可研阶段的设计阶段调整系数，设计阶段调整系数见表 16-5。

表 16-5　　　设 计 阶 段 调 整 系 数

设计阶段名称	可研	预可研	规划
调整系数	1.00	1.08	1.15

16.1.7 综合调整

实际方案与通用造价典型方案需要多个差异调整的情况，首先调整项目构成差异，然后调整尺寸变化，以调整后的造价作为其他调整系数的基数。对于多个系数同时调整的情况，综合调整系数按各调整系数之和，减去调整系数个数加 1 计算。

16.2 工程单价

实际工程单价可根据工程情况，选用合适的定额分析计算，但过程繁琐，工作量大；为了快速计算工程单价，本节在典型方案工程单价的基础上，根据影响工程单价的主要因素，给出简化调整计算办法。

影响典型方案工程单价与实际方案工程单价差异的主要因素包括运距、断面尺寸、岩石级别、价格水平、项目地区、海拔高程和设计阶段差异等。影响工程单价的主要因素调整方法见本章 16.2.1～16.2.7。

调整方法是简化计算方法，目的是方便对工程单价参考使用，如果对工程单价精度要求较高，建议根据工程具体条件分析计算。

16.2.1 断面尺寸

抽水蓄能电站地下洞室断面尺寸多样，不同的断面尺寸影响石方开挖和混凝土衬砌工程单价，当进行新单价调整时，不同断面尺寸单价调整按表 16-6 中单价插值计算。

表 16-6　　　　　　　断 面 尺 寸 调 整

编号	项目名称	单位	概算水平	预算水平一	预算水平二	投标报价一	投标报价二
1	平洞开挖（风钻 开挖断面 40m² ）（洞内 0.8km 洞外 2km）	m³	144.32	139.64	135.28	124.66	120.46
2	平洞开挖（三臂钻 开挖断面 40m² ）（洞内 0.8km 洞外 2km）	m³	125.2	111.74	108.29	100.54	96.24
3	平洞开挖（三臂钻 开挖断面 60m² ）（洞内 0.8km 洞外 2km）	m³	116.59	103.94	100.73	93.53	89.51
4	平洞开挖（三臂钻 开挖断面 100m² ）（洞内 0.8km 洞外 2km）	m³	114.00	101.5	98.36	91.43	87.39
5	隧洞衬砌（开挖断面 60m² 衬砌厚 50cm）（洞内 2km 洞外 0.5km）	m³	856.1	845.65	820.01	786.27	763.71
6	隧洞衬砌（开挖断面 100m² 衬砌厚 70cm）（洞内 2km 洞外 0.5km）	m³	753.71	744.66	722.18	692.93	672.46

16.2.2 运距调整

典型方案工程单价按 14.2 节中运距计算，实际方案与典型方案运距不同时，在 14.2 节工程单价区间表基础上，工程单价按表 16-7 中基本运距单价和运距差值进行调整。

表 16-7　　　　　　　不 同 运 距 单 价 区 间

编号	项目名称	单位	概算水平	预算水平一	预算水平二	投标报价一	投标报价二
1	土方运输（3m³ 装载机装 15t 自卸车 每增运 1km）	m³	1.82	1.76	1.70	1.53	1.35
2	土方运输（3m³ 装载装 20t 自卸车 每增运 1km）	m³	2.00	1.94	1.88	1.68	1.49
3	石方运输（3m³ 装载机装 15t 自卸车 明挖每增运 1km）	m³	2.53	2.46	2.38	2.13	1.88
4	石方运输（3m³ 装载机装 15t 自卸车 洞内每增运 0.2km）	m³	0.67	0.65	0.63	0.57	0.50
5	石方运输（3m³ 装载机装 15t 自卸车 洞外每增运 0.5km）	m³	1.34	1.30	1.26	1.13	0.99
6	石方运输（3m³ 装载机装 20t 自卸车 明挖每增运 1km）	m³	2.55	2.47	2.39	2.14	1.88
7	石方运输（3m³ 装载机装 20t 自卸车 洞内每增运 0.2km）	m³	0.70	0.68	0.65	0.59	0.50
8	混凝土运输（3m³ 搅拌车 洞外每增运 500m）	m³	3.34	3.24	3.14	2.97	2.81
9	混凝土运输（3m³ 搅拌车 洞内每增运 500m）	m³	4.21	4.08	3.95	3.75	3.54
10	混凝土运输（6m³ 搅拌车 洞外每增运 500m）	m³	3.26	3.16	3.06	2.90	2.74
11	混凝土运输（6m³ 搅拌车 洞内每增运 500m）	m³	4.16	4.03	3.90	3.70	3.50

16.2.3 岩石级别

典型方案工程单价石方开挖和锚杆钻孔岩石级别明挖按Ⅸ～Ⅹ考虑，洞挖按Ⅺ～Ⅻ考虑，岩石级别升降调整一档时，在 14.2 节工程单价区间表中工程单价基础上，按表 16-8 调整系数计算。

表 16-8　　　　　　　工程单价岩石级别调整系数

编号	项目名称	典型方案	升一档	降一档
1	石方明挖	1.00	1.14	0.90
2	石方洞挖断面＞60m²	1.00	1.07	0.92
3	石方洞挖 断面≤60m²	1.00	1.07	0.92
4	锚杆	1.00	1.14	0.89

16.2.4　价格水平

实际方案与典型方案的工程单价价格水平不同时，价格水平可采用指数法或系数法其中任意一种方法进行调整。

（1）价格指数法。

价格指数法采用水电总院可再生能源定额站发布的价格指数，该价格指数每半年发布一次，可根据项目所在地区对工程单价分类别进行调整。

（2）系数法。

系数法是指对柴油、水泥、钢筋和炸药四种主材价格的调整系数，当四种材料预算价格浮动时，分别按表 16-9 至表 16-12 中对应的工程单价类别调整系数计算，当变化幅度与表格数据不同时，可进行内插计算。如遇到多个主材变化，例：石方工程单价中柴油和水泥价格同时上浮时，需计算综合调整系数，综合调整系数按上浮材料的调整系数之和，减去调整系数个数加 1 计算。

表 16-9　　　　　　　柴油预算价格调整表

编号	项目名称	－20%	－10%	0%	＋10%	＋20%
1	土方工程	0.886	0.943	1.000	1.057	1.114
2	石方工程	0.964	0.982	1.000	1.019	1.037
3	砌石工程	0.980	0.990	1.000	1.011	1.021
4	混凝土工程	0.988	0.994	1.000	1.006	1.012
5	钢筋制作安装工程	0.999	0.999	1.000	1.001	1.001
6	基础处理工程	0.994	0.997	1.000	1.004	1.008
7	喷锚支护工程	0.991	0.996	1.000	1.007	1.012

表 16-10　　　　　　　水泥预算价格调整表

编号	项目名称	－20%	－10%	0%	＋10%	＋20%
1	土方工程	1.000	1.000	1.000	1.000	1.000
2	石方工程	1.000	1.000	1.000	1.000	1.000
3	砌石工程	0.955	0.975	1.000	1.021	1.045
4	混凝土工程	0.931	0.962	1.000	1.032	1.069
5	钢筋制作安装工程	1.000	1.000	1.000	1.000	1.000
6	基础处理工程	0.967	0.984	1.000	1.016	1.033
7	喷锚支护工程	0.997	0.995	1.000	1.005	1.003

表 16-11　　　　　　　钢筋预算价格调整表

编号	项目名称	－20%	－10%	0%	＋10%	＋20%
1	土方工程	1.000	1.000	1.000	1.000	1.000
2	石方工程	1.000	1.000	1.000	1.000	1.000
3	砌石工程	1.000	1.000	1.000	1.000	1.000
4	混凝土工程	1.000	1.000	1.000	1.000	1.000
5	钢筋制作安装工程	0.862	0.931	1.000	1.069	1.138
6	基础处理工程	1.000	1.000	1.000	1.000	1.000
7	喷锚支护工程	0.928	0.974	1.000	1.026	1.071

表 16-12　　　　　　　炸药预算价格调整表

编号	项目名称	－20%	－10%	0%	＋10%	＋20%
1	土方工程	1.000	1.000	1.000	1.000	1.000
2	石方工程	0.980	0.990	1.000	1.010	1.020
3	砌石工程	1.000	1.000	1.000	1.000	1.000
4	混凝土工程	1.000	1.000	1.000	1.000	1.000
5	钢筋制作安装工程	1.000	1.000	1.000	1.000	1.000
6	基础处理工程	1.000	1.000	1.000	1.000	1.000
7	喷锚支护工程	1.000	1.000	1.000	1.000	1.000

16.2.5　项目地区

典型方案人工预算单价按一般地区选取，其他直接费取费按中南、华东地区考虑，人工预算单价和其他直接费取费地区不同时，在 14.2 节工程单价区间表中工程单价基础上，分别按表 16-13 和表 16-14 调整系数计算。

表 16-13　　　　人工预算单价地区调整

编号	项目名称	一般地区	一类地区	二类地区	三类地区	四类地区
1	土方工程	1.00	1.01	1.02	1.04	1.05
2	石方工程	1.00	1.03	1.05	1.08	1.11
3	砌石工程	1.00	1.06	1.12	1.19	1.25
4	混凝土工程	1.00	1.02	1.04	1.07	1.09
5	钢筋制作安装工程	1.00	1.01	1.02	1.04	1.05
6	基础处理工程	1.00	1.04	1.08	1.12	1.16
7	喷锚支护工程	1.00	1.03	1.05	1.09	1.11

表 16-14　　　　其他直接费地区调整

编号	项目名称	中南、华东	西南	华北	西北、东北、西藏
1	土方工程	1.000	1.005	1.009	1.023
2	石方工程	1.000	1.004	1.009	1.023
3	砌石工程	1.000	1.004	1.009	1.022
4	混凝土工程	1.000	1.004	1.009	1.022
5	钢筋制作安装工程	1.000	1.004	1.009	1.022
6	基础处理工程	1.000	1.005	1.009	1.023
7	喷锚支护工程	1.000	1.005	1.009	1.023

16.2.6　海拔高程

典型方案工程单价按高程 2000m 以下的一般地区考虑，项目海拔高程不同时，在 14.2 节工程单价区间表中工程单价基础上，按表 16-15 调整系数计算。

表 16-15　　　　海 拔 高 程 调 整 系 数

编号	项目名称	2000m 以内	2000～2500m	2500～3000m	3000～3500m	3500～4000m
1	土方工程	1.00	1.24	1.33	1.43	1.52
2	石方工程	1.00	1.13	1.18	1.23	1.29
3	砌石工程	1.00	1.08	1.11	1.16	1.19
4	混凝土工程	1.00	1.04	1.06	1.08	1.09
5	钢筋制作安装工程	1.00	1.01	1.02	1.03	1.03
6	基础处理工程	1.00	1.02	1.04	1.05	1.06
7	喷锚支护工程	1.00	1.03	1.05	1.07	1.08

16.2.7　综合调整

工程单价需要多个差异调整的情况，首先调整断面尺寸差异，然后调整运距变化，以调整后的工程单价作为其他调整系数的基数。对于多个系数同时调整的情况，综合调整系数按各调整系数之和，减去调整系数个数加 1 计算。

第 17 章　工　程　示　例

示例工程仅供参考，实际工程应做严格认真的分析。

17.1　示例工程主要技术条件

某蓄能电站位于内蒙古东部赤峰市境内，项目处于可行性研究阶段，装机规模 4×300MW，进厂交通洞长 1450m，围岩以 Ⅲ 类为主，岩体为微弱透水。建筑物工程特征详见表 17-1。电站上水库坝顶高程 1599.20m，洞室岩石级别为 Ⅺ～Ⅻ，价格水平为 2016 年下半年。

表 17-1　　　　示 例 主 要 技 术 条 件

编号	项目名称	工程特征
一	站址基本条件	
	围岩类别	洞室围岩主要以 Ⅱ～Ⅲ 类为主，局部为 Ⅳ～Ⅴ 类
	岩性	流纹岩、熔岩角砾岩
	水文条件	微弱透水
二	交通洞特征	净尺寸：1450m×8.0m×8.0m（长×宽×高）衬砌段长度所占洞长比例较大

17.2 方案选择与造价调整

（1）方案选择。

示例实际工程交通洞围岩以Ⅱ～Ⅲ类为主，局部为Ⅳ～Ⅴ类，断面尺寸 8.0×8.0m，衬砌段长度所占洞长比例较大，对比 12.2 节单位造价指标汇总表，其主要围岩条件与通用造价典型方案三相同，选择通用造价典型方案三为基础方案。

（2）二级项目单位造价指标选择和造价计算。

根据所选典型方案单位造价指标计算交通洞工程投资，见表 17-2。

表 17-2　　　　二级项目单位造价指标选取和造价计算

项目名称	单位	通用造价指标			示例工程		
		造价指标	典型方案二级项目特征	指标来源	计算式	投资万元	二级项目特征
交通洞	元/m³	349	① 围岩Ⅱ～Ⅲ类为主，局部为Ⅳ～Ⅴ类 ② 断面尺寸：8.5×8.0 ③ 衬砌厚度 40cm ④ 衬砌长度比例 85%	典型方案三	115000m³×349 元/m³	4018	① 围岩Ⅱ～Ⅲ类为主，局部为Ⅳ～Ⅴ类 ② 断面尺寸：8.0×8.0 ③ 衬砌厚度 40cm ④ 衬砌长度比例 76%

（3）调整系数。

a）岩石级别差异：示例实际工程方案岩性流纹岩、熔岩角砾岩，岩石级别为Ⅺ～Ⅻ，与通用造价典型方案岩石级别相同，不需调整。

b）价格水平不同：按价格指数的权重法计算。示例实际工程价格水平为 2016 年下半年，按 16.1.3 节方法计算所得综合调整系数为 1.03。

c）项目地区差异：示例实际工程方案属华北地区，项目地区差异调整系数按 16.1.4 节方法计取，选择典型方案五调整系数为 1.008。

d）海拔高程：示例实际工程方案上水库坝顶高程 1599.20m，海拔高程调整系数按 16.1.5 节方法计取，选择典型方案五调整系数 1.0。

e）设计阶段调整：项目处于可行性研究阶段，设计阶段调整系数按 16.1.6 节方法计取，选择调整系数 1.0。

综合调整系数为：1＋1.03＋1.008＋1.0＋1.0－4＝1.038

（4）实际方案造价。

实际方案造价为调整后的基本方案造价乘以综合调整系数，经计算为 4018×1.038＝4171 万元。

17.3 工程单价选择与调整

（1）项目阶段选择。

示例工程为可行性研究报告设计概算，对应通用造价第 12 章工程单价中项目阶段，选择概算水平的工程单价进行目标单价的测算。

（2）交通洞石方开挖工程单价调整。

a）基础单价选择。

示例工程交通洞石方开挖采用三臂钻钻孔，光面爆破，3m³ 侧卸式装载机装 15t 自卸汽车出渣。对比表 14-4 概算水平工程单价，其特征及施工方法与第 7 项交通洞石方洞挖工程单价基本相同，选择其 117.60 元/m³ 为基础单价。

b）断面尺寸调整。

示例工程开挖断面 70m²，选择的基础单价开挖断面 80m²，断面尺寸存在差异，因而根据表 16-6 重新计算基础单价，单价调整为 115.30 元/m³。

c）运距调整。

示例工程石方开挖石渣洞内运距 1.8km，洞外运距 2.5km，通过 b）调整过后的基础单价石渣洞内运距 0.8km，洞外运距 2.0km。根据表 16-7 运距调整工程单价区间表第 4 项"石方运输（3m³ 装载机装 15t 自卸车 洞内每增运 0.2km）"及第 5 项"石方运输（3m³ 装载机装 15t 自卸车 洞外每增运 0.5km）"，调整后单价为 115.30＋洞内运输（1.8－0.8）km×（0.67 元/0.2km）＋洞外运输（2.5－2.0）km×（1.34 元/0.5km）＝119.99 元/m³。

d）调整系数。

合理选择岩石级别、价格水平、项目地区、海拔高程等影响工程单价的主要因素，形成目标单价。调整系数计算详见表 17-3。其中，价格水平根据水电水利规划设计总院发布的价格指数，选取示例项目所处区域的价格指数（定基）计算。

表 17-3　　　　　　　　　　石方开挖工程单价调整系数计算

序号	调价因素	通用造价 工程特征	示例工程特征	采用参数来源 及计算式	选定 参数
1	岩石级别差异	XI～XII 级	XI～XII 级	不需调整	1
2	价格水平不同	2019 年四季度	2016 年下半年	价格指数查询"可再生能源工程造价信息网"	0.904
3	项目地区差异				
3.1	人工预算单价地区调整	一般地区	位于内蒙古自治区克什克腾旗芝瑞镇境内，属二类工资区	按表 16-13 人工预算单价地区调整	1.05
3.2	其他直接费地区调整	中南、华东地区	属华北地区	按表 16-14 其他直接费地区调整	1.009
4	海拔高程	2000m 以下	2000m 以下	按表 16-15 海拔高程调整系数	1
	综合调整系数	1+0.904+1.05+1.009+1－4＝0.963			

e）调整后的工程单价。

石方开挖工程单价＝119.99×0.963＝115.55 元/m³

第五篇

上下水库连接路工程编制说明

第18章　典型方案编制说明

18.1　编制依据

（1）《公路工程建设项目概算预算编制办法》（JTG 3830—2018）。

（2）《公路工程概算定额》（JTG/T 3831—2018）。

（3）《公路工程机械台班费用定额》（JTG/T 3833—2018）。

（4）交办公路〔2016〕66号交通运输部办公厅关于《公路工程营业税改征增值税计价依据调整方案》的通知。

（5）财政部 税务总局 海关总署公告2019年第39号《关于深化增值税改革有关政策的公告》。

（6）2019年四季度山东地区材料价格信息。

（7）典型电站的可研、招标、合同和结算资料。

（8）典型的施工方案和施工方法。

（9）其他相关资料。

18.2　条件设定说明

国网新源公司项目所属区域范围较广，站址地质类别多样，地形条件复杂，水文和施工条件不同，且所属区域社会、经济发展不平衡，实际工程的费用选取存在较大差别。上下水库连接路工程编制工作中通过广泛调研，明确了上下水库连接路相关技术条件，确定了编制依据、材料价格编制原则、取费假定条件等，从而使不同地区、不同站址条件的典型方案造价建立在相同的造价平台上，同时各典型方案造价也具备了横向可比性。通用造价上下水库连接路工程编制过程中进行了必要的、适当的条件设定和取费标准设定。具体如下：

（1）根据正在实施的电站资料分析，选用实际工程作为通用造价上下水库连接路工程的典型方案。

（2）各典型方案的工程量采用所选工程招标设计工程量。

（3）各典型方案相同项目采用相同的施工组织设计。

（4）各典型方案的价格水平相同，统一按2019年四季度考虑。

（5）各典型方案采用相同的定额和取费标准。

（6）人工预算单价（包含机械工）根据《公路工程预算定额》（JTG/T 3832—2018）规定，按照106.28元/工日计取。

（7）海拔高程按高程2000m以下的一般地区考虑。

（8）不计列夜间施工增加费、风沙地区施工增加费和沿海地区施工增加费。

（9）冬季施工增加费按照"－1以上东一区Ⅰ"计取。

（10）雨季施工增加费按照"Ⅰ区5个月"计取。

（11）行车干扰施工增加费按照施工期间平均每昼夜双向行车次数"51～100"考虑。

（12）工地转移费按照工地转移距离50km考虑。

（13）土方工程按照普通土考虑，石方工程按照次坚石考虑。

18.3 典型方案代表工程选择和工程量

18.3.1 典型方案代表工程选择

通过广泛调研，收集国网新源公司正在实施的项目可研及招标资料，选取

四个抽水蓄能电站作为通用造价上下水库连接路工程的典型方案代表工程，代表工程共涵盖四条公路、六座桥梁、八条隧道。各典型方案主要特征参数见表18-1。

表 18-1　　　　　　　　　　　　　　　　　　上下水库连接路工程典型方案主要特征参数

名称	特征参数	单位	方案一	方案二	方案三	方案四
公路	公路全长（含桥隧）	km	5.86	9.20	5.67	12.78
	公路全长（不含桥隧）	km	5.18	9.20	4.88	9.89
	桥梁全长	m	36.75	—	327	—
	隧道全长	m	646	—	464	2894
	公路等级		四级	三级	三级	三级
	设计速度	km/h	20	20	30	20
	设计汽车荷载等级		汽车-40 级	汽车-40 级	汽车-40 级	汽车-40 级
	行车道宽度	m	6.5	6.5	6.0	7.0
	路基宽度	m	7.5	7.5	7.0	8.0
	路面结构		水泥混凝土路面	水泥混凝土路面	水泥混凝土路面	水泥混凝土路面
	地层岩性		主要为上太古界泰山岩群翎关组变质岩系地层和第四系地层	主要为下元古界变质岩	主要为震旦系下统硐门组沉积岩及新生界第四系全新统覆盖层	主要为元古界震旦系下统休宁组粉砂岩、燕山晚期的粗粒花岗岩
桥梁	桥梁全长	m	36.75		58/74/85/110	
	桥梁总长	m	26.00		48/64/75/100	
	桥梁宽度	m	净-8.0m＋2×0.5m 防撞护栏		① 净-8.4m＋2×0.5m 防撞护栏 ② 净-8.4m＋2×0.5m 防撞护栏 ③ 净-8.4m＋2×0.5m 防撞护栏 ④ 净-10.0m＋2×0.5m 防撞护栏	
	桥梁型式		现浇混凝土简支板桥		①② 现浇混凝土空心板桥 ③④ 预应力混凝土简变连小箱梁桥	
	桥面积		330.75		545.20/695.60/799.00/1210.00	
	桥台		片石混凝土 U 形桥台		片石混凝土 U 形桥台	
	桥墩		混凝土柱式墩		混凝土柱式墩	

名称	特征参数	单位	方案一	方案二	方案三	方案四
桥梁	地层岩性		桥位地段大部分为中等风化基岩出露,局面强风化,桥台及桥墩基础坐落在中等风化基岩上;岩性为片麻状闪长岩		① 桥位区覆盖层零星分布,为崩坡积碎块石、洪积漂石,下付为变质含砾中粗砂岩; ② 桥位区覆盖主要为冲洪积卵砾石层及残坡积碎块石夹粉质黏土、粉质黏土夹碎块石层,下付为变质中细砂岩; ③ 桥位区覆盖主要为冲洪积卵砾石层及残坡积粉质黏土夹碎块石层,下付为变质含砾中粗砂岩; ④ 桥位区覆盖主要为冲洪积卵砾石层及残坡积碎块石夹粉质黏土、粉质黏土夹碎块石层,下付为变质中细砂岩	
隧道	隧道长度	m	646		464	2894
	隧道限界(宽×高)	m	7.5×4.5		8.0×4.5	9.0×4.5
	行车速度	km/h	20		30	40
	路面类型		水泥混凝土路面		水泥混凝土路面	水泥混凝土路面
	洞口型式		端墙式		端墙式	端墙式
	地质条件		隧道围岩岩性主要为片麻状闪长岩、花岗闪长岩和斜长角闪岩,岩石呈中~微风化,岩体稳定性较好。围岩类别以Ⅲ类为主,局部断层、裂隙密集带部位为Ⅳ~Ⅴ类		进洞口及洞身段70%岩性以变质含砾中粗砂岩为主,微风化~新鲜,岩体较完整~完整,岩质坚硬,整体稳定性好,地下水以基岩裂隙水为主,稍发育;出洞口及洞身段30%岩性以变质泥质砂粉岩为主,强~弱风化,岩体以完整性差为主,岩质坚硬,岩体抗风化能力较强;地下水以基岩裂隙水为主,较发育	进出洞口段岩性为似斑状花岗岩,中风化,岩体较破碎~完整性差,节理面多闭合,局部段有因节理组合切割产生的不稳定块体,为Ⅲ类围岩;洞身段为似斑状花岗岩,微~中风化,岩体较破碎~完整性差,围岩以Ⅱ、Ⅲ类为主,局部属Ⅳ类围岩
	地震烈度		基本烈度Ⅵ度		基本烈度Ⅵ度	基本烈度Ⅵ度
	衬砌分段		Ⅲ衬砌段占74%,Ⅳ衬砌段占26%		Ⅱ级衬砌段占44%,Ⅲ衬砌段占13%,Ⅳ衬砌段占31%,Ⅴ衬砌段占12%	Ⅱ级衬砌段占39%,Ⅲ衬砌段占58%,Ⅳ衬砌段占3%
	衬砌厚度		Ⅲ衬砌厚35cm,Ⅳ衬砌厚度40cm		Ⅱ衬砌厚30cm,Ⅲ衬砌厚度35cm,Ⅳ衬砌厚35cm,Ⅴ衬砌厚度45cm	洞口段占总长度10%,Ⅲ类围岩衬砌厚度35cm,Ⅳ衬砌厚35cm

18.3.2　工程量

通用造价上下水库工程各典型方案按照"公路 2018 年版编规"划分项目，并根据划分项目对工程招标阶段工程量进行调整，以确定各典型方案最终工程量。各典型方案详细工程量见第 20～23 章内容。汇总表见表 18-2。

表 18-2　　　　　上下水库连接路工程典型方案工程量汇总表

序号	名称	单位	方案一	方案二	方案三	方案四
1	路基挖方	m³	467584	917827	335346	1187819
2	路基填方	m³	402497	272126	92884	63974
3	浆砌片石排水	m³	/	14712	/	2838
4	现浇混凝土排水	m³	3524	/	/	4548
5	现浇混凝土护坡护面墙	m³	11583	/	/	5060
6	干砌片石护坡护面墙	m³	/	4000	/	/
7	浆砌片石护坡护面墙	m³	/	1090	2067	19676
8	浆砌块石挡土墙	m³	2683	13407	9974	2309
9	混凝土挡土墙	m³	1336	/	/	/
10	埋石混凝土挡土墙	m³	/	/	22965	72962
11	喷射混凝土防护边坡（厚120mm）	m²	42876	10866	19851	93426
12	锚杆	m	25368	3965	13404	55554
13	碎石垫层	m²	/	66286	/	/
14	混凝土整平层	m²	/	/	18764	30820
15	水泥稳定级配碎石土基层	m²	39334.4	/	/	/
16	水泥稳定级配碎石基层	m²	/	66286	37960	57888
17	级配碎石底基层	m²	20620.7	/	21672	57520
18	水泥混凝土面板	m²	36138.6	61757	32727	78332
19	钢筋混凝土圆管涵	m	/	250	/	/
20	钢筋混凝土盖板涵	m	278	20	317	628.5
21	洞口、明洞开挖	m³	42762	/	4060	20426
22	洞身开挖	m³	54511	/	33318	179067
23	混凝土洞身衬砌	m³	7153	/	3337	2680

18.4　基础价格

18.4.1　人工预算单价

上下水库连接路工程通用造价人工预算单价按照《公路工程概算定额》（JTG/T 3832—2018）附录四"定额人工、材料、设备单价表"中要求计列，其中，人工 106.28 元/工日、机械工 106.28 元/工日。

18.4.2　材料预算价格

材料预算价格由材料原价、运杂费、运输保险费和采购及保管费等组成，以不含增值税进项税额的价格计算。主要材料预算价格见表 18-3。

其他材料预算价格参考同类工程资料分析确定。

表 18-3　　　　主 要 材 料 预 算 价 格

编号	名称及规格	单位	预算价格（元）
1	钢筋	t	4047
2	水泥 42.5	t	503
3	原木	m³	1540
4	板枋材	m³	2099
5	柴油	t	7076
6	汽油	t	8427
7	炸药	t	10751

18.4.3　电、水、风、砂石料价格

筹建期上下水库连接路施工阶段电站砂石料加工系统、施工供水系统、供电系统尚未建造完成。电、水、风、砂石料价格根据前期现场施工组织设计方案计算。电、水、砂石料价格见表 18-4。

表 18-4　　　　　电、水、砂石料价格

编号	名称及规格	单位	预算价格（元）
1	施工用电	kWh	0.921
2	施工用水	m³	2.861
3	碎石（外购除税价）	m³	120
4	砂（外购除税价）	m³	140

18.4.4　施工机械台时费

施工机械台时费按《公路工程机械台班费用定额》（JTG/T 3833—2018）

计算。

18.5 工程单价

建筑工程单价由直接费、措施费、企业管理费、规费、利润、税金组成。根据典型施工组织设计、"交办公路〔2016〕66 号"、"建办标〔2018〕20 号"、《公路工程建设项目概算预算编制办法》（JTG 3830—2018）、《公路工程概算定额》（JTG/T 3831—2018）、《公路工程机械台班费用定额》（JTG/T 3833—2018）等计算。

18.5.1 施工组织设计

典型施工组织设计根据近年在抽水蓄能电站施工中广泛使用的施工方案和施工方法等确定。各部位施工方法详见表 18-5。

表 18-5　　　　上下水库连接路工程各部位施工方法

编号	项目名称	施工方法
一	路基工程	
	清理现场	采用 135 kW 推土机，清理厚度 20cm
	土方开挖	2.0m³ 挖掘机挖装 15t 自卸汽车运输，平均运距 2.0km；土方类别为普通土
	石方开挖	采用手风钻钻爆开挖；控制爆破；2.0m³ 挖掘机挖装 15t 自卸汽车运输，平均运距 2.0km；石方类别为次坚石
	利用土石混填	用 147kW 推土机摊铺，10t 压路机碾压
	换填碎石	采用小型蛙夯压实
	结构物台背回填	采用小型蛙夯压实
	浆砌片石边沟/排水沟/截水沟/急流槽	片石从开挖料中拣选，采用翻斗车运输，平均运距 1km，砂浆搅拌机制浆，人工砌筑
	现浇混凝土边沟/排水沟/截水沟/急流槽	移动式混凝土搅拌机生产，人工浇筑
	现浇混凝土护坡 C15	移动式混凝土搅拌机生产，人工浇筑
	干砌片石护坡	片石从开挖料中拣选，采用翻斗车运输，平均运距 1km，人工砌筑
	浆砌片石护坡	片石从开挖料中拣选，采用翻斗车运输，平均运距 1km，砂浆搅拌机制浆，人工砌筑
	浆砌片石护面墙	片石从开挖料中拣选，采用翻斗车运输，平均运距 1km，砂浆搅拌机制浆，人工砌筑

续表

编号	项目名称	施工方法
	现浇混凝土护面墙 C20	移动式混凝土搅拌机生产，人工浇筑
	M7.5 浆砌片石挡土墙	片石从开挖料中拣选，采用拖拉机运输，平均运距 1km，砂浆搅拌机制浆，人工砌筑
	C20 混凝土挡土墙	移动式混凝土搅拌机生产，人工浇筑
	喷射混凝土防护边坡（厚120mm）	移动式混凝土搅拌机生产，混凝土湿喷机喷射
	钢筋网	加工厂加工，5t 汽车运至现场，人工绑扎
	ϕ22 普通砂浆锚杆（L＝300cm）	风钻钻孔
	ϕ22 普通砂浆锚杆（L＝450cm）	风钻钻孔
	ϕ22 普通砂浆锚杆（L＝600cm）	风钻钻孔
	ϕ25 普通砂浆锚杆（L＝450cm）	风钻钻孔
	ϕ25 普通砂浆锚杆（L＝600cm）	风钻钻孔
	ϕ28 预应力锚杆（L≥600cm）	风钻钻孔
	ϕ32 压力注浆锚杆（L＝900cm）	风钻钻孔
	3ϕ25 锚筋桩（L＝12m）	风钻钻孔
	ϕ25 自进式锚杆（L＝4.5m）	风钻钻孔
	ϕ25 自进式锚杆（L＝6m）	风钻钻孔
	预应力锚索（6ϕs 15.2 800kN）	钻机钻次坚石
二	路面工程	
	碎石垫层 厚 200mm	147kW 推土机摊铺，18～21t 压路机碾压
	水泥稳定级配碎石土基层 5％ 厚 200mm	采用路拌法拌制混合料，用 147kW 推土机摊铺，18～21t 压路机碾压
	级配碎石底基层 厚 250mm	用 147kW 推土机摊铺，18～21t 压路机碾压
	水泥混凝土 厚 260mm	摊铺机铺筑

编号	项目名称	施工方法
三	路面附属	
	培土路肩	人工培土，手扶振动碾夯实
	浆砌块石硬化土路肩	片石从开挖料中拣选，采用翻斗车运输，平均运距 1km，砂浆搅拌机制浆，人工砌筑
	现浇混凝土加固土路肩	移动式混凝土搅拌机生产，人工浇筑
	C20 混凝土预制侧石（150mm×300mm）	移动式混凝土搅拌机生产，人工预制、砌筑
四	桥梁涵洞工程	
	钢筋	加工厂加工，5t 汽车运至现场，人工绑扎
	干处挖土方	挖掘机对基坑内土方松动、挖掘，装 15t 自卸汽车出渣平均运距 1km
	干处挖石方	小型钻孔机具钻孔装药，挖掘机装 15t 自卸汽车出渣平均运距 1km
	钻孔灌注桩桩径 1.5m	采用反循环冲击钻机成孔，卷扬机配吊斗灌注桩混凝土；C30 混凝土由拌和机生产
	钻孔灌注桩桩径 1.8m	采用反循环冲击钻机成孔，卷扬机配吊斗灌注桩混凝土；C30 混凝土由拌和机生产
	桥台混凝土（C25）	采用钢模板施工，人工绑扎钢筋，C25 混凝土，拌和机生产，混凝土输送泵车泵送入仓
	桥台片石混凝土（C25）	采用钢模板施工，人工绑扎钢筋，C25 混凝土，拌和机生产，混凝土输送泵车泵送入仓

编号	项目名称	施工方法
	桥墩混凝土（C30）	采用钢模板施工，人工绑扎钢筋，C30 混凝土，拌和机生产，混凝土输送泵车泵送入仓。
	现浇混凝土上部结构（C40）	采用钢模板施工，人工绑扎钢筋，C40 混凝土，拌和机生产，混凝土输送泵车泵送入仓。
	预制预应力混凝土上部结构 C50	就近选择开阔地带建设预制场；预制混凝土采用带附着式振捣器整体钢模板；C50 混凝土由拌和机生产；预制板由起重汽车吊装
	护栏混凝土	移动式混凝土搅拌机生产，人工浇筑
	桥台搭板	移动式混凝土搅拌机生产，人工浇筑
	C40 防水混凝土、厚100mm	移动式混凝土搅拌机生产，泵送入仓，插入式振捣器振捣
五	隧道工程	
	洞身开挖	采用凿岩机钻孔爆破，3m³ 装载机装 20t 自卸汽车出渣，运距洞内 1.0km，洞外 1.5km
	洞身衬砌	洞外拌和站拌制混凝土，混凝土运输车泵送入仓，钢模台车衬砌浇筑

18.5.2 取费费率

取费费率根据"交办公路〔2016〕66 号"、"建办标〔2018〕20 号"、《公路工程建设项目概算预算编制办法》（JTG 3830—2018）计取。取费费率详见表 18-6。

表 18-6
建筑安装工程取费费率

费率项	类别	计费基数	土方	石方	运输	路面	隧道	构造物Ⅰ	构造物Ⅱ	钢材及钢结构
措施费			3.74	2.72	2.6	3.75	1.65	3.5	4.28	0.95
措施费Ⅰ			3.22	2.24	2.45	2.93	0.46	2.3	2.74	0.39
冬季施工增加费	一1以上东一区Ⅰ	定额人工费＋定额机械费	0.84	0.16	0.17	0.57	0.2	0.65	0.87	0.04
雨季施工增加费	Ⅰ区 5 个月	定额人工费＋定额机械费	0.66	0.63	0.68	0.65	0	0.46	0.53	0
夜间施工增加费	不计列	定额人工费＋定额机械费	0	0	0	0	0	0	0	0
高原地区施工增加费	不计列	定额人工费＋定额机械费	0	0	0	0	0	0	0	0
风沙地区施工增加费	不计列	定额人工费＋定额机械费	0	0	0	0	0	0	0	0
沿海地区施工增加费	不计列	定额人工费＋定额机械费	0	0	0	0	0	0	0	0

费率项	类别	计费基数	土方	石方	运输	路面	隧道	构造物Ⅰ	构造物Ⅱ	钢材及钢结构
行车干扰施工增加费	51~100	定额人工费＋定额机械费	1.5	1.28	1.45	1.39	0	0.92	1.01	0
工地转移费	50km	定额人工费＋定额机械费	0.22	0.18	0.16	0.32	0.26	0.26	0.33	0.35
措施费Ⅱ			0.52	0.47	0.15	0.82	1.2	1.2	1.54	0.56
施工辅助费		定额直接费	0.52	0.47	0.15	0.82	1.2	1.2	1.54	0.56
企业管理费			3.72	3.72	2.28	3.34	4.74	4.8	6.17	3.47
基本费用		定额直接费	2.75	2.79	1.37	2.43	3.57	3.59	4.73	2.24
主副食运费补贴	30km	定额直接费	0.38	0.35	0.38	0.26	0.3	0.34	0.39	0.33
职工探亲路费		定额直接费	0.19	0.2	0.13	0.16	0.27	0.27	0.35	0.16
职工取暖补贴	东一区	定额直接费	0.13	0.12	0.13	0.09	0.09	0.13	0.15	0.08
财务费用		定额直接费	0.27	0.26	0.26	0.4	0.51	0.47	0.54	0.65
规费			35.9	35.9	35.9	35.9	35.9	35.9	35.9	35.9
养老保险费		人工费	16	16	16	16	16	16	16	16
失业保险费		人工费	0.7	0.7	0.7	0.7	0.7	0.7	0.7	0.7
医疗保险费		人工费	6.5	6.5	6.5	6.5	6.5	6.5	6.5	6.5
工伤保险费		人工费	0.7	0.7	0.7	0.7	0.7	0.7	0.7	0.7
住房公积金		人工费	12	12	12	12	12	12	12	12
辅助生产间接费		定额人工费	3	3	3	3	3	3	3	3
利润		定额直接费＋措施费＋企业管理费	7.42	7.42	7.42	7.42	7.42	7.42	7.42	7.42
税金		直接费＋设备购置费＋措施费＋企业管理费＋规费＋利润	9	9	9	9	9	9	9	9

第六篇

上下水库连接路工程典型方案通用造价

第 19 章 典型方案说明

根据通用造价编制和应用原则选定四个不同地区具有较强代表性的工程，共涵盖四条公路、六座桥梁、八条隧道。上下水库连接路工程通用造价典型方案主要技术条件汇总表见表 19-1。

表 19-1　　　　　上下水库连接路工程典型方案主要技术条件

名称	特征参数	单位	方案一	方案二	方案三	方案四
公路	公路全长（含桥隧）	km	5.86	9.2	5.67	12.78
	公路全长（不含桥隧）	km	5.18	9.2	4.88	9.89
	行车道宽度	m	6.5	6.5	6	7
	路基宽度	m	7.5	7.5	7	8
	路面结构		水泥混凝土	水泥混凝土	水泥混凝土	水泥混凝土

续表

名称	特征参数	单位	方案一	方案二	方案三	方案四
桥梁	桥梁全长	m	36.75		327	
	桥梁总长	m	26		48/64/75/100	
	桥梁型式		现浇混凝土简支板桥		①②现浇混凝土空心板桥 ③④预应力混凝土简变连小箱梁桥	
	桥台		片石混凝土U形桥台		片石混凝土U形桥台	
	桥墩		混凝土柱式墩		混凝土柱式墩	
	桥面积		330.75		545.2/695.6/799/1210	
隧道	隧道全长	m	646		464	2894
	隧道限界（宽×高）	m	7.5×4.5		8.0×4.5	9.0×4.5

第 20 章 典型方案一

20.1 主要技术条件

典型方案一上下水库连接路为上水库的对外交通道路，起点接下水库工程区附近，终点与上水库左坝头相接，主要承担混凝土及金属结构、各类建筑材料、施工机械设备，生活物资等的运输任务。公路沿线地形较平缓，两岸岸坡坡度中等。主要地层岩性为上太古界泰山岩群翎关组变质岩系地层和第四系地层，公路沿线出露的片麻状闪长和花岗闪长岩具有片麻状构造。

道路全长 5.86km，设计标准为四级公路，路面/路基宽度 6.5m/7.5m，荷载标准为公路Ⅱ级，复核荷载为汽车－40 级，水泥混凝土路面，沿线布置桥梁和隧道各一座。其中，桥梁总长 26m，全长 36.75m，为 2×13m 的整体现浇简支板桥结构，桥梁宽度为 9m；隧道全长 646m，建筑限界净宽 7.5m，净高 4.5m，隧道路面宽度为 7.5m，不设人行道。

典型方案一主要技术条件见表 20-1。

表 20-1　　上下水库连接路工程典型方案一主要技术条件

名称	特征参数	单位	备注
道路	公路全长（含桥隧）	km	5.86
	公路全长（不含桥隧）	km	5.18
	桥梁全长	m	36.75
	隧道全长	m	646
	公路等级		水电工程场内四级
	设计速度	km/h	20
	设计汽车荷载等级		汽车-40 级
	行车道宽度	m	6.5
	路基宽度	m	7.5
	地层岩性		出露的地层主要有上太古界泰山岩群翎关组变质岩系地层和第四系地层
	地质构造		公路沿线出露的片麻状闪长和花岗闪长岩具有片麻状构造
	挖方量（石方）	m³/m	81
	填方量	m³/m	79
	护坡		沿线喷锚支护长度占比 51% 上挡墙防护长度占比 38% 防护网长度占比 6%
	挡土墙		沿线挡土墙长度占比 13%，高度 3～5m
	路面结构		水泥混凝土路面

续表

名称	特征参数	单位	备注
桥梁	桥梁全长	m	36.75
	桥梁总长	m	26.00
	桥梁宽度	m	净-8.0m+2×0.5m 防撞护栏
	桥梁型式		现浇混凝土简支板桥
	桥面积		330.75
	桥台		片石混凝土 U 形桥台
	桥墩		混凝土柱式墩
隧道	隧道长度	m	646
	隧道限界（宽×高）	m	7.5×4.5
	行车速度	km/h	20
	路面类型		水泥混凝土路面
	洞口型式		端墙式
	衬砌分段		Ⅲ衬砌段占 74%，Ⅳ衬砌段占 26%
	衬砌厚度		Ⅲ衬砌厚 35cm，Ⅳ衬砌厚度 40cm

20.2　方案造价

根据第 18 章中拟定条件计算的工程单价编制上下水库连接路工程典型方案一通用造价。典型方案一通用造价见表 20-2。

表 20-2　　上下水库连接路工程典型方案一通用造价

编号	工程或费用名称	单位	数量	单价（元）	合计（元）
	方案一工程				93608489
Ⅰ	路基工程				47458602
二	挖方路基				22655329
	土方开挖	m³	46708	10.275	479915
	石方开挖	m³	420876	52.689	22175415
三	路基填方				2475722
	利用土石混填	m³	401497	5.546	2226743
	换填碎石	m³	600	182.934	109761
	结构物台背回填	m³	400	182.934	73174
	三向土工格栅	m²	4203	15.714	66045
四	坡面排水				2895331

编号	工程或费用名称	单位	数量	单价（元）	合计（元）
1	边沟				1658239
	现浇混凝土 C25	m³	2059	805.361	1658239
2	排水沟				460369
	现浇混凝土 C25	m³	571.63	805.361	460369
3	截水沟				593357
	现浇混凝土	m³	670.75	884.618	593357
4	急流槽				183366
	C25 混凝土急流槽	m³	222.6	823.747	183366
五	护坡、护面墙				8838624
2	护面墙				8838624
	现浇混凝土护面墙 C20	m³	11583	763.069	8838624
六	挡土墙				2415802
1	砌体挡土墙				1241705
	M7.5 浆砌片石	m³	2683	462.805	1241705
2	混凝土挡土墙				1174097
	C20 混凝土	m³	1336	878.815	1174097
七	挂网锚喷混凝土防护边坡				8177793
1	喷射混凝土边坡防护				5308975
	喷射混凝土防护边坡（厚 120mm）	m²	42876	123.822	5308975
2	钢筋网	kg	100715	7.786	784189
3	锚杆				2084629
	ϕ25 普通砂浆锚杆（L=450cm）	m	9647	82.176	792748
	ϕ25 普道砂浆锚杆（L=600cm）	m	15721	82.176	1291881
Ⅱ	路面工程				6813716
二	基层				1063826
	水泥稳定级配碎石土基层 5% 厚 200mm	m²	39334.4	27.046	1063826
三	底基层				933129
	级配碎石底基层 厚 250mm	m²	20620.7	45.252	933129
四	路面				4606617
	水泥混凝土 厚 260mm	m²	36138.6	127.471	4606617
五	路面附属				210145

编号	工程或费用名称	单位	数量	单价（元）	合计（元）
	培土路肩	m³	4983	42.172	210145
Ⅲ	桥梁涵洞工程				3850134
一	桥梁工程（现浇混凝土简支板桥）				2657217
1	钢筋				591847
1.1	基础钢筋				114109
	带肋钢筋（HRB335、HRB400）	kg	18980.4	6.012	114109
1.2	下部结构钢筋				148163
	光圆钢筋（HPB235、HPB300）	kg	9125.8	6.772	61800
	带肋钢筋（HRB335、HRB400）	kg	12774	6.761	86362
1.3	上部结构钢筋				274887
	光圆钢筋（HPB235、HPB300）	kg	6289.9	5.782	36367
	带肋钢筋（HRB335、HRB400）	kg	41333.8	5.771	238519
1.4	附属结构钢筋				54689
	光圆钢筋（HPB235、HPB300）	kg	1092.8	6.657	7275
	带肋钢筋（HRB335、HRB400）	kg	7122.2	6.657	47414
2	基坑开挖及回填				185626
	干处挖土方	m³	950	27.938	26541
	干处挖石方	m³	2500	63.634	159085
4	结构混凝土				1778514
4.1	混凝土基础				1023231
	墩台扩大基础（C25）	m³	1581.7	646.918	1023231
4.2	混凝土下部结构				541148
	桥台混凝土（C25）	m³	636.4	771.945	491266
	桥墩混凝土（C30）	m³	53.3	935.889	49883
4.3	现浇混凝土上部结构（C40）	m³	179.7	1191.624	214135
6	混凝土附属结构				54575
	支座垫石	m³	0.5	1249.736	625
	护栏混凝土	m³	31.2	818.084	25524
	桥台搭板	m³	37.4	760.064	28426
7	桥面铺装				23503
	C40 防水混凝土 厚 100mm	m²	260.5	67.221	17511
	防水层	m²	280.8	21.339	5992

编号	工程或费用名称	单位	数量	单价（元）	合计（元）
8	桥梁支座				7714
	圆形板式橡胶支座 GYZ 250×66	个	6	242.186	1453
	圆形板式橡胶支座 GYZF4 250×65	个	12	521.779	6261
9	桥梁接缝和伸缩装置				15436
	橡胶伸缩装置 40 型	m	18	857.557	15436
六	涵洞工程				1192917
2	钢筋混凝土盖板涵				1192917
	钢筋混凝土盖板涵 1-1.5m×1.5m（宽×高）	m	192	3781.558	726059
	钢筋混凝土盖板涵 1-2.5m×1.5m（宽×高）	m	36	5527.107	198976
	钢筋混凝土盖板涵 1-2.5m×2.5m（宽×高）	m	48	5580.873	267882
Ⅳ	隧道工程				33593848
一	洞口与明洞工程				4096058
1	洞口、明洞开挖				1890351
	土方	m³	8552	10.275	87870
	石方	m³	34210	52.689	1802481
2	防水与排水				157583
	现浇混凝土截水沟 C25	m³	113	884.618	99962
	现浇混凝土排水沟 C25	m³	65	805.361	52348
	黏土隔水层	m³	58	90.907	5273
3	洞口坡面防护				1683219
	浆砌片石护坡	m³	34	441.96	15027
	喷射混凝土护坡 C25	m³	64.92	971.949	63099
	现浇混凝土护面墙 C30	m³	480	763.069	366273
	钢筋	kg	11746	7.194	84503
	砂浆锚杆，ϕ25　L=300cm	kg	2217.6	19.59	43442
	砂浆锚杆，ϕ25　L=450cm	kg	9494.1	19.59	185985
	砂浆锚杆，ϕ25　L=600cm	kg	9840.6	19.59	192773
	预应力锚索，p_t=1600kn　L=20m	根	45	13616.422	612739
	被动防护系统	m²	300	397.929	119379
4	洞门建筑				359071

编号	工程或费用名称	单位	数量	单价（元）	合计（元）
	现浇混凝土 C25	m³	429	766.933	329014
	钢筋	kg	4614	6.514	30057
5	洞顶回填				5834
	回填碎石土	m³	217	26.885	5834
二	洞身开挖				15357198
1	洞身开挖				7057193
	洞身开挖	m³	54511	129.464	7057193
2	洞身支护				8300005
	管棚（ϕ108）	m	1800	295.75	532351
	C22 砂浆锚杆（L=300cm）	m	9122	41.723	380600
	C25 砂浆锚杆（L=450cm）	m	12135	53.904	654128
	中空注浆锚杆 C25 L=4.5m	m	17224	69.416	1195626
	喷射混凝土	m³	2869	1140.618	3272433
	钢筋网	kg	34242	7.716	264219
	型钢支架	kg	157820	7.52	1186745
	格栅钢架	kg	90467	8.997	813902
三	洞身衬砌				12573119
1	洞身衬砌				8900089
	现浇混凝土 C25	m³	7153	743.526	5318439
	钢筋	kg	514575	6.96	3581650
2	C15 现浇混凝土仰拱	m³	578	531.438	307171
3	沟槽混凝土				1706743
	C25 边沟混凝土	m³	381	818.438	311825
	C25 盖板混凝土	m³	1081	1146.078	1238910
	钢筋	kg	23360	6.678	156008
4	洞内路面				1659116
	C20 混凝土整平层（厚 150mm）	m²	7937	85.285	676903
	C25 水泥混凝土面层（厚 260mm）	m²	6984	137.333	959130
	钢筋	kg	3406	6.777	23082
四	防水与排水				1567473
	1.5mm EVA 防水板	m²	28831	29.514	850924
	橡胶止水带	m	3012	83.488	251467

编号	工程或费用名称	单位	数量	单价（元）	合计（元）
	橡胶止水条	m	2446.8	52.437	128304
	排水管（HDPE 管）	m	12320.4	27.335	336779
V	安全设施工程				1892189
一	护栏				1180201
	波形梁钢护栏	m	5482	215.287	1180201
二	防落物网				477515
	被动型防护网	m²	1200	397.929	477515
三	道路交通标志				97399

编号	工程或费用名称	单位	数量	单价（元）	合计（元）
	单柱式交通标志	个	16	4503.469	72055
	单悬臂式交通标志	个	1	23781.698	23782
	里程碑	个	6	134.554	807
	百米桩	个	53	14.234	754
四	道路交通标线				137074
	热熔型涂料路面标线	m²	2775	44.78	124263
	振荡标线	m²	8	125.923	1007
	路面标识	个	643	18.356	11803

第 21 章 典型方案二

21.1 主要技术条件

典型方案二上下水库连接路为上水库的对外交通道路，线路起点为下水库进出水口，终点为上水库右坝头，是主体工程外来物资的主要运输通道。出露的主要地层岩性为下元古界变质岩。道路全长 9.2km，公路设计等级为一般公路三级（山岭重丘），路面/路基宽度 6.5m/7.5m，荷载标准为公路 II 级，复核荷载为汽车-40 级，水泥混凝土路面，沿线无桥隧。

典型方案二主要技术条件见表 21-1。

表 21-1 上下水库连接路工程典型方案二主要技术条件

名称	特征参数	单位	备注
公路	公路长度	km	9.20
	桥梁长度	m	无
	隧道长度	m	无
	公路等级		公路三级
	设计速度	km/h	20
	设计汽车荷载等级		汽车-40 级
	行车道宽度	m	6.5
	路基宽度	m	7.5
	路面结构		水泥混凝土路面
	地层岩性		出露的地层主要为下元古界变质岩
	挖方量（石方）	m³/m	68
	填方量	m³/m	30

21.2 方案造价

根据第 18 章中拟定条件计算的工程单价编制上下水库连接路工程典型方案二通用造价。典型方案二通用造价见表 21-2。

表 21-2 上下水库连接路工程典型方案二通用造价

编号	工程或费用名称	单位	数量	单价（元）	合计（元）
	方案二工程				71396994
I	路基工程				54990990
一	场地清理				603279
	清理现场（含挖除树根和砍伐树木）	m²	292447	2.063	603279
二	挖方路基				35856048
	土方开挖	m³	294787	10.275	3028872
	石方开挖	m³	623040	52.689	32827176
三	路基填方				1509238
	利用土石混填	m³	272126	5.546	1509238
四	坡面排水				7576004
1	边沟				1457516
	浆砌片石	m³	3000	485.839	1457516
2	排水沟				4874419
	浆砌片石	m³	10033	485.839	4874419
3	截水沟				1118117

编号	工程或费用名称	单位	数量	单价（元）	合计（元）
	浆砌片石	m³	1379	554.22	764270
	现浇混凝土	m³	400	884.618	353847
4	急流槽				125952
	浆砌片石	m³	300	419.841	125952
五	护坡、护面墙				1484677
1	护坡				1484677
	干砌片石护坡	m³	4000	250.735	1002940
	浆砌片石护坡	m³	1090	441.96	481737
六	挡土墙				6204823
1	砌体挡土墙				6204823
	M7.5浆砌片石	m³	13407	462.805	6204823
七	挂网锚喷混凝土防护边坡				1756921
1	喷射混凝土边坡防护				1345446
	喷射混凝土防护边坡（厚120mm）	m²	10866	123.822	1345446
2	钢筋网	kg	11000	7.786	85648
3	锚杆				325827
	$\phi25$普通砂浆锚杆（$L=450cm$）	m	3492	82.175	286957
	$\phi25$普通砂浆锚杆（$L=600cm$）	m	473	82.178	38870
Ⅱ	路面工程				14537661
一	垫层				2415190
	碎石垫层 厚200mm	m²	66286	36.436	2415190
二	基层				3916373
	水泥稳定级配碎石基层5% 厚200mm	m²	66286	59.083	3916373

编号	工程或费用名称	单位	数量	单价（元）	合计（元）
四	路面				7937628
	水泥混凝土 厚260mm	m²	61757	127.471	7872215
	钢筋	kg	11200	5.84	65413
五	路面附属				268470
	培土路肩	m³	6366	42.172	268470
Ⅲ	桥梁涵洞工程				610059
六	涵洞工程				610059
1	单孔钢筋混凝土圆管涵				483394
	钢筋混凝土圆管涵（$\phi1m$）（25道）	m	250	1933.574	483394
2	钢筋混凝土盖板涵				126665
	钢筋混凝土盖板涵1—2.0m×2.0m（宽×高）	m	24	5277.714	126665
V	安全设施工程				1258284
一	护栏				645841
	波形梁钢护栏	m	3000	215.28	645841
二	防落物网				397929
	被动型防护网	m²	1000	397.929	397929
三	道路交通标志				214514
	单柱式交通标志	个	40	4503.469	180139
	单悬臂式交通标志	个	1	23781.698	23782
	里程碑	个	9	134.554	1211
	公路界碑	个	90	90.021	8102
	百米桩	个	90	14.234	1281

第22章 典型方案三

22.1 主要技术条件

典型方案三上下水库连接路为上水库的对外交通道路，主要为电站建设及运营物资及大件运输服务。公路沿线覆盖层广布，植被茂盛。主要地层岩性为震旦系下统洞门组沉积岩及新生界第四系全新统覆盖层。

工程上下水库连接路划分为两个标段招标施工，典型方案选取其中一个标段，选取段道路全长5.67km，工程采用准三级公路标准，路面/路基宽度6.0m/7.0m，荷载标准为公路Ⅱ级，复核荷载为汽车—40级，水泥混凝土路面，沿线布置桥梁四座、隧道一座。其中，桥梁总长287m（48＋64＋75＋100），全长327m（58＋74＋85＋110），分别为两座现浇混凝土空心板桥和预应力混凝土简变连小箱梁桥；隧道全长 464m，建筑限界净宽 8.0m，净高 4.5m，隧道路面宽度为 8.0m，不设人行道。

典型方案三主要技术条件见表 22-1。

表 22-1　　　　上下水库连接路工程典型方案三主要技术条件

名称	特征参数	单位	备注
公路	公路全长（含桥隧）	km	5.67
	公路全长（不含桥隧）	km	4.88
	桥梁全长	m	327
	隧道全长	m	464
	公路等级		水电工程场内三级
	设计速度	km/h	30
	设计汽车荷载等级		汽车-40 级
	行车道宽度	m	6.0
	路基宽度	m	7.0
	地层岩性		出露的地层主要为震旦系下统硐门组沉积岩及新生界第四系全新统覆盖层
	地质构造		
	挖方量（石方）	m³/m	53
	填方量	m³/m	19
	护坡		沿线喷锚支护长度占比 15%　浆砌片石骨架防护长度占比 7%
	路面结构		水泥混凝土路面
桥梁	桥梁全长	m	58/74/85//110
	桥梁总长	m	48/64/75/100
	桥梁宽度	m	① 净-8.4m＋2×0.5m 防撞护栏 ② 净-8.4m＋2×0.5m 防撞护栏 ③ 净-8.4m＋2×0.5m 防撞护栏 ④ 净-10.0m＋2×0.5m 防撞护栏
	桥梁型式		①② 现浇混凝土空心板桥 ③④ 预应力混凝土简变连小箱梁桥
	桥面积		545.20/695.60/799.00/1210.00
	桥台		片石混凝土 U 形桥台
	桥墩		混凝土柱式墩

续表

名称	特征参数	单位	备注
隧道	隧道长度	m	464
	隧道限界（宽×高）	m	8.0×4.5
	行车速度	km/h	30
	路面类型		水泥混凝土路面
	洞口型式		端墙式
	衬砌分段		Ⅱ级衬砌段占 44%，Ⅲ衬砌段占 13%　Ⅳ衬砌段占 31%，Ⅴ衬砌段占 12%
	衬砌厚度		Ⅱ衬砌厚 30cm，Ⅲ衬砌厚度 35cm　Ⅳ衬砌厚 35cm，Ⅴ衬砌厚度 45cm

22.2　方案造价

根据第 18 章中拟定条件计算的工程单价编制上下水库连接路工程典型方案三通用造价。典型方案三通用造价见表 22-2。

表 22-2　　　　上下水库连接路工程典型方案三通用造价

编号	工程或费用名称	单位	数量	单价（元）	合计（元）
	方案三工程				88530561
Ⅰ	路基工程				46650612
二	挖方路基				14407530
	土方开挖	m³	76895	10.275	790079
	石方开挖	m³	258451	52.689	13617450
三	路基填方				3316106
	利用土石混填	m³	77094	5.546	427571
	结构物台背回填	m³	15790	182.934	2888535
四	坡面排水				2145990
2	排水沟				1689747
	浆砌片石	m³	3478	485.839	1689747
3	截水沟				198411
	浆砌片石	m³	358	554.22	198411
4	急流槽				257833
	C25 混凝土急流槽	m³	313	823.747	257833
五	护坡、护面墙				888155

编号	工程或费用名称	单位	数量	单价（元）	合计（元）
1	护坡				582062
	浆砌片石护坡	m³	1317	441.96	582062
2	护面墙				306093
	浆砌片石护面墙	m³	750	408.124	306093
六	挡土墙				21686123
1	砌体挡土墙				4616015
	M7.5 浆砌片石	m³	9974	462.805	4616015
2	混凝土挡土墙				17070108
	C15 埋石混凝土	m³	22965	743.31	17070108
七	挂网锚喷混凝土防护边坡				4009518
1	喷射混凝土边坡防护				2457983
	喷射混凝土防护边坡（厚 120mm）	m²	19851	123.822	2457983
2	钢筋网	kg	51612	7.786	401862
3	锚杆				1149673
	ϕ25 普通砂浆锚杆（$L=450$cm）	m	8028	82.175	659704
	ϕ25 普通砂浆锚杆（$L=600$cm）	m	3072	82.175	252443
	ϕ28 预应力锚杆（$L \geqslant 600$cm）	m	2304	103.093	237525
八	预应力锚索边坡加固				197190
	预应力锚索（6ϕs 15.2 800kN）	m	400	492.974	197190
Ⅱ	路面工程				10416500
一	垫层				1450802
	C15 水泥混凝土整平层 厚 150mm	m²	18764	77.318	1450802
二	基层				2242789
	水泥稳定级配碎石基层 5‰ 厚 200mm	m²	37960	59.083	2242789
三	底基层				980702
	级配碎石底基层 厚 250mm	m²	21672	45.252	980702
四	路面				4356705
	水泥混凝土 厚 260mm	m²	32727	127.471	4171737
	钢筋	kg	31670	5.84	184968
五	路面附属				1385501
	浆砌块石硬化土路肩	m³	2112	443.087	935801
	C20 混凝土预制侧石（150mm×300mm）	m	9756	46.095	449701

编号	工程或费用名称	单位	数量	单价（元）	合计（元）
Ⅲ	桥梁涵洞工程				13884592
二	桥梁工程（现浇混凝土空心板桥 1）				2345362
1	钢筋				951440
1.1	基础钢筋				48458
	光圆钢筋（HPB235、HPB300）	kg	1272	6.023	7662
	带肋钢筋（HRB335、HRB400）	kg	6786	6.012	40797
1.2	下部结构钢筋				89022
	光圆钢筋（HPB235、HPB300）	kg	811	6.772	5492
	带肋钢筋（HRB335、HRB400）	kg	12355	6.761	83530
1.3	上部结构钢筋				745963
	光圆钢筋（HPB235、HPB300）	kg	3260	5.782	18849
	带肋钢筋（HRB335、HRB400）	kg	126004	5.771	727114
1.4	附属结构钢筋				67997
	光圆钢筋（HPB235、HPB300）	kg	178	6.657	1185
	带肋钢筋（HRB335、HRB400）	kg	10036	6.657	66812
2	基坑开挖及回填				39485
	干处挖土方	m³	320	27.938	8940
	干处挖石方	m³	480	63.634	30544
3	钻孔灌注桩				411336
	桩径 1.5m	m	85	4839.243	411336
4	结构混凝土				812465
4.2	混凝土下部结构				464313
	桥台片石混凝土（C25）	m³	862	439.846	379147
	桥墩混凝土（C30）	m³	91	935.889	85166
4.3	现浇混凝土上部结构（C40）	m³	266	1308.842	348152
6	混凝土附属结构				53406
	支座垫石	m³	2	1249.738	2499
	护栏混凝土	m³	39	818.084	31905
	桥台搭板	m³	25	760.064	19002
7	桥面铺装				35488
	C40 防水混凝土、厚 100mm	m³	400	67.221	26888
	防水层	m²	403	21.339	8600

编号	工程或费用名称	单位	数量	单价（元）	合计（元）
8	桥梁支座				14337
	圆形板式橡胶支座 GYZ 250×66	个	20	242.185	4844
	圆形板式橡胶支座 GYZ 350×66	个	20	474.683	9494
9	桥梁接缝和伸缩装置				27404
	模数式伸缩装置 80 型	m	19	1442.34	27404
三	桥梁工程（现浇砼空心板桥2）				3032747
1	钢筋				1323043
1.1	基础钢筋				60570
	光圆钢筋（HPB235、HPB300）	kg	1590	6.023	9577
	带肋钢筋（HRB335、HRB400）	kg	8482	6.012	50993
1.2	下部结构钢筋				195116
	光圆钢筋（HPB235、HPB300）	kg	2963	6.772	20066
	带肋钢筋（HRB335、HRB400）	kg	25892	6.761	175050
1.3	上部结构钢筋				993481
	光圆钢筋（HPB235、HPB300）	kg	4377	5.782	25307
	带肋钢筋（HRB335、HRB400）	kg	167778	5.771	968174
1.4	附属结构钢筋				73876
	光圆钢筋（HPB235、HPB300）	kg	178	6.657	1185
	带肋钢筋（HRB335、HRB400）	kg	10919	6.657	72691
2	基坑开挖及回填				46810
	干处挖土方	m³	400	27.938	11175
	干处挖石方	m³	560	63.634	35635
3	钻孔灌注桩				512960
	桩径1.5m	m	106	4839.247	512960
4	结构混凝土				993260
4.2	混凝土下部结构				529930
	桥台片石混凝土（C25）	m³	775	439.846	340881
	桥墩混凝土（C30）	m³	202	935.889	189050
4.3	现浇混凝土上部结构（C40）	m³	354	1308.842	463330
6	混凝土附属结构				62405
	支座垫石	m³	2	1249.738	2499
	护栏混凝土	m³	50	818.084	40904

编号	工程或费用名称	单位	数量	单价（元）	合计（元）
	桥台搭板	m³	25	760.064	19002
7	桥面铺装				47780
	C40 防水混凝土、厚100mm	m³	540	67.221	36299
	防水层	m²	538	21.339	11481
8	桥梁支座				19084
	圆形板式橡胶支座 GYZ 250×66	个	20	242.185	4844
	圆形板式橡胶支座 GYZ 350×66	个	30	474.683	14240
9	桥梁接缝和伸缩装置				27404
	模数式伸缩装置 80 型	m	19	1442.34	27404
四	桥梁工程(预应力混凝土简变连小箱梁桥1)				3034892
1	钢筋				857929
1.1	基础钢筋				70832
	光圆钢筋（HPB235、HPB300）	kg	1061	6.023	6391
	带肋钢筋（HRB335、HRB400）	kg	10719	6.012	64442
1.2	下部结构钢筋				263389
	光圆钢筋（HPB235、HPB300）	kg	3771	6.772	25537
	带肋钢筋（HRB335、HRB400）	kg	35181	6.761	237851
1.3	上部结构钢筋				437310
	光圆钢筋（HPB235、HPB300）	kg	12696	5.782	73406
	带肋钢筋（HRB335、HRB400）	kg	63062	5.771	363903
1.4	附属结构钢筋				86398
	光圆钢筋（HPB235、HPB300）	kg	178	6.657	1185
	带肋钢筋（HRB335、HRB400）	kg	12800	6.657	85213
2	基坑开挖及回填				24678
	干处挖土方	m³	200	27.938	5588
	干处挖石方	m³	300	63.634	19090
3	钻孔灌注桩				873908
	桩径1.8m	m	143	6111.245	873908
4	结构混凝土				513574
4.2	混凝土下部结构				493342
	桥台片石混凝土（C25）	m³	545	439.846	239716
	桥墩混凝土（C30）	m³	271	935.889	253626

编号	工程或费用名称	单位	数量	单价（元）	合计（元）
4.3	现浇混凝土上部结构（C40）	m³	16	1264.463	20231
5	预应力混凝土工程				592942
	预制预应力混凝土上部结构C50	m³	263	1600.036	420809
	后张法预应力钢绞线	kg	8880	19.384	172133
6	混凝土附属结构				68132
	支座垫石	m³	2	1249.738	2499
	护栏混凝土	m³	57	818.084	46631
	桥台搭板	m³	25	760.064	19002
7	桥面铺装				60114
	C40防水混凝土、厚100mm	m³	680	67.221	45710
	防水层	m²	675	21.339	14404
8	桥梁支座				17654
	圆形板式橡胶支座GYZ 350×66	个	24	474.683	11392
	圆形板式橡胶支座GYZF4 250×65	个	12	521.779	6261
9	桥梁接缝和伸缩装置				25962
	模数式伸缩装置80型	m	18	1442.34	25962
五	桥梁工程（预应力混凝土简变连小箱梁桥2）				3992185
1	钢筋				1071880
1.1	基础钢筋				93269
	光圆钢筋（HPB235、HPB300）	kg	1591	6.023	9583
	带肋钢筋（HRB335、HRB400）	kg	13920	6.012	83686
1.2	下部结构钢筋				287781
	光圆钢筋（HPB235、HPB300）	kg	4903	6.772	33203
	带肋钢筋（HRB335、HRB400）	kg	37655	6.761	254577
1.3	上部结构钢筋				587702
	光圆钢筋（HPB235、HPB300）	kg	16809	5.782	97187
	带肋钢筋（HRB335、HRB400）	kg	85003	5.771	490515
1.4	附属结构钢筋				103128
	光圆钢筋（HPB235、HPB300）	kg	178	6.657	1185
	带肋钢筋（HRB335、HRB400）	kg	15313	6.657	101943
2	基坑开挖及回填				24678
	干处挖土方	m³	200	27.938	5588

编号	工程或费用名称	单位	数量	单价（元）	合计（元）
	干处挖石方	m³	300	63.634	19090
3	钻孔灌注桩				1307804
	桩径1.8m	m	214	6111.235	1307804
4	结构混凝土				582322
4.2	混凝土下部结构				553239
	桥台片石混凝土（C25）	m³	545	439.846	239716
	桥墩混凝土（C30）	m³	335	935.889	313523
4.3	现浇混凝土上部结构（C40）	m³	23	1264.463	29083
5	预应力混凝土工程				794446
	预制预应力混凝土上部结构C50	m³	350	1600.036	560013
	后张法预应力钢绞线	kg	12094	19.384	234434
6	混凝土附属结构				82039
	支座垫石	m³	2	1249.738	2499
	护栏混凝土	m³	74	818.084	60538
	桥台搭板	m³	25	760.064	19002
7	桥面铺装				79704
	C40防水混凝土、厚100mm	m³	900	67.221	60499
	防水层	m²	900	21.339	19205
8	桥梁支座				23350
	圆形板式橡胶支座GYZ 350×66	个	36	474.683	17089
	圆形板式橡胶支座GYZF4 250×65	个	12	521.779	6261
9	桥梁接缝和伸缩装置				25962
	模数式伸缩装置80型	m	18	1442.34	25962
六	涵洞工程				1479407
2	钢筋混凝土盖板涵				1479407
	钢筋混凝土盖板涵1－1.0m×1.0m（宽×高）	m	253	3177.866	804000
	钢筋混凝土盖板涵1－3.0m×2.0m（宽×高）	m	36	9255.156	333186
	钢筋混凝土箱涵4.0m×3.0m（宽×高）	m	24	14259.223	342221
Ⅳ	隧道工程				15030690

编号	工程或费用名称	单位	数量	单价（元）	合计（元）
一	洞口与明洞工程				822874
1	洞口、明洞开挖				65467
	土方	m³	3500	10.275	35962
	石方	m³	560	52.689	29506
2	防水与排水				97966
	浆砌片石截水沟	m³	157	554.22	87013
	现浇混凝土排水沟 C25	m³	13.6	805.361	10953
3	洞口坡面防护				306652
	喷射混凝土护坡 C25	m³	132	971.948	128297
	钢筋	kg	3279	7.194	23590
	砂浆锚杆 ϕ22 L=450cm	kg	5790.14	19.589	113425
	砂浆锚杆 ϕ25 L=600cm	kg	693	19.59	13576
	自进式锚杆 ϕ25 L>450cm	m	384	72.303	27764
4	洞门建筑				352789
	现浇混凝土 C25	m³	460	766.933	352789
二	洞身开挖				8879238
1	洞身开挖				4313470
	洞身开挖	m³	33318	129.464	4313470
2	洞身支护				4565768
	C22 砂浆锚杆（L=300cm）	m	17321	41.723	722689
	C25 砂浆锚杆（L=450cm）	m	13245	53.904	713962
	小钢管（ϕ42×4 L=450cm）	m	4183	52.868	221148
	喷射混凝土	m³	1563	1139.151	1780493
	钢筋网	kg	16396	7.716	126515
	格栅钢架	kg	111259	8.997	1000961
三	洞身衬砌				4566709
1	洞身衬砌				2785997
	现浇混凝土 C25	m³	3337	743.526	2481145
	钢筋	kg	43798	6.96	304852

编号	工程或费用名称	单位	数量	单价（元）	合计（元）
2	C15 现浇混凝土仰拱	m³	1825	531.438	969874
3	沟槽混凝土				243315
	C25 边沟混凝土	m³	262	818.438	214431
	钢筋	kg	4325	6.678	28884
4	洞内路面				567523
	C20 混凝土整平层（厚 150mm）	m²	1586	85.285	135261
	C25 水泥混凝土面层（厚 260mm）	m²	3016	137.333	414195
	钢筋	kg	2666	6.777	18067
四	防水与排水				761868
	1.5mm EVA 防水板	m²	10065	29.514	297060
	橡胶止水带	m	1553	83.488	129658
	橡胶止水条	m	1118	52.437	58625
	排水管（PVC 管）	m	3704.3	74.65	276525
V	安全设施工程				2548168
一	护栏				822817
	波形梁钢护栏	m	3822	215.284	822817
二	防落物网				1216177
	被动型防护网	m²	2000	397.929	795859
	主动型防护网	m²	2000	210.159	420318
三	道路交通标志				373003
	单柱式交通标志	个	18	4503.469	81062
	单悬臂式交通标志	个	12	23781.698	285380
	里程碑	个	6	134.554	807
	公路界碑	个	56	90.021	5041
	百米桩	个	50	14.234	712
四	道路交通标线				136171
	热熔型涂料路面标线	m²	2551	44.78	114233
	路面标识	个	976	18.356	17916
	轮廓标	个	708	5.681	4022

第23章 典型方案四

23.1 主要技术条件

典型方案四上下水库连接路为上水库的对外交通道路，起点位于下水库库岸公路，终点至上水库大坝右坝头，前期主要用于电站的施工，后期服务于电站的运营与维护。主要地层岩性为元古界震旦系下统休宁组粉砂岩、燕山晚期的粗粒花岗岩。地质构造以燕山晚期侵入的花岗岩体为主，整体属于伏岭花岗岩体。

道路全长12.78km，设计标准为水电工程场内主要公路三级，路面/路基宽度7.0m/8.0m，荷载标准为公路Ⅱ级，复核荷载为汽车-40级，水泥混凝土路面，沿线布置隧道六座。隧道全长2894m，建筑限界净宽9.0m，净高4.5m，隧道路面宽度为9m，不设人行道。

典型方案四主要技术条件见表23-1。

表 23-1　　　　上下水库连接路工程典型方案四主要技术条件

名称	特征参数	单位	备注
公路	公路全长（含桥隧）	km	12.78
	公路全长（不含桥隧）	km	9.89
	隧道全长	m	2894
	公路等级		水电工程场内三级
	设计速度	km/h	20
	设计汽车荷载等级		汽车-40级
	行车道宽度	m	7.0
	路基宽度	m	8.0
	地层岩性		出露的地层主要为元古界震旦系下统休宁组粉砂岩、燕山晚期的粗粒花岗岩
	地质构造		公路沿线以燕山晚期侵入的花岗岩体为主，整体属于伏岭花岗岩体
	挖方量（石方）	m³/m	102
	填方量	m³/m	7

续表

名称	特征参数	单位	备注
公路	护坡		沿线喷锚支护长度占比54%；浆砌片石骨架防护长度占比27%；防护网长度占比10%；浆砌片石护面墙长度占比5%
	挡土墙		沿线挡土墙长度占比33%，高度3~10m
	路面结构		水泥混凝土路面
隧道	隧道长度	m	2894
	隧道限界（宽×高）	m	9.0×4.5
	行车速度	km/h	40
	路面类型		水泥混凝土路面
	洞口型式		端墙式
	衬砌分段		Ⅱ级衬砌段占39%，Ⅲ衬砌段占58%，Ⅳ衬砌段占3%
	衬砌厚度		洞口段占总长度10%；Ⅲ类围岩衬砌厚度35cm，Ⅳ衬砌厚35cm

23.2 方案造价

根据第18章中拟定条件计算的工程单价编制上下水库连接路工程典型方案四通用造价。典型方案四通用造价见表23-2。

表 23-2　　　　上下水库连接路工程典型方案四造价

编号	工程或费用名称	单位	数量	单价（元）	合计（元）
	方案四工程				239808151
Ⅰ	路基工程				150429916
二	挖方路基				55190082
	土方开挖	m³	174343	10.275	1791336
	石方开挖	m³	1013476	52.689	53398746

続表

编号	工程或费用名称	单位	数量	单价（元）	合计（元）
三	路基填方				3858634
	利用土石混填	m³	44328	5.546	245848
	换填碎石	m³	648	182.934	118542
	结构物台背回填	m³	18998	182.934	3475389
	三向土工格栅	m²	1200	15.714	18856
四	坡面排水				5374180
1	边沟				335398
	浆砌片石	m³	226.2	485.839	109897
	现浇混凝土 C25	m³	280	805.361	225501
2	排水沟				3842365
	现浇混凝土 C25	m³	4268	805.361	3437282
	钢筋	kg	69358	5.84	405084
3	截水沟				411398
	浆砌片石	m³	742.3	554.221	411398
4	急流槽				785019
	浆砌片石	m³	1869.8	419.841	785019
五	护坡、护面墙				12415424
1	护坡				5447477
	现浇混凝土护坡 C15	m³	5060	838.04	4240483
	浆砌片石护坡	m³	2731	441.96	1206994
2	护面墙				6967947
	浆砌片石护面墙	m³	16945.5	408.122	6915836
	三维植被网	m²	2314	22.52	52111
六	挡土墙				55301981
1	砌体挡土墙				1068616
	M7.5 浆砌片石	m³	2309	462.805	1068616
2	混凝土挡土墙				54233365
	C15 埋石混凝土	m³	72962	743.31	54233365
七	挂网锚喷混凝土防护边坡				17165609
1	喷射混凝土边坡防护				11568158
	喷射混凝土防护边坡（厚120mm）	m²	93426	123.822	11568158
2	钢筋网	kg	201316	7.786	1567490

续表

编号	工程或费用名称	单位	数量	单价（元）	合计（元）
3	锚杆				4029961
	φ22 普通砂浆锚杆（L=300cm）	m	9055	63.606	575952
	φ22 普通砂浆锚杆（L=450cm）	m	10144	63.606	645218
	φ22 普通砂浆锚杆（L=600cm）	m	26100	63.606	1660115
	φ32 压力注浆锚杆（L=900cm）	m	3534	69.416	245317
	3φ25 锚筋桩（L=12m）	m	2400	246.526	591663
	φ25 自进式锚杆（L=4.5m）	m	1575	72.303	113877
	φ25 自进式锚杆（L=6m）	m	2736	72.303	197820
八	预应力锚索边坡加固				1124005
	预应力锚索（6φs 15.2 800kN）	m	2280	492.985	1124005
Ⅱ	路面工程				20321429
一	垫层				2382953
	C15 水泥混凝土整平层 厚150mm	m²	30820	77.318	2382953
二	基层				3420194
	水泥稳定级配碎石基层 5% 厚200mm	m²	57888	59.083	3420194
三	底基层				2602897
	级配碎石底基层 厚250mm	m²	57520	45.252	2602897
四	路面				10367010
	水泥混凝土 厚260mm	m²	78332	127.471	9985043
	钢筋	kg	65400	5.84	381967
五	路面附属				1548375
	培土路肩	m³	251	42.172	10585
	现浇混凝土加固土路肩	m³	2398	641.28	1537790
Ⅲ	桥梁涵洞工程				2911782
六	涵洞工程				2911782
2	钢筋混凝土盖板涵				2911782
	钢筋混凝土盖板涵 1-1.0m×1.0m（宽×高）	m	422	3177.617	1340954
	钢筋混凝土盖板涵 1-2.0m×2.0m（宽×高）	m	120	5277.714	633326
	钢筋混凝土盖板涵 1-3.0m×3.0m（宽×高）	m	24	9326.254	223830

编号	工程或费用名称	单位	数量	单价（元）	合计（元）
	钢筋混凝土盖板涵 2－3.0m×3.0m（宽×高）	m	48	14868.156	713671
IV	隧道工程				59745425
一	洞口与明洞工程				4670111
1	洞口、明洞开挖				972051
	土方	m³	2456	10.275	25235
	石方	m³	17970	52.689	946816
2	防水与排水				616782
	浆砌片石截水沟	m³	222	554.22	123037
	现浇混凝土截水沟 C25	m³	458	884.618	405155
	现浇混凝土排水沟 C25	m³	110	805.361	88590
3	洞口坡面防护				1479922
	喷射混凝土护坡 C25	m³	594	971.948	577337
	钢筋	kg	19063	7.194	137144
	砂浆锚杆 ϕ25 L＝300cm	kg	30827	19.59	603886
	砂浆锚杆 ϕ25 L＝600cm	kg	8247	19.59	161555
4	洞门建筑				1601357
	现浇混凝土 C25	m³	2088	766.933	1601357
二	洞身开挖				39912012
1	洞身开挖				23182668
	洞身开挖	m³	179067	129.464	23182668
2	洞身支护				16729343
	C22 砂浆锚杆（L＝300cm）	m	122000	41.723	5090238
	C25 砂浆锚杆（L＝450cm）	m	26307	53.904	1418059
	喷射混凝土	m³	6977	1139.151	7947857
	钢筋网	kg	138646	7.716	1069826
	型钢支架	kg	160030	7.52	1203363
三	洞身衬砌				13037712
1	洞身衬砌				3595045
	现浇混凝土 C25	m³	2680	743.526	1992649
	钢筋	kg	230216	6.96	1602396
2	C15 现浇混凝土仰拱	m³	150	531.438	79716

编号	工程或费用名称	单位	数量	单价（元）	合计（元）
3	沟槽混凝土				2465456
	C25 边沟混凝土	m³	1356	818.438	1109801
	C25 盖板混凝土	m³	347	1146.078	397689
	钢筋	kg	143442	6.678	957966
4	洞内路面				6897495
	C20 混凝土基层（厚 150mm）	m²	22019	85.285	1877881
	C20 混凝土整平层（厚 150mm）	m²	22018	85.285	1877795
	C25 水泥混凝土面层（厚 260mm）	m²	22018	137.333	3023788
	钢筋	kg	17417	6.777	118031
四	防水与排水				2125590
	1.5mm EVA 防水板	m²	7823	29.514	230890
	橡胶止水带	m	1130	83.488	94342
	橡胶止水条	m	869	52.437	45568
	排水管（PVC 管）	m	23507	74.65	1754791
V	安全设施工程				6399599
一	护栏				3492191
	混凝土护栏	m³	2416	1006.41	2431486
	波形梁钢护栏	m	4927	215.284	1060705
二	防落物网				2031216
	被动型防护网	m²	3500	397.929	1392753
	主动型防护网	m²	3038	210.159	638463
三	道路交通标志				559321
	单柱式交通标志	个	44	4503.469	198153
	单悬臂式交通标志	个	14	23781.698	332944
	附着式交通标志	个	19	841.065	15980
	里程碑	个	12	134.554	1615
	公路界碑	个	98	90.021	8822
	百米桩	个	127	14.234	1808
四	道路交通标线				316871
	热熔型涂料路面标线	m²	5532	44.78	247721
	路面标识	个	3500	18.356	64247
	轮廓标	个	863	5.681	4903

24.1　单位造价指标作用

由于水文地质、地形地貌、枢纽布置条件和建筑物尺寸等差异影响，抽水蓄能电站之间相似度不高，如果采用投资等绝对数值组合出方案造价不具可行性，一方面因为样本数量有限，另一方面各建筑物特点鲜明、代表性差。采用相对数值的单位千瓦造价、单位长度造价和单位体积造价等单位造价指标，则能很好的解决上述问题。

单位造价指标作为综合数值，有效地消除装机、尺寸等差异影响，增强抽水蓄能电站通用造价使用的灵活性、组合性和扩展性，可快速地组合出不同方案的造价。作为相对关系的单位造价指标，为不同方案及二级项目之间架起桥梁，具有了横向可比性，使个性鲜明的方案和二级建筑物具备了样本的代表属性，丰富样本数量，更有利于通用造价推广。

24.2　单位造价指标汇总

对项目特征参数与造价进行相关性分析，提炼相关性和代表性较好的方案和二级项目单位造价指标，并以二级项目单位造价指标作为基本模块参数，结合实际方案二级项目建筑物尺寸，计算出相应二级项目造价，实现方案组合。

通用造价各典型方案及二级项目单位造价指标见表 24-1。在进行投资计算引用此表指标时需结合第 18 章 18.3 节的各典型方案特征综合选择。

表 24-1　　　　上下水库连接路工程单位造价指标汇总表

编号	项目名称	单位	方案一	方案二	方案三	方案四
1	路基挖方工程	元/m³	48	40	43	46
2	路基填方工程	元/m³	6	6	36	59
3	坡面排水工程	元/m³	822	501	517	713
4	护坡护面墙工程	元/m³	763	292	430	502

续表

编号	项目名称	单位	方案一	方案二	方案三	方案四
5	挡土墙工程	元/m³	601	463	658	735
6	边坡挂网锚喷工程	元/m²	191	162	212	196
7	路面工程	元/m²	202	243	356	294
8	涵洞工程	元/m	4322	2226	4727	4742
9	安全设施防工程（护栏）	元/m	215	215	215	358
10	安全设施防工程（防落物网）	元/m	398	398	304	311
11	桥梁工程（桥面积）	元/m²	8034		4302	
					4360	
					3798	
					3299	
12	隧道工程（开挖体积）	元/m³	616		451	334

说明：考虑编制项目统一性和可比较性，差异较大的绿化工程和隧道内设备安装工程不在计算范围内。

24.3　单位造价指标说明

表 24-1 中各典型方案二级项目个别单位造价指标存在差异，主要原因如下：

（1）路基挖方工程主要由于土方石方比例差异造成；

（2）路基填方工程主要由于结构物台背回填占比不同造成；

（3）边坡挂网锚喷工程主要由于锚杆用量不同造成；

（4）路面工程主要由于垫层、基层、底基层铺筑长度比例不同造成；

（5）隧道围工程主要由于围岩类别不同造成。

造价指标的计算结果均为遵照第 18 章 18.2 节的条件设定前提下得出，为可研阶段深度，鉴于各方案的不同特性，在应用单位造价指标时，可直接选择特征相近的指标作为参考。选用造价指标计算出的投资为初始投资，还需根据实际情况进行岩石级别、海拔高程、价格水平等不同参数的调整，具体用法参见第 27～29 章。

第25章 工 程 单 价

25.1 工程单价作用

工程单价属于造价管理控制的基本层次和单位，与详细的工程量配合使用，为解决工程造价具体问题创造条件，其灵活性和组合性不受限制，应用广泛，能够因地制宜、具体问题具体分析，提高造价预测和控制的准确性和精度，是工程造价测算和单位造价指标提炼的基础。

工程单价是微观造价管理工具，为编制、比较分析造价提供参考，为造价评审提供尺度，是控制造价精度的重要方法，在抽水蓄能电站各阶段的造价编制、评审和投资决策中都有广泛应用。

25.2 工程单价汇总

为了满足多个阶段的造价管理需要，编制了不同水平的工程单价，构成单价区间。工程单价包括概算水平、预算水平和投标报价水平三阶段。各阶段工程单价采用相同的施工方法和基础价格，编制依据、施工方法和基础价格等边界条件见第18章。工程单价区间见表25-1。

表 25-1 上下水库连接路工程单价区间

编号	项目名称	单位	概算水平	预算水平一	预算水平二	投标报价一	投标报价二
1	土方开挖	m³	10.27	10.01	9.92	9.41	8.99
2	石方开挖	m³	52.69	51.53	51.10	48.86	46.98
3	利用土石混填	m³	5.55	5.41	5.36	5.09	4.87
4	换填碎石	m³	182.93	182.78	181.50	181.20	180.95
5	结构物台背回填	m³	182.93	182.78	181.50	181.20	180.95
6	三向土工格栅	m²	15.71	15.59	15.46	15.23	15.03
7	现浇混凝土边沟	m³	805.36	797.73	792.52	777.71	765.36
8	现浇混凝土排水沟	m³	805.36	797.73	792.52	777.71	765.36
9	现浇混凝土截水沟	m³	884.62	874.87	869.10	850.19	834.43
10	C25 混凝土急流槽	m³	823.75	814.38	808.91	790.74	775.59

续表

编号	项目名称	单位	概算水平	预算水平一	预算水平二	投标报价一	投标报价二
11	浆砌片石护坡	m³	441.96	435.71	432.88	420.75	410.65
12	现浇混凝土护面墙 C20	m³	763.07	756.40	751.55	738.61	727.83
13	M7.5 浆砌片石挡土墙	m³	462.80	455.90	452.88	439.48	428.31
14	C20 混凝土挡土墙	m³	878.82	868.46	862.61	842.51	825.77
15	喷射混凝土防护边坡（厚120mm）	m²	123.82	122.40	121.50	118.75	116.46
16	钢筋网	kg	7.79	7.72	7.66	7.52	7.41
17	$\phi 25$ 普通砂浆锚杆（$L=450cm$）	m	82.18	80.63	79.99	76.99	74.49
18	预应力锚索，$p_t = 1600kn$，$L=20m$	根	13616.42	13457.79	13368.39	13060.64	12804.18
19	水泥稳定级配碎石土基层5%厚200mm	m²	27.05	26.94	26.74	26.53	26.37
20	级配碎石底基层 厚250mm	m²	45.25	45.21	44.93	44.86	44.80
21	水泥混凝土路面 厚260mm	m²	127.47	127.06	126.24	125.45	124.80
22	培土路肩	m³	42.17	41.06	40.76	38.60	36.81
23	桥梁 光圆钢筋（HPB235、HPB300）	kg	5.78	5.76	5.72	5.67	5.64
24	桥梁带肋钢筋（HRB335、HRB400）	kg	5.77	5.75	5.71	5.66	5.63
25	桥梁干处挖土方	m³	27.94	27.22	27.01	25.61	24.44
26	桥梁干处挖石方	m³	63.63	62.09	61.60	58.60	56.10
27	墩台扩大基础（C25）	m³	646.92	640.83	636.36	624.54	614.69
28	桥台混凝土（C25）	m³	771.94	762.39	756.90	738.37	722.93
29	桥墩混凝土（C30）	m³	935.89	926.90	920.23	902.79	888.26
30	桥梁现浇混凝土上部结构（C40）	m³	1191.62	1179.16	1171.49	1147.31	1127.16
31	支座垫石	m³	1249.74	1231.22	1221.98	1186.06	1156.12

编号	项目名称	单位	概算水平	预算水平一	预算水平二	投标报价一	投标报价二
32	桥梁护栏混凝土	m³	818.08	809.99	804.33	788.63	775.55
33	桥台搭板	m³	760.06	751.47	746.39	729.72	715.82
34	圆形板式橡胶支座 GYZ 250×66	个	242.19	240.66	238.53	235.56	233.09
35	圆形板式橡胶支座 GYZF4 250×65	个	521.78	519.86	515.51	511.78	508.67
36	橡胶伸缩装置 40 型	m	857.56	847.84	840.88	822.02	806.31
37	钢筋混凝土盖板涵 1－1.5m ×1.5m (宽×高)	m	3781.56	3731.65	3705.43	3608.60	3527.91
38	钢筋混凝土盖板涵 1－2.5m ×1.5m (宽×高)	m	5527.11	5454.64	5416.34	5275.75	5158.59
39	钢筋混凝土盖板涵 1－2.5m ×2.5m (宽×高)	m	5580.87	5507.02	5468.32	5325.05	5205.66
40	喷射混凝土护坡 C25	m³	971.95	961.61	954.57	934.52	917.81
41	型钢支架	kg	7.52	7.46	7.40	7.29	7.19
42	格栅钢架	kg	9.00	8.91	8.85	8.69	8.56
43	C15 现浇混凝土仰拱	m³	531.44	528.68	525.21	519.85	515.39
44	洞身开挖	m³	129.46	126.80	125.74	120.58	116.27
45	管棚（φ108）	m	295.75	290.80	288.34	278.74	270.73
46	中空注浆锚杆 C25 L=4.5m	m	69.42	68.65	68.14	66.65	65.41
47	喷射混凝土	m³	1140.62	1126.72	1118.81	1091.85	1069.39
48	钢筋网	kg	7.72	7.64	7.59	7.45	7.33

编号	项目名称	单位	概算水平	预算水平一	预算水平二	投标报价一	投标报价二
49	水泥混凝土面层 厚 260mm 隧道内	m²	137.33	136.66	135.76	134.46	133.37
50	1.5mm EVA 防水板	m²	29.51	29.34	29.08	28.73	28.45
51	波形梁钢护栏	m	215.29	214.41	212.53	210.82	209.40
52	被动型防护网	m²	397.93	396.81	393.20	391.03	389.23
53	单柱式交通标志	个	4503.47	4485.34	4447.29	4412.12	4382.82
54	单悬臂式交通标志	个	23781.70	23734.02	23516.65	23424.15	23347.06
55	里程碑	个	134.55	132.79	131.83	128.41	125.56
56	百米桩	个	14.23	14.05	13.95	13.59	13.29
57	热熔型涂料路面标线	m²	44.78	44.43	44.04	43.37	42.81
58	振荡标线	m²	125.92	124.92	123.79	121.84	120.22
59	路面标识	个	18.36	18.25	18.08	17.88	17.70

概算水平工程单价为通用造价典型方案工程单价。概算水平工程单价、特征和施工方法见表 25-2。

为了便于同招投标工程单价对比，预算水平工程单价分为预算水平一和预算水平二。预算水平一取费标准同通用造价工程单价取费标准；预算水平二取费标准中利润率降为 6.42%。

投标报价与招标条件、报价策略、技术水平和竞争激烈程度等因素有关，根据对水电市场投标报价水平的统计分析，将投标报价水平分为投标报价一和投标报价二。投标报价一为报价高限，投标报价二为报价低限。

预算水平和投标报价水平工程单价、特征和施工方法见表 25-3。

表 25-2　　　　　上下水库连接路工程概算水平工程单价汇总表

编号	项目名称	单位	工程单价	工程特征	施工方法
1	土方开挖	m³	10.27	普通土	2.0m³ 挖掘机挖装 15t 自卸汽车运输，平均运距 2.0km
2	石方开挖	m³	52.69	次坚石	采用手风钻钻爆开挖，边坡采用预裂开挖，占 30%；2.0m³ 挖掘机挖装 15t 自卸汽车运输，平均运距 2.0km
3	利用土石混填	m³	5.55	土石比 5∶5	用 147kW 推土机摊铺，10t 压路机碾压
4	换填碎石	m³	182.93		采用小型蛙夯压实
5	结构物台背回填	m³	182.93		采用小型蛙夯压实

编号	项目名称	单位	工程单价	工程特征	施工方法
6	三向土工格栅	m²	15.71		
7	现浇混凝土边沟	m³	805.36		移动式混凝土搅拌机生产，人工浇筑
8	现浇混凝土排水沟	m³	805.36		移动式混凝土搅拌机生产，人工浇筑
9	现浇混凝土截水沟	m³	884.62		移动式混凝土搅拌机生产，人工浇筑
10	C25 混凝土急流槽	m³	823.75		移动式混凝土搅拌机生产，人工浇筑
11	浆砌片石护坡	m³	441.96		片石从开挖料中拣选，采用翻斗车运输，平均运距 1km，砂浆搅拌机制浆，人工砌筑
12	现浇混凝土护面墙 C20	m³	763.07		移动式混凝土搅拌机生产，人工浇筑
13	M7.5 浆砌片石挡土墙	m³	462.80		片石从开挖料中拣选，采用机动翻斗车运输，平均运距 1km，砂浆搅拌机制浆，人工砌筑
14	C20 混凝土挡土墙	m³	878.82		移动式混凝土搅拌机生产，人工浇筑
15	喷射混凝土防护边坡	m²	123.82	厚度 120mm	移动式混凝土搅拌机生产，混凝土湿喷机喷射
16	钢筋网	kg	7.79		加工厂加工，5t 汽车运至现场，人工绑扎
17	ϕ25 普通砂浆锚杆	m	82.18	$L=450c$	风钻钻孔
18	预应力锚索，$p_t=1600kn$，$L=20m$	根	13616.42	次坚石	钻机钻次坚石
19	水泥稳定级配碎石土基层 5%	m²	27.05	厚度 200mm	采用路拌法拌制混合料，用 147kW 推土机推铺，18~21t 压路机碾压
20	级配碎石底基层	m²	45.25	厚度 250mm	采用路拌法拌制混合料，用 147kW 推土机摊铺，18~21t 压路机碾压
21	水泥混凝土路面	m²	127.47	厚度 260mm	摊铺机摊铺
22	培土路肩	m³	42.17		人工培土，手扶振动碾夯实
23	桥梁光圆钢筋	kg	5.78		加工厂加工，5t 汽车运至现场，人工绑扎
24	桥梁带肋钢筋	kg	5.77		加工厂加工，5t 汽车运至现场，人工绑扎
25	桥梁干处挖土方	m³	27.94		挖掘机对基坑内土方松动、挖掘，装 15t 自卸汽车出渣，平均运距 1km
26	桥梁干处挖石方	m³	63.63		小型钻孔机具钻孔装药，挖掘机装 15t 自卸汽车出渣，平均运距 1km
27	墩台扩大基础（C25）	m³	646.92		采用钢模板施工，人工绑扎钢筋，混凝土拌和机生产，混凝土输送泵车泵送入仓
28	桥台混凝土（C25）	m³	771.94	U 形桥台	采用钢模板施工，人工绑扎钢筋，混凝土拌和机生产，混凝土输送泵车泵送入仓
29	桥墩混凝土（C30）	m³	935.89	墩高 20m 以内	采用钢模板施工，人工绑扎钢筋，混凝土拌和机生产，混凝土输送泵车泵送入仓
30	桥梁现浇混凝土上部结构（C40）	m³	1191.62		采用钢模板施工，人工绑扎钢筋，混凝土拌和机生产，混凝土输送泵车泵送入仓
31	支座垫石	m³	1249.74		移动式混凝土搅拌机生产，人工浇筑
32	桥梁护栏混凝土	m³	818.08		移动式混凝土搅拌机生产，人工浇筑
33	桥台搭板	m³	760.06		移动式混凝土搅拌机生产，人工浇筑
34	圆形板式橡胶支座	个	242.19	GYZ 250×66	
35	圆形板式橡胶支座	个	521.78	GYZF4 250×65	
36	橡胶伸缩装置	m	857.56	40 型	
37	钢筋混凝土盖板涵 1—1.5m×1.5m（宽×高）	m	3781.56		

编号	项目名称	单位	工程单价	工程特征	施工方法
38	钢筋混凝土盖板涵 1－2.5m×1.5m（宽×高）	m	5527.11		
39	钢筋混凝土盖板涵 1－2.5m×2.5m（宽×高）	m	5580.87		
40	喷射混凝土护坡 C25	m³	971.95		
41	型钢支架	kg	7.52		
42	格栅钢架	kg	9.00		
43	C15 现浇混凝土仰拱	m³	531.44		采用钢模板施工，人工绑扎钢筋，混凝土拌和机生产，混凝土输送泵车泵送入仓
44	洞身开挖	m³	129.46	Ⅲ类围岩	采用凿岩机钻孔爆破，3m³装载机装 20t 自卸汽车出渣，运距洞内 1.0km，洞外 1.5km
45	管棚（φ108）	m	295.75		
46	中空注浆锚杆 C25	m	69.42	L＝4.5m	
47	喷射混凝土	m³	1140.62		移动式混凝土搅拌机生产，混凝土湿喷机喷射
48	钢筋网	kg	7.72		
49	水泥混凝土面层 厚 260mm 隧道内	m²	137.33	厚 260mm	摊铺机摊铺
50	1.5mm EVA 防水板	m²	29.51		
51	波形梁钢护栏	m	215.29		
52	被动型防护网	m²	397.93		
53	单柱式交通标志	个	4503.47		
54	单悬臂式交通标志	个	23781.70		
55	里程碑	个	134.55		
56	百米桩	个	14.23		
57	热熔型涂料路面标线	m²	44.78		
58	振荡标线	m²	125.92		
59	路面标识	个	18.36		

表 25-3   **上下水库连接路工程预算水平和投标报价水平工程单价汇总表**

编号	项目名称	单位	预算水平一	预算水平二	投标报价一	投标报价二	工程特征	施工方法
1	土方开挖	m³	10.01	9.92	9.41	8.99	普通土	2.0m³挖掘机挖装 15t 自卸汽车运输，平均运距 2.0km
2	石方开挖	m³	51.53	51.10	48.86	46.98	次坚石	采用手风钻钻爆开挖，边坡采用预裂开挖，占 30%；2.0m³挖掘机挖装 15t 自卸汽车运输，平均运距 2.0km
3	利用土石混填	m³	5.41	5.36	5.09	4.87	土石比 5∶5	用 147kW 推土机摊铺，10t 压路机碾压

编号	项目名称	单位	预算水平一	预算水平二	投标报价一	投标报价二	工程特征	施工方法
4	换填碎石	m³	182.78	181.50	181.20	180.95		采用小型蛙夯压实
5	结构物台背回填	m³	182.78	181.50	181.20	180.95		采用小型蛙夯压实
6	三向土工格栅	m²	15.59	15.46	15.23	15.03		
7	现浇混凝土边沟	m³	797.73	792.52	777.71	765.36		移动式混凝土搅拌机生产，人工浇筑
8	现浇混凝土排水沟	m³	797.73	792.52	777.71	765.36		移动式混凝土搅拌机生产，人工浇筑
9	现浇混凝土截水沟	m³	874.87	869.10	850.19	834.43		移动式混凝土搅拌机生产，人工浇筑
10	C25混凝土急流槽	m³	814.38	808.91	790.74	775.59		移动式混凝土搅拌机生产，人工浇筑
11	浆砌片石护坡	m³	435.71	432.88	420.75	410.65		片石从开挖料中拣选，采用翻斗车运输，平均运距1km，砂浆搅拌机制浆，人工砌筑
12	现浇混凝土护面墙C20	m³	756.40	751.55	738.61	727.83		移动式混凝土搅拌机生产，人工浇筑
13	M7.5浆砌片石挡土墙	m³	455.90	452.88	439.48	428.31		片石从开挖料中拣选，采用拖拉机运输，平均运距1km，砂浆搅拌机制浆，人工砌筑
14	C20混凝土挡土墙	m³	868.46	862.61	842.51	825.77		移动式混凝土搅拌机生产，人工浇筑
15	喷射混凝土防护边坡	m²	122.40	121.50	118.75	116.46	厚度120mm	移动式混凝土搅拌机生产，混凝土湿喷机喷射
16	钢筋网	kg	7.72	7.66	7.52	7.41		加工厂加工，5t汽车运至现场，人工绑扎
17	ϕ25普通砂浆锚杆	m	80.63	79.99	76.99	74.49	$L=450c$	风钻钻孔
18	预应力锚索，$p_t=1600kn$，$L=20m$	根	13457.79	13368.39	13060.64	12804.18	次坚石	钻机钻次坚石
19	水泥稳定级配碎石土基层5%	m²	26.94	26.74	26.53	26.37	厚度200mm	采用路拌法拌制混合料，用147kW推土机摊铺，18~21t压路机碾压
20	级配碎石底基层	m²	45.21	44.93	44.86	44.80	厚度250mm	采用路拌法拌制混合料，用147kW推土机摊铺，18~21t压路机碾压
21	水泥混凝土路面	m²	127.06	126.24	125.45	124.80	厚度260mm	摊铺机摊铺
22	培土路肩	m³	41.06	40.76	38.60	36.81		人工培土，手扶振动碾夯实
23	桥梁光圆钢筋	kg	5.76	5.72	5.67	5.64		加工厂加工，5t汽车运至现场，人工绑扎
24	桥梁带肋钢筋	kg	5.75	5.71	5.66	5.63		加工厂加工，5t汽车运至现场，人工绑扎
25	桥梁干处挖土方	m³	27.22	27.01	25.61	24.44		挖掘机对基坑内土方松动、挖掘，装15t自卸汽车出渣平均运距1km
26	桥梁干处挖石方	m³	62.09	61.60	58.60	56.10		小型钻孔机具钻孔装药，挖掘机装15t自卸汽车出渣平均运距1km
27	墩台扩大基础（C25）	m³	640.83	636.36	624.54	614.69		采用钢模板施工，人工绑扎钢筋，混凝土拌和机生产，混凝土输送泵车泵送入仓
28	桥台混凝土（C25）	m³	762.39	756.90	738.37	722.93	U形桥台	采用钢模板施工，人工绑扎钢筋，混凝土拌和机生产，混凝土输送泵车泵送入仓
29	桥墩混凝土（C30）	m³	926.90	920.23	902.79	888.26	墩高20m以内	采用钢模板施工，人工绑扎钢筋，混凝土拌和机生产，混凝土输送泵车泵送入仓

编号	项目名称	单位	预算水平一	预算水平二	投标报价一	投标报价二	工程特征	施工方法
30	桥梁现浇混凝土上部结构（C40）	m³	1179.16	1171.49	1147.31	1127.16		采用钢模板施工，人工绑扎钢筋，混凝土拌和机生产，混凝土输送泵车泵送入仓
31	支座垫石	m³	1231.22	1221.98	1186.06	1156.12		移动式混凝土搅拌机生产，人工浇筑
32	桥梁护栏混凝土	m³	809.99	804.33	788.63	775.55		移动式混凝土搅拌机生产，人工浇筑
33	桥台搭板	m³	751.47	746.39	729.72	715.82		移动式混凝土搅拌机生产，人工浇筑
34	圆形板式橡胶支座	个	240.66	238.53	235.56	233.09	GYZ 250×66	
35	圆形板式橡胶支座	个	519.86	515.51	511.78	508.67	GYZF4 250×65	
36	橡胶伸缩装置	m	847.84	840.88	822.02	806.31	40型	
37	钢筋混凝土盖板涵 1—1.5m×1.5m（宽×高）	m	3731.65	3705.43	3608.60	3527.91		
38	钢筋混凝土盖板涵 1—2.5m×1.5m（宽×高）	m	5454.64	5416.34	5275.75	5158.59		
39	钢筋混凝土盖板涵 1—2.5m×2.5m（宽×高）	m	5507.02	5468.32	5325.05	5205.66		
40	喷射混凝土护坡 C25	m³	961.61	954.57	934.52	917.81		
41	型钢支架	kg	7.46	7.40	7.29	7.19		
42	格栅钢架	kg	8.91	8.85	8.69	8.56		
43	C15 现浇混凝土仰拱	m³	528.68	525.21	519.85	515.39		采用钢模板施工，人工绑扎钢筋，混凝土拌和机生产，混凝土输送泵车泵送入仓
44	洞身开挖	m³	126.80	125.74	120.58	116.27	Ⅲ类围岩	采用凿岩机钻孔爆破，3m³装载机装 20t 自卸汽车出渣，运距洞内 1.0km，洞外 1.5km
45	管棚（φ108）	m	290.80	288.34	278.74	270.73		
46	中空注浆锚杆 C25	m	68.65	68.14	66.65	65.41	L=4.5m	
47	喷射混凝土	m³	1126.72	1118.81	1091.85	1069.39		移动式混凝土搅拌机生产，混凝土湿喷机喷射
48	钢筋网	kg	7.64	7.59	7.45	7.33		
49	水泥混凝土面层 厚 260mm 隧道内	m²	136.66	135.76	134.46	133.37	厚 260mm	摊铺机摊铺
50	1.5mm EVA 防水板	m²	29.34	29.08	28.73	28.45		
51	波形梁钢护栏	m	214.41	212.53	210.82	209.40		
52	被动型防护网	m²	396.81	393.20	391.03	389.23		
53	单柱式交通标志	个	4485.34	4447.29	4412.12	4382.82		
54	单悬臂式交通标志	个	23734.02	23516.65	23424.15	23347.06		

编号	项目名称	单位	预算水平一	预算水平二	投标报价一	投标报价二	工程特征	施工方法
55	里程碑	个	132.79	131.83	128.41	125.56		
56	百米桩	个	14.05	13.95	13.59	13.29		
57	热熔型涂料路面标线	m²	44.43	44.04	43.37	42.81		
58	振荡标线	m²	124.92	123.79	121.84	120.22		
59	路面标识	个	18.25	18.08	17.88	17.70		

第七篇

上下水库连接路工程通用造价使用调整方法及工程示例

第 26 章　典型方案造价汇总

26.1　典型方案造价

典型方案造价见表 26-1。

表 26-1　　　　　　　上下水库连接路工程典型方案造价　　　　　万元

序号	项目名称	方案一	方案二	方案三	方案四
	上下水库连接路投资	9337	7118	8802	23893
1	路基挖方工程	2266	3646	1441	5519
2	路基填方工程	248	151	332	386
3	坡面排水工程	290	758	215	537
4	护坡护面墙工程	884	148	89	1242
5	挡土墙工程	242	620	2169	5530

续表

序号	项目名称	方案一	方案二	方案三	方案四
6	边坡挂网锚喷工程	818	176	421	1829
7	路面工程	681	1454	1042	2032
8	涵洞工程	119	61	148	291
9	安全设施防工程（护栏）	118	65	82	349
10	安全设施防工程（防落物网）	48	40	122	203
11	桥梁工程	266	0	1241	0
12	隧道工程	3359	0	1503	5975

26.2　单位造价指标

单项工程单位造价指标见表 26-2～表 26-5。

表 26-2　　　　　　　　　　　　　　单项工程单位造价指标—公路工程

编号	项目名称	单位	方案一		方案二		方案三		方案四	
			造价指标	工程特性	造价指标	工程特性	造价指标	工程特性	造价指标	工程特性
	公路工程	元/延米	10906	路面宽度 6.5m	7717	路面宽度 6.5m	12300	路面宽度 6m	18028	路面宽度 7m
1	路基挖方工程（按土石开挖体积计算）	元/m³	48	石方占比 90%	40	石方占比 68%	43	石方占比 77%	46	石方占比 85%
2	路基填方工程（按土石填方体积计算）	元/m³	6	土石混填	6	土石混填	36	土石混填 结构物台背回填约占 17%	59	土石混填 结构物台背回填约占 30%

编号	项目名称	单位	方案一		方案二		方案三		方案四	
			造价指标	工程特性	造价指标	工程特性	造价指标	工程特性	造价指标	工程特性
3	坡面排水工程（按坞工体积计算）	元/m³	822	现浇混凝土沟槽	501	浆砌片石沟槽	517	浆砌片石沟槽	713	现浇混凝土沟槽占比60%；浆砌片石沟槽占比40%
4	护坡护面墙工程（按坞工体积计算）	元/m³	763	现浇混凝土结构	292	干砌片石占比80% 浆砌片石占比20%	430	浆砌片石	502	混凝土占比20%；浆砌片石占比80%
5	挡土墙工程（按坞工体积计算）	元/m³	601	混凝土挡土墙占比35%；浆砌片石挡土墙65%	463	浆砌片石挡土墙	658	埋石混凝土挡土墙占比70%；浆砌片石挡土墙30%	735	埋石混凝土挡土墙
6	边坡挂网锚喷工程（按喷混面积计算）	元/m²	191	喷混厚120mm	162	喷混厚120mm；锚杆使用量较少	212	喷混厚120mm；锚杆使用量大	196	喷混厚120mm
7	路面工程（按路面面积计算）	元/m²	202	水泥混凝土路面 部分段水泥稳定级配碎石基层；部分段级配碎石底基层；无混凝土整平层	243	水泥混凝土路面 部分段水泥稳定级配碎石基层；部分段混凝土整平层	356	水泥混凝土路面 部分段水泥稳定级配碎石基层；部分段级配碎石底基层；部分段混凝土整平层	294	水泥混凝土路面；部分段水泥稳定级配碎石基层；部分段级配碎石底基层；部分段混凝土整平层
8	安全设施防工程（波形护栏/混凝土护栏）	元/m	215	波形梁钢护栏	215	波形梁钢护栏	215	波形梁钢护栏	358	波形梁钢护栏与混凝土护栏长度各占一半
9	安全设施防工程（防落物网）	元/m²	398	被动型防护网	398	被动型防护网	304	被动型防护网和主动型防护网各占一半	311	被动型防护网和主动型防护网各占一半

表26-3 　　　　　　　　　　　　　　　　单项工程单位造价指标—涵洞工程

编号	项目名称	单位	方案一		方案二		方案三		方案四	
			造价指标	工程特性	造价指标	工程特性	造价指标	工程特性	造价指标	工程特性
1	涵洞工程（按涵洞长度计算）	元/m	4322	钢筋混凝土盖板涵1.5m为主（跨径1.5～2.5m）	2226	钢筋混凝土圆管涵为主（φ1m）	4727	钢筋混凝土盖板涵1.0m为主（跨径1.0～3.0m）	4742	钢筋混凝土盖板涵1.0m为主（跨径1.0～3.0m）

表 26-4

编号	项目名称	单位	方案一		方案三（1）		方案三（2）		方案三（3）		方案三（4）	
			造价指标	工程特性	造价指标	工程特性	造价指标	工程特性	造价指标	工程特性	造价指标	工程特性
1	桥梁工程（按桥梁面积计算）	元/m²	8034	① 现浇混凝土简支板桥； ② 桥梁全长 36.75m； ③ 桥梁宽度 9m； ④ 片石混凝土 U 形桥台； ⑤ 混凝土柱式墩； ⑥ 混凝土扩大基础	4302	① 现浇混凝土空心板桥； ② 桥梁全长 58m； ③ 桥梁宽度 9.4m； ④ 片石混凝土 U 形桥台； ⑤ 混凝土柱式墩； ⑥ 灌注桩桩径 1.5m	4360	① 现浇混凝土空心板桥； ② 桥梁全长 74m； ③ 桥梁宽度 9.4m； ④ 片石混凝土 U 形桥台； ⑤ 混凝土柱式墩； ⑥ 灌注桩桩径 1.5m	3798	① 预应力混凝土简变连小箱梁桥； ② 桥梁全长 85m； ③ 桥梁宽度 9.4m； ④ 片石混凝土 U 形桥台； ⑤ 混凝土柱式墩； ⑥ 灌注桩桩径 1.8m	3299	① 预应力混凝土简变连小箱梁桥； ② 桥梁全长 110m； ③ 桥梁宽度 11m； ④ 片石混凝土 U 形桥台； ⑤ 混凝土柱式墩； ⑥ 灌注桩桩径 1.8m

表 26-5

编号	项目名称	单位	方案一		方案三		方案四	
			造价指标	工程特性	造价指标	工程特性	造价指标	工程特性
1	隧道工程（按隧道长度计算）	元/m	52003	① 隧道限界：7.5×4.5； ② 水泥混凝土路面； ③ 端墙式洞口； ④ 衬砌长度 100%； ⑤ Ⅲ 衬砌段占 74%；Ⅳ 衬砌段占 26%； ⑥ 特征：混凝土衬砌量大	32394	① 隧道限界：8.0×4.5； ② 水泥混凝土路面； ③ 端墙式洞口； ④ 衬砌长度 100%； ⑤ Ⅱ级衬砌段占 44%；Ⅲ 衬砌段占 13%；Ⅳ 衬砌段占 31%；Ⅴ 衬砌段占 12%	20645	① 隧道限界：9.0×4.5； ② 水泥混凝土路面； ③ 端墙式洞口； ④ 衬砌长度 13%； ⑤ Ⅱ级衬砌段占 39%；Ⅲ 衬砌段占 58%；Ⅳ 衬砌段占 3%； ⑥ 特征：混凝土衬砌量小
2	隧道工程（按隧道开挖量计算）	元/m³	616		451		334	

26.3 主要工程单价

主要工程单价见表 26-6。

表 26-6

编号	项目名称	单位	单价（元）	施工方法
1	土方开挖	m³	10.27	2.0m³ 挖掘机挖装 15t 自卸汽车运输，平均运距 2.0km
2	石方开挖	m³	52.69	采用手风钻钻爆开挖；控制爆破；2.0m³ 挖掘机挖装 15t 自卸汽车运输，平均运距 2.0km
3	利用土石混填	m³	5.55	用 147kW 推土机摊铺，10t 压路机碾压
4	换填碎石	m³	182.93	采用小型蛙夯压实
5	结构物台背回填	m³	182.93	采用小型蛙夯压实

续表

编号	项目名称	单位	单价（元）	施工方法
6	三向土工格栅	m²	15.71	
7	现浇混凝土边沟	m³	805.36	移动式混凝土搅拌机生产，人工浇筑
8	现浇混凝土排水沟	m³	805.36	移动式混凝土搅拌机生产，人工浇筑
9	现浇混凝土截水沟	m³	884.62	移动式混凝土搅拌机生产，人工浇筑
10	C25 混凝土急流槽	m³	823.75	移动式混凝土搅拌机生产，人工浇筑
11	浆砌片石护坡	m³	441.96	片石从开挖料中拣选，采用翻斗车运输，平均运距 1km，砂浆搅拌机制浆，人工砌筑
12	现浇混凝土护面墙 C20	m³	763.07	移动式混凝土搅拌机生产，人工浇筑
13	M7.5 浆砌片石挡土墙	m³	462.80	片石从开挖料中拣选，采用拖拉机运输，平均运距 1km，砂浆搅拌机制浆，人工砌筑
14	C20 混凝土挡土墙	m³	878.82	移动式混凝土搅拌机生产，人工浇筑
15	喷射混凝土防护边坡	m²	123.82	移动式混凝土搅拌机生产，混凝土湿喷机喷射
16	钢筋网	kg	7.79	加工厂加工，5t 汽车运至现场，人工绑扎
17	ϕ25 普通砂浆锚杆	m	82.18	风钻钻孔
18	预应力锚索，p_t＝1600kn，L＝20m	根	13616.42	钻机钻次坚石
19	水泥稳定级配碎石土基层 5%	m²	27.05	采用路拌法拌制混合料，用 147kW 推土机摊铺，18～21t 压路机碾压
20	级配碎石底基层	m²	45.25	采用路拌法拌制混合料，用 147kW 推土机摊铺，18～21t 压路机碾压
21	水泥混凝土路面	m²	127.47	摊铺机摊铺
22	培土路肩	m³	42.17	人工培土，手扶振动碾夯实
23	桥梁光圆钢筋	kg	5.78	加工厂加工，5t 汽车运至现场，人工绑扎
24	桥梁带肋钢筋	kg	5.77	加工厂加工，5t 汽车运至现场，人工绑扎
25	桥梁干处挖土方	m³	27.94	挖掘机对基坑内土方松动、挖掘，装 15t 自卸汽车出渣平均运距 1km
26	桥梁干处挖石方	m³	63.63	小型钻孔机具钻孔装药，挖掘机装 15t 自卸汽车出渣平均运距 1km
27	墩台扩大基础（C25）	m³	646.92	采用钢模板施工，人工绑扎钢筋，混凝土拌和机生产，混凝土输送泵车泵送入仓
28	桥台混凝土（C25）	m³	771.94	采用钢模板施工，人工绑扎钢筋，混凝土拌和机生产，混凝土输送泵车泵送入仓
29	桥墩混凝土（C30）	m³	935.89	采用钢模板施工，人工绑扎钢筋，混凝土拌和机生产，混凝土输送泵车泵送入仓
30	桥梁现浇混凝土上部结构（C40）	m³	1191.62	采用钢模板施工，人工绑扎钢筋，混凝土拌和机生产，混凝土输送泵车泵送入仓
31	支座垫石	m³	1249.74	移动式混凝土搅拌机生产，人工浇筑
32	桥梁护栏混凝土	m³	818.08	移动式混凝土搅拌机生产，人工浇筑
33	桥台搭板	m³	760.06	移动式混凝土搅拌机生产，人工浇筑
34	圆形板式橡胶支座	个	242.19	
35	圆形板式橡胶支座	个	521.78	
36	橡胶伸缩装置	m	857.56	
37	钢筋混凝土盖板涵 1—1.5m×1.5m（宽×高）	m	3781.56	

编号	项目名称	单位	单价（元）	施工方法
38	钢筋混凝土盖板涵 1－2.5m×1.5m（宽×高）	m	5527.11	
39	钢筋混凝土盖板涵 1－2.5m×2.5m（宽×高）	m	5580.87	
40	喷射混凝土护坡 C25	m³	971.95	
41	型钢支架	kg	7.52	
42	格栅钢架	kg	9.00	
43	C15 现浇混凝土仰拱	m³	531.44	采用钢模板施工，人工绑扎钢筋，混凝土拌和机生产，混凝土输送泵车泵送入仓
44	洞身开挖	m³	129.46	采用凿岩机钻孔爆破，3m³装载机装 20t 自卸汽车出渣，运距洞内 1.0km，洞外 1.5km
45	管棚（φ108）	m	295.75	
46	中空注浆锚杆 C25	m	69.42	
47	喷射混凝土	m³	1140.62	移动式混凝土搅拌机生产，混凝土湿喷机喷射
48	钢筋网	kg	7.72	
49	水泥混凝土面层 厚 260mm 隧道内	m²	137.33	摊铺机摊铺
50	1.5mm EVA 防水板	m²	29.51	
51	波形梁钢护栏	m	215.29	
52	被动型防护网	m²	397.93	
53	单柱式交通标志	个	4503.47	
54	单悬臂式交通标志	个	23781.70	
55	里程碑	个	134.55	
56	百米桩	个	14.23	
57	热熔型涂料路面标线	m²	44.78	
58	振荡标线	m²	125.92	
59	路面标识	个	18.36	

第 27 章 使 用 方 法

27.1 单位造价指标

单位造价指标是通用造价的宏观管理应用工具，主要用于方案和二级项目的造价调整。根据实际工程技术条件，合理选择典型方案通用造价、二级项目造价或单位造价指标，通过拼接、调整影响造价主要因素，快速计算工程造价。具体使用步骤如下：

（1）根据主要技术条件，选择合适的通用造价典型方案作为基础方案。

（2）对基础方案的二级项目构成进行调整，使其与实际方案二级项目构成相同。

（3）根据实际方案二级项目特征性质选择相近的单位造价指标。

（4）计算相应二级项目造价及合计投资。

（5）以各二级项目合计投资作为基数，乘以调整系数（岩石级别、价格水平、项目地区、海拔高程、设计阶段、综合调整）计算实际方案的工程造价。

27.2　工程单价

工程单价是通用造价的微观管理应用工具，是控制造价精度的重要方法，可在抽水蓄能电站各阶段的造价编制、评审和决策中广泛应用。

工程单价的使用方法为：根据项目所处阶段，以26.3节工程单价区间表为基础，合理选择工程单价水平，调整运距、断面尺寸、岩石级别、项目地区、海拔高程等影响工程单价的主要因素，形成目标单价。

通用造价中工程单价主要目的是提供造价编制、分析和评审的参考，并提供快速计算工程单价的方法。对于招标文件或合同条款中有工程单价明确的计算条件或方法的情况，建议需结合实际情况具体分析，不宜简便选用。

第28章　调　整　方　法

28.1　单位造价指标

影响典型方案与实际方案造价差异的主要因素包括建筑物尺寸变化、岩石级别差异、价格水平不同、项目地区差异和项目所处海拔高程等。影响造价的主要因素调整方法见本章28.1.1～28.1.8。

28.1.1　尺寸变化

实际方案与通用造价典型方案建筑物尺寸、面积变化，比如路面面积、桥面面积差异，可通过实际方案二级项目的特征尺寸和通用造价典型方案对应项目单位造价指标计算投资，替换典型方案相应造价。

28.1.2　岩石级别差异

典型方案通用造价石方开挖岩石级别按次坚石考虑，为了便于对岩石级别软石和坚石的调整，通过计算岩石级别软石和坚石方案的投资，分别与典型方案通用造价做比值，作为不同岩石级别的调整系数。通用造价各典型方案岩石级别调整系数见表28-1。

表 28-1　典型方案岩石级别调整系数

编号	项目名称	次坚石	软石	坚石	备注
1	典型方案一	1	0.95	1.07	
2	典型方案二	1	0.90	1.14	
3	典型方案三	1	0.96	1.05	
4	典型方案四	1	0.95	1.06	
5	均值	1	0.94	1.08	

28.1.3　价格水平

实际方案与通用造价典型方案价格水平不同时，价格水平采用指数法进行调整。价格指数通过权重法计算，价格指数的权重法计算公式如下：

$$A + \left(B_1 \times \frac{F_{t1}}{F_{o1}} + B_2 \times \frac{F_{t2}}{F_{o2}} + B_3 \times \frac{F_{t3}}{F_{o3}} + \cdots + B_n \times \frac{F_{tn}}{F_{on}} \right) \qquad (28\text{-}1)$$

式中　　　　A——定值权重（即不调部分的权重）；

$B_1, B_2, B_3, \cdots, B_n$——各可调因子的变值权重（即可调部分的权重），为各可调因子单项工程造价中所占的比例；

$F_{t1}, F_{t2}, F_{t3}, \cdots, F_{tn}$——各可调因子的调整期价格；

$F_{o1}, F_{o2}, F_{o3}, \cdots, F_{on}$——各可调因子的通用造价编制期价格。

建筑工程部分可调因子包括人工、机械工、柴油、汽油、钢筋、水泥、炸药、砂石料、电水等。

经分析方案一至方案四建筑工程定值权重分别为19.94%、18.78%、16.72%、17.67%，定值权重平均值为18.27%。

可调因子的变值权重见表28-2。

28.1.4　项目地区

典型方案通用造价地区条件取费设定为，冬季施工增加费按照"一1以上东一区Ⅰ"计取、雨季施工增加费按照"Ⅰ区5个月"计取、沿海地区增加费不计列，在此基础上根据《公路工程建设项目概算预算编制办法》（JTG 3830—2018）分别计算出不同取费类别的方案造价，得出的方案造价与通用造价的比值作为不同地区的调整系数，调整系数见表28-3～表28-6。

表 28-2

可调因子变值权重

编号	项目名称	人工	机械工	钢筋	水泥	柴油	炸药	板枋材	汽油	砂	碎石	电	水
1	典型方案一	31.07%	3.91%	6.38%	17.27%	9.24%	2.57%	0.19%	0.11%	3.24%	3.86%	1.86%	0.36%
2	典型方案二	32.85%	5.40%	0.37%	13.63%	15.79%	3.28%	0.10%	0.01%	3.24%	6.15%	0.10%	0.28%
3	典型方案三	32.93%	4.07%	7.22%	18.42%	6.22%	1.65%	0.21%	0.07%	4.15%	6.19%	1.76%	0.42%
4	典型方案四	34.67%	3.51%	3.86%	17.88%	8.10%	2.67%	0.21%	0.07%	3.82%	5.10%	2.03%	0.42%
5	均值	32.88%	4.22%	4.46%	16.80%	9.84%	2.54%	0.18%	0.06%	3.61%	5.32%	1.44%	0.37%

表 28-3

冬季施工增加费调整系数

编号	项目名称	冬季期平均温度（℃）								淮一区	淮二区	不计
		−1 以上 冬一区		−1 到 −4 冬二区		−4 到 −7 冬三区	−7 到 −10 冬四区	−10 到 −14 冬五区	−14 以下 冬六区			
		Ⅰ	Ⅱ	Ⅰ	Ⅱ							
1	典型方案一	1	1.0007	1.0015	1.0020	1.0048	1.0070	1.0112	1.0175	0.9988	0.9990	0.9978
2	典型方案二	1	1.0009	1.0019	1.0026	1.0065	1.0097	1.0155	1.0242	0.9984	0.9986	0.9972
3	典型方案三	1	1.0009	1.0018	1.0024	1.0057	1.0084	1.0135	1.0211	0.9985	0.9989	0.9974
4	典型方案四	1	1.0008	1.0017	1.0022	1.0053	1.0078	1.0124	1.0194	0.9987	0.9989	0.9976
5	均值	1	1.0008	1.0017	1.0023	1.0056	1.0082	1.0131	1.0205	0.9986	0.9988	0.9975

表 28-4

雨季施工增加费调整系数

编号	项目名称	不计	1	1.5	2		2.5		3		3.5		4		4.5		5		6		7	8
			Ⅰ	Ⅰ	Ⅰ	Ⅱ	Ⅰ	Ⅱ	Ⅰ	Ⅱ	Ⅰ	Ⅱ	Ⅰ	Ⅱ	Ⅰ	Ⅱ	Ⅰ	Ⅱ	Ⅰ	Ⅱ	Ⅱ	Ⅱ
1	典型方案一	0.9982	0.9985	0.9987	0.9988	0.9992	0.9990	0.9994	0.9992	0.9996	0.9994	0.9999	0.9996	1.0002	0.9998	1.0004	1	1.0007	1.0002	1.0012	1.0017	1.0022
2	典型方案二	0.9967	0.9973	0.9975	0.9979	0.9986	0.9982	0.9989	0.9985	0.9994	0.9989	0.9998	0.9992	1.0003	0.9996	1.0008		1.0013	1.0005	1.0022	1.0031	1.0041
3	典型方案三	0.9982	0.9986	0.9987	0.9988	0.9992	0.9990	0.9994	0.9992	0.9996	0.9993	0.9999	0.9996	1.0002	0.9998	1.0004	1	1.0007	1.0002	1.0012	1.0017	1.0022
4	典型方案四	0.9982	0.9985	0.9986	0.9988	0.9992	0.9990	0.9994	0.9992	0.9996	0.9993	0.9999	0.9996	1.0002	0.9998	1.0005	1	1.0007	1.0003	1.0012	1.0017	1.0022
5	均值	0.9978	0.9982	0.9984	0.9986	0.9991	0.9988	0.9993	0.9990	0.9996	0.9992	0.9999	0.9995	1.0002	0.9997	1.0005		1.0009	1.0003	1.0014	1.0020	1.0027

表 28-5 沿海施工增加费调整系数

编号	项目名称	计取	不计取
1	典型方案一	1.00003	1
2	典型方案二	1.00001	1
3	典型方案三	1.00010	1
4	典型方案四	1.00000	1
5	均值	1.00004	1

表 28-6 规费调整系数

编号	项目名称	规费合计				
		36	(36)+5	(36)+10	(36)-5	(36)-10
1	典型方案一	1	1.01	1.02	0.99	0.98
2	典型方案二	1	1.01	1.03	0.99	0.97
3	典型方案三	1	1.01	1.02	0.99	0.98
4	典型方案四	1	1.01	1.03	0.99	0.97
5	均值	1	1.01	1.02	0.99	0.98

28.1.5 海拔高程

典型方案通用造价按高程 2000m 以下的一般地区考虑，在此基础上分析计算大于 2000m 的各高程区间方案造价，以各高程区间的方案造价与 2000m 以下方案造价的比值作为不同海拔高程调整系数，海拔高程调整系数见表 28-7。

表 28-7 海拔高程调整系数

编号	项目名称	海拔（m）				
		不计	2001~2500	2501~3000	3001~3500	3501~4000
1	典型方案一	1	1.06	1.09	1.12	1.18
2	典型方案二	1	1.07	1.11	1.15	1.22
3	典型方案三	1	1.05	1.08	1.11	1.16
4	典型方案四	1	1.06	1.09	1.13	1.18
5	均值	1	1.0613	1.0910	1.1295	1.1851

28.1.6 设计阶段

典型方案通用造价按初设阶段深度考虑，在此基础上分析计算可研和详图

阶段的方案造价，以可研和详图阶段的方案造价与典型方案通用造价的比值作为设计阶段调整系数，设计阶段调整系数见表 28-8。

表 28-8 设计阶段调整系数

设计阶段名称	初设	可研	详图
调整系数	1.00	1.06	0.94

28.1.7 其他调整

其他调整主要包括夜间施工增加费、行车干扰施工增加费、工地转移费、主副食运费补贴费。典型方案通用造价不计列夜间施工增加费、行车干扰为施工期间平均每昼夜双向行车次数 51~100 次、工地转移距离为 50km、主副食运输综合里程为 30km。在此基础上根据《公路工程建设项目概算预算编制办法》（JTG 3830—2018）分别计算出不同取费类别的方案造价，得出的方案造价与通用造价比值作为调整系数，调整系数见表 28-9~表 28-12。

表 28-9 夜间施工增加费调整系数

编号	项目名称	计取	不计取
1	典型方案一	1.0006	1
2	典型方案二	1.0001	1
3	典型方案三	1.0007	1
4	典型方案四	1.0004	1
5	均值	1.0004	1

表 28-10 行车干扰施工增加费调整系数

编号	项目名称	施工期间平均每昼夜双向行车次数（机动车、非机动车合计）				
		51~100	101~500	501~1000	1001~2000	2001~3000
1	典型方案一	1	1.002	1.004	1.006	1.008
2	典型方案二	1	1.003	1.007	1.012	1.015
3	典型方案三	1	1.002	1.004	1.006	1.008
4	典型方案四	1	1.002	1.004	1.006	1.008
5	均值	1	1.002	1.005	1.007	1.009

表 28-11 工地转移费调整系数

编号	项目名称	工地转移距离（km）				
		50	100	300	500	1000
1	典型方案一	1	1.0002	1.0011	1.0017	1.0027
2	典型方案二	1	1.0002	1.0011	1.0018	1.0026
3	典型方案三	1	1.0004	1.0012	1.0017	1.0027
4	典型方案四	1	1.0003	1.0012	1.0019	1.0028
5	均值	1	1.0003	1.0011	1.0018	1.0027

表 28-12 主副食运费补贴费调整系数

编号	项目名称	综合里程（km）					
		5	10	20	30	40	50
1	典型方案一	0.9982	0.9986	0.9993	1	1.0005	1.0010
2	典型方案二	0.9981	0.9984	0.9993	1	1.0004	1.0009
3	典型方案三	0.9983	0.9987	0.9993	1	1.0005	1.0011
4	典型方案四	0.9982	0.9986	0.9993	1	1.0004	1.0010
5	均值	0.9982	0.9986	0.9993	1	1.0005	1.0010

28.1.8 综合调整

实际方案与通用造价典型方案需要多个差异调整的情况，首先调整项目构成差异，然后调整尺寸变化，以调整后的造价作为其他调整系数的基数。对于多个系数同时调整的情况，综合调整系数按各调整系数之和，减去调整系数个数加1计算。

28.2 工程单价

实际工程单价可根据工程情况，选用合适的定额分析计算，但过程繁琐，工作量大；为了快速计算工程单价，本节在典型方案工程单价的基础上，根据影响工程单价的主要因素，给出简化调整计算办法。

影响典型方案工程单价与实际方案工程单价差异的主要因素包括运距、断面尺寸、岩石级别、价格水平、项目地区和海拔高程和设计阶段差异等。影响工程单价的主要因素调整方法见本章28.2.1～28.2.8。

调整方法是简化计算方法，目的是方便对工程单价参考使用，如果对工程单价精度要求较高，建议根据工程具体条件分析计算。

28.2.1 运距调整

典型方案工程单价运距按照土石方运渣 2km、机械翻斗车运片石 1km、混凝土就近拌制、隧道开挖运渣 1km 以内考虑。当实际方案与典型方案运距不同时，在 26.3 节工程单价区间表基础上，工程单价按表 28-13 中增运价格进行调整。

表 28-13 不同运距单价区间

编号	项目名称	单位	概算水平	预算水平一	预算水平二	投标报价一	投标报价二
1	装载质量 15t 以内自卸汽车运土，每增运 0.5km	m³	0.69	0.67	0.66	0.63	0.6
2	装载质量 20t 以内自卸汽车运土，每增运 0.5km	m³	0.60	0.59	0.58	0.55	0.53
3	装载质量 15t 以内自卸汽车运石，每增运 0.5km	m³	0.87	0.85	0.84	0.8	0.76
4	装载质量 20t 以内自卸汽车运石，每增运 0.5km	m³	0.81	0.79	0.78	0.74	0.71
5	机械翻斗车运输片石、大卵石，每增运 100m	m³	0.97	0.94	0.94	0.89	0.86
6	容量 3m³ 以内混凝土搅拌运输车运输混凝土，每增运 0.5km	m³	1.14	1.11	1.1	1.05	1
7	容量 6m³ 以内混凝土搅拌运输车运输混凝土，每增运 0.5km	m³	0.99	0.96	0.95	0.9	0.86
8	正洞机械开挖隧长 5000m 以上自卸汽车运输，每增运 1000m	m³	6.61	6.45	6.39	6.08	5.83

28.2.2 岩石级别

典型方案工程单价土方开挖按照普通土考虑，石方开挖岩石级别和钻孔灌注桩岩石级别按照次坚石考虑，对岩石级别进行调整时，在 26.3 节工程单价区间表中工程单价基础上，按表 28-14 调整系数计算。

表 28-14　　　　　　　　**工程单价岩石级别调整系数**

编号	项目名称	次坚石	软石	坚石
	石方开挖			
1	石方明挖	1	0.77	1.32
2	灌注桩混凝土（桩径1.5m）	1	0.83	1.19
3	灌注桩混凝土（桩径1.8m）	1	0.82	1.19
	土方开挖	普通土	松土	硬土
1	土方开挖	1	0.96	1.04

28.2.3　围岩类别

典型方案工程单价隧道洞身开挖围岩类别按照Ⅲ类考虑，对岩石级别进行调整时，在26.3节工程单价区间表中工程单价基础上，按表28-15调整系数计算。

表 28-15　　　　　　　　**工程单价围岩类别调整系数**

编号	项目名称	Ⅲ类	Ⅰ类	Ⅱ类	Ⅳ类	Ⅴ类
1	洞身开挖	1	1.20	1.13	0.95	0.94

28.2.4　价格水平

实际方案与典型方案的工程单价价格水平不同时，价格水平可采用指数法或系数法其中任意一种方法进行调整。

（1）价格指数法。

价格指数法采用水电总院可再生能源定额站发布的价格指数，该价格指数每半年发布一次，可根据项目所在地区对工程单价分类别进行调整。价格指数查询可登录可再生能源工程造价信息网，查询网址：http://www.hydrocost.org.cn/price/priceIndex.jsp。

（2）系数法。

系数法是指对柴油、水泥、钢筋、炸药、碎石、中（粗）砂六种主材价格的调整系数，当六种材料预算价格浮动时，分别按表28-16～表28-21中对应的工程单价类别调整系数计算，当变化幅度与表格数据不同时，可进行内插计算。如遇到多个主材变化，例：石方工程单价中柴油和炸药价格同时上浮时，需计算综合调整系数，综合调整系数按上浮材料的调整系数之和，减去调整系数个数加1计算。

表 28-16　　　　　　　　**柴油预算价格调整表**

编号	项目名称	−20%	−10%	0%	+10%	+20%
1	土方工程	0.92	0.96	1.00	1.04	1.08
2	石方工程	0.97	0.99	1.00	1.01	1.03
3	砌石工程	1.00	1.00	1.00	1.00	1.00
4	混凝土工程	1.00	1.00	1.00	1.00	1.00
5	钢筋制作安装工程	1.00	1.00	1.00	1.00	1.00
6	喷锚支护工程	0.98	0.99	1.00	1.01	1.02

表 28-17　　　　　　　　**水泥预算价格调整表**

编号	项目名称	−20%	−10%	0%	+10%	+20%
1	土方工程	1.00	1.00	1.00	1.00	1.00
2	石方工程	1.00	1.00	1.00	1.00	1.00
3	砌石工程	0.97	0.98	1.00	1.02	1.03
4	混凝土工程	0.93	0.97	1.00	1.03	1.07
5	钢筋制作安装工程	1.00	1.00	1.00	1.00	1.00
6	喷锚支护工程	0.98	0.99	1.00	1.01	1.02

表 28-18　　　　　　　　**钢筋预算价格调整表**

编号	项目名称	−20%	−10%	0%	+10%	+20%
1	土方工程	1.00	1.00	1.00	1.00	1.00
2	石方工程	1.00	1.00	1.00	1.00	1.00
3	砌石工程	1.00	1.00	1.00	1.00	1.00
4	混凝土工程	1.00	1.00	1.00	1.00	1.00
5	钢筋制作安装工程	0.87	0.94	1.00	1.06	1.13
6	喷锚支护工程	0.97	0.99	1.00	1.01	1.03

表 28-19　　　　　　　　**炸药预算价格调整表**

编号	项目名称	−20%	−10%	0%	+10%	+20%
1	土方工程	1.00	1.00	1.00	1.00	1.00
2	石方工程	0.98	0.99	1.00	1.01	1.02
3	砌石工程	1.00	1.00	1.00	1.00	1.00
4	混凝土工程	1.00	1.00	1.00	1.00	1.00
5	钢筋制作安装工程	1.00	1.00	1.00	1.00	1.00
6	喷锚支护工程	1.00	1.00	1.00	1.00	1.00

表 28-20 　　　　　　　　　碎石预算价格调整表

编号	项目名称	−20%	−10%	0%	+10%	+20%
1	土方工程	1.00	1.00	1.00	1.00	1.00
2	石方工程	1.00	1.00	1.00	1.00	1.00
3	砌石工程	0.96	0.98	1.00	1.02	1.04
4	混凝土工程	0.98	0.99	1.00	1.01	1.02
5	钢筋制作安装工程	1.00	1.00	1.00	1.00	1.00
6	喷锚支护工程	1.00	1.00	1.00	1.00	1.00

表 28-21 　　　　　　　　中（粗）砂预算价格调整表

编号	项目名称	−20%	−10%	0%	+10%	+20%
1	土方工程	1.00	1.00	1.00	1.00	1.00
2	石方工程	1.00	1.00	1.00	1.00	1.00
3	砌石工程	0.98	0.99	1.00	1.01	1.02
4	混凝土工程	0.987	0.994	1.00	1.006	1.013
5	钢筋制作安装工程	1.00	1.00	1.00	1.00	1.00
6	喷锚支护工程	1.00	1.00	1.00	1.00	1.00

28.2.5 项目地区

上下水库连接路工程中人工预算单价、冬雨季施工增加费、沿海施工增加费、规费因项目所处地区不同会产生差异。典型方案人工预算单价按 106.28 元/工日计取，不计列夜间施工增加费和沿海地区施工增加费、冬季施工增加费按照"−1 以上东一区Ⅰ"计取、雨季施工增加费按照"Ⅰ区 5 个月"计取。当实际发生调整时，在 26.3 节工程单价区间表中工程单价基础上，分别按表 28-22～表 28-26 调整系数计算。（各省市人工费和相关取费费率调整补充文件见第 30 章）

表 28-22 　　　　　　　　人工预算单价地区调整

编号	项目名称	−20%	−10%	0%	+10%	+20%
1	土方工程	0.96	0.98	1.00	1.02	1.04
2	石方工程	0.92	0.96	1.00	1.04	1.08
3	砌石工程	0.92	0.96	1.00	1.04	1.08
4	混凝土工程	0.94	0.97	1.00	1.03	1.06
5	钢筋制作安装工程	0.95	0.98	1.00	1.02	1.05
6	喷锚支护工程	0.93	0.97	1.00	1.03	1.07

表 28-23 　　　　　　　　　　　　　　　　　　　冬季施工增加费调整系数

编号	项目名称	冬季期平均温度（℃）								淮一区	淮二区	不计
		−1 以上		−1 到 −4		−4 到 −7	−7 到 −10	−10 到 −14	−14 以下			
		冬一区		冬二区		冬三区	冬四区	冬五区	冬六区			
		Ⅰ	Ⅱ	Ⅰ	Ⅱ							
1	土方工程	1.0000	1.0010	1.0039	1.0048	1.0135	1.0203	1.0319	1.0502	0.9961	0.9961	0.9952
2	石方工程	1.0000	1.0000	1.0000	1.0000	1.0000	1.0000	1.0000	1.0000	1.0000	1.0000	1.0000
3	砌石工程	1.0000	1.0010	1.0021	1.0027	1.0066	1.0097	1.0157	1.0247	0.9982	0.9988	0.9967
4	混凝土工程	1.0000	1.0008	1.0017	1.0023	1.0055	1.0081	1.0130	1.0203	0.9985	0.9990	0.9972
5	钢筋制作安装工程	1.0000	1.0001	1.0002	1.0003	1.0005	1.0007	1.0011	1.0017	0.9999	0.9999	0.9992
6	喷锚支护工程	1.0000	1.0006	1.0012	1.0016	1.0036	1.0052	1.0083	1.0129	0.9991	0.9994	0.9981

表 28-24 雨季施工增加费调整系数

编号	项目名称	不计	1	1.5	2		2.5		3		3.5		4		4.5		5		6		7	8
			I	I	I	II	I	II	I	II	I	II	I	II	I	II	I	II	I	II	II	II
1	土方工程	0.9932	0.9952	0.9952	0.9961	0.9971	0.9961	0.9981	0.9971	0.9990	0.9981	0.9990	0.9981	1.0000	0.9990	1.0010	1.0000	1.0019	1.0010	1.0039	1.0058	1.0077
2	石方工程	1.0000	1.0000	1.0000	1.0000	1.0000	1.0000	1.0000	1.0000	1.0000	1.0000	1.0000	1.0000	1.0000	1.0000	1.0000	1.0000	1.0000	1.0000	1.0000	1.0000	1.0000
3	砌石工程	0.9984	0.9988	0.9989	0.9990	0.9993	0.9991	0.9994	0.9992	0.9997	0.9993	0.9999	0.9996	1.0001	0.9998	1.0003	1.0000	1.0006	1.0002	1.0010	1.0014	1.0019
4	混凝土工程	0.9989	0.9991	0.9992	0.9993	0.9995	0.9994	0.9996	0.9995	0.9998	0.9995	0.9999	0.9997	1.0001	0.9999	1.0002	1.0000	1.0004	1.0002	1.0007	1.0011	1.0014
5	钢筋制作安装工程	1.0000	1.0000	1.0000	1.0000	1.0000	1.0000	1.0000	1.0000	1.0000	1.0000	1.0000	1.0000	1.0000	1.0000	1.0000	1.0000	1.0000	1.0000	1.0000	1.0000	1.0000
6	喷锚支护工程	0.9994	0.9995	0.9996	0.9996	0.9997	0.9997	0.9998	0.9997	0.9999	0.9997	0.9999	0.9998	1.0000	0.9999	1.0001	1.0000	1.0002	1.0001	1.0004	1.0006	1.0007

雨季期（月数），雨量区

表 28-25 沿海施工增加费调整系数

编号	项目名称	计取	不计取
1	土方工程	1.0000	1.0000
2	石方工程	1.0000	1.0000
3	砌石工程	1.0000	1.0000
4	混凝土工程	1.0002	1.0000
5	钢筋制作安装工程	1.0002	1.0000
6	喷锚支护工程	1.0000	1.0000

表 28-26 规 费 调 整 系 数

编号	项目名称	36	(36)+5	(36)+10	(36)-5	(36)-10
1	土方工程	1.000	1.007	1.014	0.993	0.986
2	石方工程	1.000	1.014	1.028	0.986	0.972
3	砌石工程	1.000	1.015	1.030	0.985	0.970
4	混凝土工程	1.000	1.011	1.021	0.989	0.979
5	钢筋制作安装工程	1.000	1.009	1.018	0.991	0.982
6	喷锚支护工程	1.000	1.013	1.025	0.987	0.975

规费

28.2.6 海拔高程

典型方案工程单价按高程 2000m 以下的一般地区考虑，项目海拔高程不同时，在 26.3 节工程单价区间表中工程单价基础上，按表 28-27 调整系数计算。

表 28-27 海 拔 高 程 调 整 系 数

编号	项目名称	2000m 以内	2000~2500m	2500~3000m	3000~3500m	3500~4000m
1	土方工程	1.00	1.12	1.18	1.25	1.35
2	石方工程	1.00	1.09	1.13	1.19	1.27
3	砌石工程	1.00	1.04	1.06	1.09	1.14
4	混凝土工程	1.00	1.03	1.05	1.07	1.11
5	钢筋制作安装工程	1.00	1.03	1.04	1.06	1.08
6	喷锚支护工程	1.00	1.07	1.10	1.15	1.21

28.2.7 其他调整

其他调整主要包括夜间施工增加费、行车干扰施工增加费、工地转移费、主副食运费补贴费。典型方案单价中不计列夜间施工增加费、行车干扰为施工期间平均每昼夜双向行车次数 51~100 次、工地转移距离为 50km、主副食运输综合里程为 30km。当实际发生调整时，在 26.3 节工程单价区间表中工程单价基础上，分别按表 28-28~表 28-31 调整系数计算。

表 28-28 　　　　　夜间施工增加费调整系数

编号	项目名称	计取	不计取
1	土方工程	1.0000	1.0000
2	石方工程	1.0000	1.0000
3	砌石工程	1.0000	1.0000
4	混凝土工程	1.0011	1.0000
5	钢筋制作安装工程	1.0018	1.0000
6	喷锚支护工程	1.0034	1.0000

表 28-29 　　　　　行车干扰施工增加费调整系数

编号	项目名称	施工期间平均每昼夜双向行车次数（机动车、非机动车合计）				
		51～100	101～500	501～1000	1001～2000	2001～3000
1	土方工程	1.0000	1.0068	1.0145	1.0232	1.0290
2	石方工程	1.0000	1.0000	1.0000	1.0000	1.0000
3	砌石工程	1.0000	1.0016	1.0032	1.0047	1.0060
4	混凝土工程	1.0000	1.0011	1.0022	1.0032	1.0041
5	钢筋制作安装工程	1.0000	1.0000	1.0000	1.0000	1.0000
6	喷锚支护工程	1.0000	1.0006	1.0013	1.0019	1.0024

表 28-30 　　　　　工地转移费调整系数

编号	项目名称	工地转移距离（km）				
		50	100	300	500	1000
1	土方工程	1.0000	1.0000	1.0010	1.0019	1.0039

续表

编号	项目名称	工地转移距离（km）				
		50	100	300	500	1000
2	石方工程	1.0000	1.0000	1.0000	1.0000	1.0000
3	砌石工程	1.0000	1.0003	1.0010	1.0015	1.0024
4	混凝土工程	1.0000	1.0003	1.0009	1.0014	1.0021
5	钢筋制作安装工程	1.0000	1.0003	1.0008	1.0013	1.0020
6	喷锚支护工程		1.0006	1.0019	1.0030	1.0046

表 28-31 　　　　　主副食运费补贴费调整系数

编号	项目名称	综合里程（km）					
		5	10	20	30	40	50
1	土方工程	0.9981	0.9990	0.9990	1.0000	1.0010	1.0019
2	石方工程	0.9982	0.9986	0.9993	1.0000	1.0006	1.0011
3	砌石工程	0.9981	0.9985	0.9993	1.0000	1.0005	1.0011
4	混凝土工程	0.9982	0.9986	0.9993	1.0000	1.0005	1.0010
5	钢筋制作安装工程	0.9982	0.9987	0.9993	1.0000	1.0005	1.0010
6	喷锚支护工程	0.9982	0.9987	0.9993	1.0000	1.0005	1.0010

28.2.8 综合调整

　　工程单价需要多个差异调整的情况，首先调整断面尺寸差异，然后调整运距变化，以调整后的工程单价作为其他调整系数的基数。对于多个系数同时调整的情况，综合调整系数按各调整系数之和，减去调整系数个数加 1 计算。

第 29 章　工　程　示　例

　　示例工程仅供参考，实际工程应做严格认真的分析。

29.1　示例工程主要技术条件

　　某蓄能电站位于内蒙古东部赤峰市境内，项目处于可行性研究阶段，装机规模 4×300MW，场内上下水库连接路全长 11.5km（含隧洞、桥梁），公路分两段设计，其中 9.8km 段设计标准为水电三级公路，荷载等级为汽-40 级，路面/路基宽 6.5m/7.5m；另一段长 1.6km，设计标准为水电二级公路，荷载等级为汽-40 级，路面/路基 7.0m/8.5m。公路全段均采用水泥混凝土路面。

公路三座桥梁和一座隧道，其中大桥 157.08m/1 座，中桥 100m/2 座，涵洞 267m/20 座，隧道 223m/1 座。

建筑物工程特征详见表 29-1。

表 29-1　示例主要技术条件

编号	项目名称	单位	技术参数	工程特征
一	概述			
	公路（含桥隧）	km	11.5	
	公路（不含桥隧）			
	桥梁全长	m	257.08	
	涵洞全长	m	267	
	隧道全长	m	223	
二	二级项目			
	路基挖方工程	万 m³	98.56	土方为硬土 石方为软石 土石比 2∶8
	路基填方工程	万 m³	6.29	结构物台背回填占 27%
	坡面排水工程	万 m³	1.59	混凝土沟槽
	护坡护面墙工程	万 m³	0.2	浆砌片石
	挡土墙工程	万 m³	2.52	混凝土挡墙
	边坡挂网锚喷工程	万 m²	6.69	厚 120mm

续表

编号	项目名称	单位	技术参数	工程特征
	路面工程	万 m²	7.92	级配碎石底基层 水稳基层 水泥混凝土路面 路面厚 24cm
	涵洞工程	m	267	钢筋混凝土圆管涵
	安全设施防工程（护栏）	m	8590	波形梁钢护栏
	安全设施防工程（防落物网）	万 m²	1.24	主动防护网
	桥梁工程 1	m²	56×9.4	预应力混凝土简支 T 梁
	桥梁工程 2	m²	44×9.8	现浇钢筋混凝土连续板
	隧道工程	m³	223×8.5×8.2	Ⅲ衬砌段占 40%；Ⅳ衬砌段占 40%；Ⅴ衬砌段占 20%

29.2　方案选择与造价调整

（1）方案选择。

根据上下水库连接路实际工程特征及技术参数，对比 26.2 节单位造价指标汇总表分别对应选取典型方案中相近的二级项目。

（2）二级项目单位造价指标计算。

根据所选典型方案单位造价指标计算上下水库连接路工程投资，见表 29-2。

表 29-2　二级项目单位造价指标选取和造价计算

序号	项目名称	通用造价指标				示例工程		
		单位	造价指标	典型方案二级项目特征	指标来源	计算式	投资（万元）	二级项目特征
1	路基挖方工程	元/m³	46	石方占比 85%	典型方案四	46×98.56	4534	石方占比 80%
2	路基填方工程	元/m³	59	结构物台背回填约占 30%	典型方案四	59×6.29	371	结构物太背回填占 27%
3	坡面排水工程	元/m³	822	现浇混凝土沟槽	典型方案一	822×1.59	1307	混凝土沟槽
4	护坡护面墙工程	元/m³	430	浆砌片石	典型方案三	430×0.6	258	浆砌片石
5	挡土墙工程	元/m³	735	埋石混凝土挡土墙	典型方案四	735×2.52	1852	混凝土挡墙
6	边坡挂网锚喷工程	元/m²	212	喷混厚 120mm；锚杆使用量大	典型方案三	212×6.69	1418	喷混厚 120mm；锚杆使用量大

序号	项目名称	通用造价指标				示例工程		
		单位	造价指标	典型方案二级项目特征	指标来源	计算式	投资（万元）	二级项目特征
7	路面工程	元/m²	294	水泥混凝土路面部分段水泥稳定级配碎石基层； 部分段级配碎石底基层； 部分段混凝土整平层	典型方案四	294×7.92	2328	水泥混凝土路面部分段水泥稳定级配碎石基层； 部分段级配碎石底基层； 部分段混凝土整平层
8	涵洞工程	元/m	2226	钢筋混凝土圆管涵为主（φ1m）	典型方案二	2226×0.03	67	钢筋混凝土圆管涵
9	安全设施防工程（护栏）	元/m	215	波形梁钢护栏	典型方案二	215×0.86	185	波形梁钢护栏
10	安全设施防工程（防落物网）	元/m²	304	被动型防护网和主动型防护网各占一半	典型方案三	304×1.24	377	主动防护网为主
11	桥梁工程1	元/m²	4360	① 预应力混凝土简变连小箱梁桥； ③ 桥梁宽度 9.4m； ④ 片石混凝土 U 形桥台； ⑤ 混凝土柱式墩； ⑥ 灌注桩桩径 1.8m	典型方案三（2）	4360×0.053	231	① 预应力混凝土简支 T 梁桥； ③ 桥梁宽度 9.4m； ④ 片石混凝土 U 形桥台； ⑤ 混凝土柱式墩； ⑥ 灌注桩桩径 1.8m
12	桥梁工程2	元/m²	3798	① 现浇混凝土空心板桥； ③ 桥梁宽度 9.4m； ④ 片石混凝土 U 形桥台； ⑤ 混凝土柱式墩； ⑥ 灌注桩桩径 1.5m	典型方案三（3）	3798×0.043	163	① 现浇钢筋混凝土连续板桥； ③ 桥梁宽度 9.8m； ④ 片石混凝土 U 形桥台； ⑤ 混凝土柱式墩； ⑥ 灌注桩桩径 1.5m
13	隧道工程	元/m³	616	① 隧道限界：7.5×4.5； ② 水泥混凝土路面； ③ 端墙式洞口； ④ 衬砌长度 100%； ⑤ Ⅲ 衬砌段占 74%；Ⅳ 衬砌段占 26%； ⑥ 特征：混凝土衬砌量大	典型方案一	616×1.6	985.6	① 隧道限界：8.5×8.2； ② 水泥混凝土路面； ③ 端墙式洞口； ④ 衬砌长度 100%； ⑤ Ⅲ 衬砌段占 40%；Ⅳ 衬砌段占 40%；Ⅴ 衬砌段占 20%； ⑥ 特征：混凝土衬砌量大
	合计						14077	

（3）调整系数。

a）岩石级别差异：示例实际工程方案岩石级别为软石，与通用造价典型方案岩石级别次坚石不同，按 28.1.2 节方法计算所得综合调整系数为 0.945。

b）价格水平不同：按价格指数的权重法计算。示例实际工程价格水平为 2016 年下半年，按 28.1.3 节方法计算所得综合调整系数为 0.995。

c）项目地区差异：示例实际工程方案属华北地区，冬季施工气温区属东三区、雨量区为Ⅰ区 1 个月、规费合计 38.2，项目地区差异调整系数按 28.1.4 节方法计取，调整系数分别为 1.0056、0.9982、1.004。

d）海拔高程：示例实际工程方案上水库坝顶高程 1599.20m，海拔高程调整系数按 28.1.5 节方法计取，选择典型方案五调整系数 1.0。

e）设计阶段调整：项目处于可行性研究阶段，设计阶段调整系数按 28.1.6 节方法计取，选择调整系数 1.0。

f）其他调整：示例工程不计列夜间施工、工地转移距离 50km 以内，施工期间平均每昼夜双向行车次数 50 次以内，主副食补贴综合运距 30km，同通用造价接近，不做调整。

综合调整系数为：$0.945+0.995+1.0056+0.9982+1.004+1+1-6=0.955$

（4）实际方案造价。

实际方案造价为调整后的基本方案造价乘以综合调整系数，经计算为 $14358×0.955=13712$ 万元。

29.3 工程单价选择与调整

（1）项目阶段选择。

示例工程为可行性研究报告设计概算，对应通用造价第 26 章工程单价中项目阶段，选择概算水平的工程单价进行目标单价的测算。

（2）浆砌片石挡土墙单价调整。

a）基础单价选择。

示例工程浆砌片石挡土墙单价，片石从开挖料中拣选，采用机动翻斗车运输，平均运距 1.5km，砂浆搅拌机制浆，人工砌筑。对比 26.3 节概算水平工程单价，其特征及施工方法与第 13 项浆砌片石挡土墙单价相同，选择其 462.80 元/m³ 为基础单价。

b）运距调整。

示例工程机动翻斗车运距 1.0km。根据表 28-13 运距调整工程单价区间表

第 5 项"机械翻斗车运输片石、大卵石每增运 100m"，调整后单价为 462.80+运输距离 $(1.5-1.0)$ km×$(0.97$ 元/0.1km$)=467.65$ 元/m³。

c）调整系数。

合理选择价格水平、项目地区、海拔高程等影响工程单价的主要因素，形成目标单价。调整系数计算详见表 29-3。其中，价格水平根据水电水利规划设计总院发布的价格指数，选取示例项目所处区域的价格指数（定基）计算。

表 29-3　　　　　　　浆砌片石挡土墙单价调整系数计算

序号	调价因素	通用造价工程特征	示例工程特征	采用参数来源及计算式	选定参数
1	价格水平不同	2019 年四季度	2016 年下半年		
1.1	水泥（除税价）	503 元/t	425 元/t	按表 28-17 调整	0.97
1.2	碎石（除税价）	120 元/m³	110 元/m³	按表 28-20 调整	0.98
1.3	中（粗）砂（除税价）	140 元/m³	125 元/m³	按表 28-21 调整	0.99
2	项目地区差异				
2.1	人工预算单价	106.28 元/工日	103.8 元/工日	按表 28-22 调整	0.988
2.2	冬季施工增加	冬一区-1 以上	东三区	按表 28-23 调整	1.006
2.3	雨季施工增加	Ⅰ区 5 个月	Ⅰ区 1 个月	按表 28-24 调整	0.9988
2.4	规费	36	规费 38.2	按表 28-26 调整	1.010
3	海拔高程	2000m 以下	2000m 以下	不作调整	1
4	其他调整			不作调整	1
综合调整系数		$0.97+0.98+0.99+0.988+1.006+0.9988+1.01+1+1-8=0.943$			

d）调整后的工程单价。

浆砌片石挡土墙单价=$467.65×0.943=440.99$ 元/m³

上下水库连接路工程附表

第 30 章　编制规定补充调整文件

截至 2019 年 12 月，全国各省市针对《公路工程建设项目概算预算编制办　不作调整。具体内容详见表 30-1。
法》（JTG 3830—2018）的编制补充调整办法收集汇总如下，表中未出现省份

表 30-1　　　　　　　　　　　　　　　　　　编制规定补充调整文件汇总表

序号	省份	文件名称	人工费调整	其他补充调整
1	北京	北京市道路工程造价管理站关于发布北京市公路工程建设项目人工费标准的通知-京路造价发〔2019〕5 号	120-130 元/工日	
2	福建	闽交建〔2019〕31 号《福建省公路工程建设项目估算概算预算编制补充规定》	112 元/工日	1. 不计高原地区施工增加费和风沙地区施工增加费，沿海地区施工增加费适用范围为受海风、海浪和潮汐的跨海大桥。 2. 养老保险 16%，失业保险 0.5%，医疗保险（含生育保险）8.5%，住房公积金 8.5%。 3. 工伤保险在估算、概算、预算文件末尾新增费用栏按项目总造价的千分之 1.5 单独计列，规费中相应工伤保险取零
3	甘肃	甘交建设〔2019〕2 号关于印发《甘肃省执行交通运输部〈公路工程建设项目估算编制办法〉〈公路工程建设项目概算预算编制办法〉的补充规定》的通知	103.41 元/工日	养老保险 16%，失业保险 1%，医疗保险 10%，工伤保险 1%，住房公积金 7%
4	广东	广东省交通运输厅关于《公路工程建设项目投资估算编制办法》《公路工程建设项目概算预算编制办法》及配套指标定额补充规定的通知（粤交基〔2019〕544 号）	一类：深圳 135.65 元/工日、广州 131.223 元/工日；二类：珠海、佛山、东莞、中山 126.56 元/工日；三类：惠州、肇庆、江门、汕头 120.66 元/工日；四类：汕尾、河源、清远、云浮、韶关、阳江、湛江、梅州、茂名、揭阳、潮州 118.99 元/工日	1. 沿海地区施工增加费适用范围为：潮州、汕头、揭阳的惠来、汕尾（不含陆河）、惠州（不含龙门、博罗）、深圳、珠海、江门的台山、阳江、茂名（不含化州、高州、信宜）、湛江地区施工受海风、海浪和潮汐影响路段的构造物Ⅱ、构造物Ⅲ、技术复杂大桥以及钢材及钢结构工程。该路段沿海地区施工增加费按沿海路段占项目路线长度比例计算。 2. 养老保险 14%，失业保险 0.8%，医疗保险（含生育保险）6.85%，工伤保险 0.5%，住房公积金 8.5%。 3. 我省公路新建、改建、扩建、大修项目的安全生产费费率按 1.5%取定

序号	省份	文件名称	人工费调整	其他补充调整
5	广西	广西壮族自治区交通运输厅关于印发公路工程建设项目估算概算预算编制办法广西补充规定的通知 桂交建管发〔2019〕39号	101.25元/工日	1. 沿海地区施工增加费适用范围为：北海、钦州及防城港市受海风、海浪和潮汐影响施工的构造物Ⅱ、构造物Ⅲ、技术复杂大桥以及钢材及钢结构工程。 2. 养老保险16％，失业保险0.5％，医疗保险（含生育保险）7.5％，工伤保险1％，住房公积金8.5％
6	贵州	贵州省交通运输厅关于印发《公路工程建设项目投资估算编制办法》《公路工程建设项目概算预算 编制办法》补充规定的通知 黔交建设〔2019〕65号	100.75元/工日	养老保险16％，失业保险0.7％，医疗保险（含生育保险）7.5％，工伤保险1.3％，住房公积金5％
7	海南	海南省公路工程建设项目估算概算预算编制办法补充规定 琼交规划〔2019〕387号	115元/工日	养老保险16％，失业保险0.5％，医疗保险（含生育保险）6.5％，工伤保险0.5％，住房公积金8％
8	河北	河北省交通运输厅关于印发《河北省公路工程基本建设项目概算预算编制补充规定》的通知 冀交基〔2019〕179号	103元/工日	1. 沿海地区工程一般情况不计施工增加费，确有跨海构造物时，按部《编制办法》计列此项费用。 2. 新建工程不计行车干扰工程施工增加费，改建工程按部《编制办法》规定执行。若已计交通便道费用，不再计列此项费用。 3. 企业管理费：为计算方便，平原微丘区综合里程统一按5公里计，山岭重丘统一按10公里计。 4. 养老保险16％，失业保险0.7％，医疗保险6.5％，住房公积金10％，工伤保险0.5％，生育保险0.5％
9	河南	河南省交通运输厅关于发布河南省公路工程建设项目估算概算预算编制办法补充规定的通知 豫交文〔2019〕274号	108.85元/工日	养老保险16％，失业保险0.7％，医疗保险（含生育保险）7.3％，工伤保险1％，住房公积金8.5％
10	黑龙江	黑龙江省交通运输厅关于印发贯彻执行交通运输部公路工程建设项目估算概算预算编制办法的补充规定的通知 黑交发〔2019〕90号	哈尔滨100.54元/工日、齐齐哈尔97.58元/工日、牡丹江98.67元/工日、佳木斯98.56、大庆100.89元/工日、伊春97.41元/工日、鸡西102.68元/工日、鹤岗104.41元/工日、双鸭山100.86元/工日、七台河99.93元/工日、绥化95.39元/工日、黑河101.29元/工日、大兴安岭107.44元/工日	1. 不计高原地区施工增加费、沿海地区施工增加费。当工程位于嫩江沙地时计取风沙地区施工增加费，其他地区不计取，项目所在地的覆盖度由设计单位在公路工程勘察设计时确定。 2. 养老保险20％，失业保险1％，医疗保险6％，工伤保险1.5％，住房公积金5％
11	湖北	湖北省交通运输厅关于执行交通运输部第86号公告有关补充规定的通知	110.07元/工日	养老保险16％，失业保险1％，医疗保险（含生育保险）8.5％，工伤保险1.3％，住房公积金8％，安全生产费费率1.5％

序号	省份	文件名称	人工费调整	其他补充调整
12	湖南	湘交基建〔2019〕74号湖南省交通运输厅关于发布《公路工程建设项目投资估算编制办法》《公路工程建设项目概算预算编制办法》补充规定的通知	103.86元/工日	养老保险16％，失业保险0.7％，医疗保险8.7％，工伤保险2.2％，住房公积金10％
13	吉林	吉林省交通运输厅关于发布2019年公路工程建设项目估算概算预算编制补充规定的通知吉交造价〔2019〕162号	105.49元/工日	养老保险16％，失业保险0.7％，医疗保险（含生育保险）6.7％，工伤保险1％，住房公积金8％
14	江苏	江苏省交通运输厅关于执行交通运输部86号公告有关补充规定的通知 苏交建〔2019〕22号	128.17元/工日	1. 养老保险16％，失业保险0.5％，医疗保险（含生育保险）6.8％，工伤保险1.1％，住房公积金10％。 2. 安全生产费按建筑安装工程费乘以安全生产费费率计算，按照江苏省安全生产委员会发布的《省安委会关于以更高标准更严措施管控交通运输领域重大安全风险的通知》（苏安〔2019〕14号）的文件要求：主线桥路比超过20％，含高墩、悬浇、支架现浇的一般路基建设项目和一般隧道建设项目，安全生产费费率为1.6％；过江通道、高速公路改扩建和长度大于3000m隧道建设项目，安全生产费费率为1.8％；除以上规定外的公路建设项目的安全生产费费率按照《新编制办法及其定额》执行
15	江西	江西省交通运输厅关于印发《〈公路工程基本建设项目估算、概算、预算编制办法〉江西省补充规定》的通知 赣交建管字〔2019〕23号	一级：高速公路、一级公路、独立特大桥、隧道工程、独立技术复杂大桥108.02元/工日，二级：二级公路、一般独立大桥97.22元/工日，三级：三级公路、四级公路、等外公路86.42元/工日	1. 冬季施工增加费除南昌、萍乡、景德镇、九江、新余、上饶、抚州和宜春按"18编办及其配套定额指标"规定的准一区费率计算外，其他地区均不计取；雨季施工增加费除南昌、九江、吉安按"18编办及其配套定额指标"规定的Ⅱ区6个月费率计算外，其他地区均按Ⅱ区7个月费率计算；夜间施工增加费按"18编办及其配套定额指标"规定的费率计算；不计取特殊地区施工增加费；行车干扰施工增加费按"18编办及其配套定额指标"规定的费率计算。 2. 施工辅助费、工地转移费、主副食运费补贴、职工探亲路费、财务费用一级取费按"18编办及其配套定额指标"规定的费率计算，二、三级取费按文件表2、3、4、5、6、7的费率计算。 3. 养老保险16％，失业保险0.5％，医疗保险（含生育保险）6.5％，工伤保险1.3％，住房公积金8％。 4. 利润：一级取费按7.42％计算，二级取费按6.68％计算，三级取费按5.94％计算
16	辽宁省	辽宁省交通运输厅关于发布公路工程综合人工工日单价及有关补充规定的通知 辽交公水发〔2019〕183号	105.08元/工日	养老保险16％，失业保险1％，医疗保险（含生育保险）8.1％，工伤保险1％，住房公积金10％
17	内蒙古	内蒙古自治区交通运输厅关于执行交通运输部2018年第86号公告的通知-内交发〔2019〕338号	呼和浩特市、包头市、乌兰察布市、锡林郭勒、二连浩特市102.5元/工日；呼伦贝尔市、满洲里市、兴安盟、通辽市、赤峰市103.8元/工日；鄂尔多斯市、巴彦淖尔市、乌海市、阿拉善盟104元/工日	养老保险16％，失业保险1％，医疗保险（含生育保险）8.5％，工伤保险0.7％，住房公积金12％

序号	省份	文件名称	人工费调整	其他补充调整
18	宁夏	宁夏交通运输厅关于印发《宁夏回族自治区公路工程建设项目估算概算预算编制实施细则（试行）》的通知	104.5 元/工日	1. 风沙地区施工增加费：我区地域内有毛乌素沙地和腾格里沙漠，路线如需穿过这两个风沙地区，工程勘察设计时根据覆盖度确定风沙区划，应根据路线穿越风沙地区长度按新编制办法规定折算。 2. 主副食运费补贴：平原微丘区综合里程统一按 5 公里计算，山岭重丘区综合里程统一按 10 公里计算，如情况特殊也可按实际情况计算。 3. 养老保险 16％，失业保险 0.5％，医疗保险（含生育保险）8.7％，工伤保险 2.5％，住房公积金 8.5％
19	青海	青海省交通运输厅关于执行交通运输部第 86 号公告的通知（青交办建管〔2019〕184 号）	西宁市、海东市 149 元/工日；海北州、海南州、海西州、黄南州 140 元/工日；果洛州、玉树州 128 元/工日	1. 雨季施工雨量区及雨季期划分按文件表 3.4.1 规定执行。 2. 工地转移费计算转移里程时，以西宁市至工地的距离计算。 3. 主副食运费补贴综合里程计算时，粮食、蔬菜、燃料运距从离工地最近的州（市）、县计算，水采用全线平均运距。 4. 养老保险 16％，失业保险 0.5％，医疗保险（含生育保险）6.5％，工伤保险 1.5％，住房公积金 12％。 5. 青海省公路工程车船使用税标准见文件附件 3
20	山东	山东省公路工程建设项目投资估算概算预算编制补充规定（鲁交建管〔2019〕25 号）	111.23 元/工日	1. 车船使用税标准按山东省有关规定。 2. 不计高原和风沙地区施工增加费，只有位于海岸线至公海范围内的公路项目才计列沿海地区施工增加费。 3. 养老保险 16％，失业保险 0.7％，医疗保险（含生育保险）6.5％，工伤保险 0.7％，住房公积金 12％
21	山西	山西省交通运输厅关于印发《公路工程建设项目估算概算预算编制补充规定（试行）》的通知-晋交建管发〔2019〕282 号	100.8 元/工日	1. 工地转移费：工地转移距离高速公路、一级公路按 300km 计算，二级及以下等级公路及改扩建工程，按 100km 计算。 2. 主副食补贴综合里程：高速公路、一级公路按 20km 计算，二级及以下等级公路及改扩建工程，按 15km 计算。 3. 养老保险 16％，失业保险 0.7％，医疗保险（含生育保险）7.5％，工伤保险 1.1％，住房公积金 8.5％
22	陕西	陕交发〔2019〕93 号 陕西省交通运输厅关于印发《甘肃省执行交通运输部〈公路工程建设项目估算编制办法〉〈公路工程建设项目概算预算编制办法〉的补充规定》的通知	105.89 元/工日	1. 车船使用税标准按陕西省税务部门有关规定。 2. 养老保险 16％，失业保险 0.7％，医疗保险（含生育保险）7.25％，工伤保险 0.91％，住房公积金 8.5％
23	上海	关于发布《上海市公路工程建设项目估算概算预算编制办法补充规定》的通知-沪建标定联〔2019〕317 号	人工工日单价参照上海市建设工程造价信息平台发布的公路价格信息计算	1. 不计特殊地区施工增加费，确有跨海结构时，可按部编制办法计列沿海地区工程施工增加费，不计施工辅助费，不计工地转移费。 2. 养老保险 16％，失业保险 0.5％，医疗保险（含生育保险）10.5％，工伤保险 1.04％，住房公积金 7％

序号	省份	文件名称	人工费调整	其他补充调整
24	四川	《四川省交通运输厅关于贯彻执行交通运输部 2018 公路工程建设项目投资估算、概算、预算编制办法及配套指标、定额有关事项的通知 川交函〔2019〕344 号	Ⅰ、101 元/工日，Ⅱ、115 元/工日，Ⅲ、135 元/工日，四川省公路工程人工工日单价地区分类系数见文件表	1. 措施费见文件表格。 2. 养老保险 16%，失业保险 0.6%，医疗保险（含生育保险）9%，工伤保险 1.3%，住房公积金 9%
25	西藏	关于贯彻执行交通运输部 2018 年公路工程建设项目投资估算、概算预算编制办法及《西藏自治区公路工程建设项目估算概算预算编制办法补充规定》的通知 藏交发〔2019〕300 号	二类 174.48 工日，三类 187.57 工日，四类 202.05 工日，地区类别划分表见文件	1. 施工机械台班费中的不变费用采用 1.3 的调整系数。 2. 养老保险 16%，失业保险 0.5%，医疗保险（含生育保险）8%，工伤保险 0.65%，住房公积金 12%
26	新疆	关于发布我区公路工程人工工日单价及有关补充规定的通知 新交综〔2019〕54 号	人工工日执行文件中《新疆公路工程人工工日单价表》	养老保险 16%，失业保险 0.5%，医疗保险（含生育保险）9.8%，工伤保险 0.5%，住房公积金 8%
27	云南	云南省交通运输厅关于印发《云南省公路工程建设项目估算概算预算编制办法补充规定》的通知-云交建设〔2019〕34 号	一类工程：高速公路、一级公路建设项目 101.54 元/工日，二类工程：二级及以下公路建设项目 90.18 元/工日	1. 车船使用税按《云南省人民政府关于车船税政策管理有关事项的通知》（云政发〔2011〕244 号）计算。 2. 施工场地建设费以定额建筑安装工程费（扣除专项费用）为基数，二类工程按文件中表 2-3 的费率，以累进方法计算。 3. 养老保险 16%，失业保险 0.7%，医疗保险（含生育保险）10%，工伤保险 0.75%，住房公积金 8%
28	浙江	浙江省交通运输厅转发交通运输部 2018 年第 86 号公告的通知 浙交〔2019〕116 号	127.66 元/工日	1. 沿海地区施工增加费：适用范围杭州、宁波、温州、嘉兴、绍兴、舟山、台州，具体适用工程范围为沿海地区施工受海风、海浪和潮汐影响而致使人工、机械效率降低的工程项目。 2. 养老保险 14%，失业保险 0.5%，医疗保险（含生育保险）8%，工伤保险 1.3%，住房公积金 8.5%
29	重庆	重庆市交通局关于发布重庆市公路工程补充性造价依据（2019-1）的通知 渝交路〔2019〕29 号	101 元/工日	养老保险 16%、失业保险 0.5%、医疗保险 10%、工伤保险 1.6%、住房公积金 8.5%
30	天津	关于"天津市执行交通部《公路工程建设项目投资算编制办法》《公路工程建设项目概算预算编制办法》的通知	134.13 元/工日	1. 不计取特殊地区施工增加费和工地转移费。 2. 养老保险 16%、失业保险 0.5%、医疗保险 10.5%、工伤保险 1.1%、住房公积金 12%

附录 单价分析表

一、交通洞和通风洞部分

1. 土方明挖-交通洞-2.6km

建筑工程单价表

项目：土方明挖-交通洞-2.6km

定额编号：10598×0.4，10599×0.6，10253×1　　定额单位：100m³

施工方法：118kW 推土机剥离集料，3m³ 装载机装土，15t 自卸出渣，运距2.6km。

单价：16.86 元　　　　　　　　　　　　　　　单位：m³

编号	名称及规格	单位	数量	单价（元）	合价（元）
一	直接费				1275.77
1	基本直接费				1195.10
(1)	人工费				18.13
	普工	工时	3.70	4.90	18.13
(2)	材料费				43.00
	零星材料费	元	43.00	1.00	43.00
(3)	机械使用费				1133.97
	轮式装载机 3m³	台时	0.65	216.58	140.78
	推土机功率 74kW	台时	0.22	133.91	29.46
	推土机功率 118kW	台时	1.13	199.28	225.19
	自卸汽车柴油型 15t	台时	4.36	168.78	735.54
	其他机械使用费	元	3.00	1.00	3.00
2	其他直接费	%	6.75		80.67
二	间接费	%	13.30		169.68
三	利润	%	7.00		101.18
四	价差	元			
五	税金	%	9.00		139.20
	合计				1685.82

2. 土方明挖-通风洞-2.0km

建筑工程单价表

项目：土方明挖-通风洞-2.0km

定额编号：10598×1，10253×1　　　　　　　　定额单位：100m³

施工方法：118kW 推土机剥离集料，3m³ 装载机装土，15t 自卸出渣，运距2.0km。

单价：15.60 元　　　　　　　　　　　　　　　单位：m³

编号	名称及规格	单位	数量	单价（元）	合价（元）
一	直接费				1180.64
1	基本直接费				1105.99
(1)	人工费				18.13
	普工	工时	3.70	4.90	18.13
(2)	材料费				43.00
	零星材料费	元	43.00	1.00	43.00
(3)	机械使用费				1044.86
	轮式装载机 3m³	台时	0.65	216.58	140.78
	推土机功率 74kW	台时	0.22	133.91	29.46
	推土机功率 118kW	台时	1.13	199.28	225.19
	自卸汽车柴油型 15t	台时	3.83	168.78	646.43
	其他机械使用费	元	3.00	1.00	3.00
2	其他直接费	%	6.75		74.65
二	间接费	%	13.30		157.03
三	利润	%	7.00		93.64
四	价差	元			
五	税金	%	9.00		128.82
	合计				1560.12

3. 石方明挖-交通洞-2.6km

建筑工程单价表

项目：石方明挖-交通洞-2.6km

定额编号：20003×1，20004×0，20002×0 　　　　　定额单位：100m³

施工方法：采用气腿钻钻孔爆破，132kW 推土机集渣，3m³ 挖掘机装 15t 自卸汽车运输出渣，运输距离 2.6km。

单价：42.36 元 　　　　　　　　　　　　　　　　单位：m³

编号	名称及规格	单位	数量	单价（元）	合价（元）
一	直接费				2862.98
1	基本直接费				2681.95
（1）	人工费				517.49
	高级熟练工	工时	2.00	10.26	20.52
	熟练工	工时	12.00	7.61	91.32
	半熟练工	工时	13.00	5.95	77.35
	普工	工时	67.00	4.90	328.30
（2）	材料费				543.23
	乳化炸药	kg	34.68	6.80	235.82
	非电毫秒雷管	发	26.06	2.26	58.90
	电雷管	发	5.29	1.87	9.89
	导爆管	m	109.00	0.88	95.92
	导电线	m	130.00	0.40	52.00
	合金钻头	个	1.29	50.00	64.50
	风钻钻杆	kg	0.60	7.00	4.20
	其他材料费	元	22.00	1.00	22.00
（3）	机械使用费				230.75
	风钻手持式	台时	6.02	25.40	152.91
	修钎设备	台时	0.15	170.05	25.51
	载重汽车 5t	台时	0.28	140.45	39.33
	其他机械使用费	元	13.00	1.00	13.00
（4）	石运-3m³挖掘机-洞外 2.6km	m³	104.00	13.37	1390.48
2	其他直接费	%	6.75		181.03
二	间接费	%	22.40		641.31
三	利润	%	7.00		245.30
四	价差	元			136.99
五	税金	%	9.00		349.79
	合计				4236.37

4. 石方明挖-通风洞-2.0km

建筑工程单价表

项目：石方明挖-通风洞-2.0km

定额编号：20003×1 　　　　　　　　　　　　定额单位：100m³

施工方法：采用气腿钻钻孔爆破，132kW 推土机集渣，3m³ 挖掘机装 15t 自卸汽车运输出渣，运输距离 2.0km。

单价：40.57 元 　　　　　　　　　　　　　　　　单位：m³

编号	名称及规格	单位	数量	单价（元）	合价（元）
一	直接费				2737.53
1	基本直接费				2564.43
（1）	人工费				517.49
	高级熟练工	工时	2.00	10.26	20.52
	熟练工	工时	12.00	7.61	91.32
	半熟练工	工时	13.00	5.95	77.35
	普工	工时	67.00	4.90	328.30
（2）	材料费				543.23
	乳化炸药	kg	34.68	6.80	235.82
	非电毫秒雷管	发	26.06	2.26	58.90
	电雷管	发	5.29	1.87	9.89
	导爆管	m	109.00	0.88	95.92
	导电线	m	130.00	0.40	52.00
	合金钻头	个	1.29	50.00	64.50
	风钻钻杆	kg	0.60	7.00	4.20
	其他材料费	元	22.00	1.00	22.00
（3）	机械使用费				230.75
	风钻手持式	台时	6.02	25.40	152.91
	修钎设备	台时	0.15	170.05	25.51
	载重汽车 5t	台时	0.28	140.45	39.33
	其他机械使用费	元	13.00	1.00	13.00
（4）	石运-3m³挖掘机-洞外 2.0km	m³	104.00	12.24	1272.96
2	其他直接费	%	6.75		173.10
二	间接费	%	22.40		613.21
三	利润	%	7.00		234.55
四	价差	元			136.99
五	税金	%	9.00		335.00
	合计				4057.28

5. 浆砌石护坡-交通洞-2.0km

建筑工程单价表

项目：浆砌石护坡-交通洞-2.0km

定额编号：30333×1.18，30028×1，30347×1.18，60716×0，60717×1.18

定额单位：100m³

施工方法：人工从渣场拣石块，手推车运100m，2m³装载机装10t自卸汽车运输2.0km，人工砌筑。

单价：273.85元

单位：m³

编号	名称及规格	单位	数量	单价（元）	合价（元）
一	直接费				18689.74
1	基本直接费				17507.95
（1）	人工费				8660.81
	熟练工	工时	117.00	7.61	890.37
	半熟练工	工时	313.00	5.95	1862.35
	普工	工时	1205.73	4.90	5908.09
（2）	材料费				7430.28
	砌筑砂浆 C75	m³	35.30	207.52	7325.46
	零星材料费	元	42.48	1.00	42.48
	其他材料费	元	62.34	1.00	62.34
（3）	机械使用费				1416.86
	轮式装载机 2m³	台时	1.83	181.89	332.68
	推土机功率 162kW	台时	0.46	297.93	137.11
	胶轮车	台时	100.28	0.53	53.15
	自卸汽车柴油型 10t	台时	6.76	132.21	893.92
2	其他直接费	%	6.75		1181.79
二	间接费	%	22.40		4186.50
三	利润	%	7.00		1601.34
四	价差	元			645.99
五	税金	%	9.00		2261.12
	合计				27384.69

6. 浆砌石护坡-通风洞-1.0km

建筑工程单价表

项目：浆砌石护坡-通风洞-1.0km

定额编号：30333×1.18，30028×1，30347×1.18，60716×1.18

定额单位：100m³

施工方法：人工从渣场拣石块，手推车运100m，2m³装载机装10t自卸汽车运输1.0km，人工砌筑。

单价：271.26元

单位：m³

编号	名称及规格	单位	数量	单价（元）	合价（元）
一	直接费				18508.22
1	基本直接费				17337.91
（1）	人工费				8660.81
	熟练工	工时	117.00	7.61	890.37
	半熟练工	工时	313.00	5.95	1862.35
	普工	工时	1205.73	4.90	5908.09
（2）	材料费				7430.28
	砌筑砂浆 C75	m³	35.30	207.52	7325.46
	零星材料费	元	42.48	1.00	42.48
	其他材料费	元	62.34	1.00	62.34
（3）	机械使用费				1246.82
	轮式装载机 2m³	台时	1.83	181.89	332.68
	推土机功率 162kW	台时	0.46	297.93	137.11
	胶轮车	台时	100.28	0.53	53.15
	自卸汽车柴油型 10t	台时	5.48	132.21	723.88
2	其他直接费	%	6.75		1170.31
二	间接费	%	22.40		4145.84
三	利润	%	7.00		1585.78
四	价差	元			645.99
五	税金	%	9.00		2239.73
	合计				27125.56

7. 石方洞挖-交通洞-洞内 1.0km-洞外 2.6km

建筑工程单价表

项目：石方洞挖-交通洞-洞内 1.0km-洞外 2.6km

定额编号：20454×0.75，20459×0.25　　　　　　定额单位：100m³

施工方法：采用气腿钻钻孔爆破，3m³装载机装 15t 自卸汽车出渣。运距洞内 1.0km，洞外 2.6km。

单价：117.60 元　　　　　　　　　　　　　　单位：m³

编号	名称及规格	单位	数量	单价（元）	合价（元）
一	直接费				7811.16
1	基本直接费				7317.25
(1)	人工费				615.74
	高级熟练工	工时	6.00	10.26	61.56
	熟练工	工时	21.00	7.61	159.81
	半熟练工	工时	33.75	5.95	200.81
	普工	工时	39.50	4.90	193.55
(2)	材料费				1988.17
	乳化炸药	kg	141.51	6.80	962.25
	非电毫秒雷管	个	85.75	2.26	193.80
	导爆管	m	451.00	0.88	396.88
	钻头 φ45～48	个	0.65	80.00	51.60
	钻头 φ100～102	个	0.12	680.00	83.30
	钻杆	kg	8.58	14.00	120.09
	其他材料费	元	180.25	1.00	180.25
(3)	机械使用费				2332.39
	单斗挖掘机液压 0.6m³	台时	1.22	137.27	166.78
	凿岩台车液压三臂	台时	2.64	710.14	1871.22
	液压平台车	台时	0.98	173.93	169.58
	载重汽车 5t	台时	0.48	140.45	67.06
	其他机械使用费	元	57.75	1.00	57.75
(4)	石运-3m³ 装载机-洞内 1.0km-洞外 2.6km	m³	111.00	21.45	2380.95
2	其他直接费	%	6.75		493.91
二	间接费	%	22.40		1749.70

续表

编号	名称及规格	单位	数量	单价（元）	合价（元）
三	利润	%	7.00		669.26
四	价差	元			558.96
五	税金	%	9.00		971.02
	合计				11760.10

8. 石方洞挖-通风洞-洞内 0.8km-洞外 2.0km

建筑工程单价表

项目：石方洞挖-通风洞-洞内 0.8km-洞外 2.0km

定额编号：20449×0.5，20454×0.5　　　　　　定额单位：100m³

施工方法：采用气腿钻钻孔爆破，3m³装载机装 15t 自卸汽车出渣。运距洞内 0.8km，洞外 2.0km。

单价：120.03 元　　　　　　　　　　　　　　单位：m³

编号	名称及规格	单位	数量	单价（元）	合价（元）
一	直接费				7954.63
1	基本直接费				7451.64
(1)	人工费				646.02
	高级熟练工	工时	6.00	10.26	61.56
	熟练工	工时	22.00	7.61	167.42
	半熟练工	工时	35.50	5.95	211.23
	普工	工时	42.00	4.90	205.80
(2)	材料费				2043.24
	乳化炸药	kg	150.34	6.80	1022.28
	非电毫秒雷管	个	91.00	2.26	205.66
	导爆管	m	408.50	0.88	359.48
	钻头 φ45～48	个	0.63	80.00	50.40
	钻头 φ100～102	个	0.12	680.00	81.60
	钻杆	kg	9.10	14.00	127.33
	其他材料费	元	196.50	1.00	196.50
(3)	机械使用费				2494.65
	单斗挖掘机液压 0.6m³	台时	1.45	137.27	198.36
	凿岩台车液压三臂	台时	2.80	710.14	1984.84

编号	名称及规格	单位	数量	单价（元）	合价（元）
	液压平台车	台时	1.04	173.93	180.02
	载重汽车 5t	台时	0.48	140.45	67.42
	其他机械使用费	元	64.00	1.00	64.00
（4）	石运-3m³ 装载机-洞内 0.8km-洞外 2.0km	m³	113.50	19.98	2267.73
2	其他直接费	%	6.75		502.99
二	间接费	%	22.40		1781.84
三	利润	%	7.00		681.55
四	价差	元			593.84
五	税金	%	9.00		991.07
	合计				12002.92

9. 橡胶止水

建筑工程单价表
项目：橡胶止水

定额编号：40283×1　　　　　　　　　　定额单位：100 延米

施工方法：清洗缝面、弯制、安装、熔涂沥青砂柱止水的烤砂、拌和、洗模、拆模、安装。

单价：166.29 元　　　　　　　　　　　　　单位：m

编号	名称及规格	单位	数量	单价（元）	合价（元）
一	直接费				12196.32
1	基本直接费				11425.12
（1）	人工费				992.12
	高级熟练工	工时	8.00	10.26	82.08
	熟练工	工时	54.00	7.61	410.94
	半熟练工	工时	46.00	5.95	273.70
	普工	工时	46.00	4.90	225.40
（2）	材料费				10426.00
	橡胶止水带	m	103.00	100.00	10300.00
	其他材料费	元	126.00	1.00	126.00
（3）	机械使用费				7.00
	其他机械使用费	元	7.00	1.00	7.00
2	其他直接费	%	6.75		771.20

编号	名称及规格	单位	数量	单价（元）	合价（元）
二	间接费	%	16.90		2061.18
三	利润	%	7.00		998.02
四	价差	元			
五	税金	%	9.00		1373.00
	合计				16628.51

10. 铜止水

建筑工程单价表
项目：铜止水

定额编号：40273×1　　　　　　　　　　定额单位：100 延米

施工方法：清洗缝面、弯制、安装、熔涂沥青砂柱止水的烤砂、拌和、洗模、拆模、安装。

单价：589.08 元　　　　　　　　　　　　　单位：m

编号	名称及规格	单位	数量	单价（元）	合价（元）
一	直接费				43206.82
1	基本直接费				40474.77
（1）	人工费				3139.26
	高级熟练工	工时	24.00	10.26	246.24
	熟练工	工时	172.00	7.61	1308.92
	半熟练工	工时	146.00	5.95	868.70
	普工	工时	146.00	4.90	715.40
（2）	材料费				37149.77
	硼砂	kg	5.30	10.00	53.00
	铜丝	kg	7.96	30.00	238.80
	铜电焊条	kg	1.59	50.00	79.50
	沥青	t	1.61	5085.39	8187.48
	乙炔	kg	24.79	16.00	396.64
	氧气	m³	8.67	3.50	30.35
	紫铜片（厚1.5mm）	kg	561.00	50.00	28050.00

编号	名称及规格	单位	数量	单价（元）	合价（元）
	其他材料费	元	114.00	1.00	114.00
（3）	机械使用费				185.74
	胶轮车	台时	9.06	0.53	4.80
	电焊机直流 30kVA	台时	6.85	25.83	176.94
	其他机械使用费	元	4.00	1.00	4.00
2	其他直接费	%	6.75		2732.05
二	间接费	%	16.90		7301.95
三	利润	%	7.00		3535.61
四	价差	元			
五	税金	%	9.00		4863.99
	合计				58908.38

11. 隧洞衬砌 C25 混凝土-开挖断面 70m²-衬厚 50cm

建筑工程单价表

项目：隧洞衬砌 C25 混凝土-开挖断面 70m²-衬厚 50cm

定额编号：40093×0.75，40096×0.25　　　　　定额单位：100m³

施工方法：拌和楼拌制混凝土，3m³ 混凝土搅拌运输车运混凝土，运距洞内 1.0km，洞外 0.5km，混凝土泵送入仓，插入式振捣器振捣。

单价：791.70 元　　　　　　　　　　　　　　　单位：m³

编号	名称及规格	单位	数量	单价（元）	合价（元）
一	直接费				55591.07
1	基本直接费				52075.94
（1）	人工费				4283.45
	高级熟练工	工时	32.25	10.26	330.89
	熟练工	工时	191.50	7.61	1457.32
	半熟练工	工时	233.25	5.95	1387.84
	普工	工时	226.00	4.90	1107.40
（2）	材料费				31919.81
	综合水价	m³	58.00	2.84	164.72
	泵送 C25 SN32.5 级配 2	m³	128.75	246.29	31709.84
	其他材料费	元	45.25	1.00	45.25
（3）	机械使用费				388.76

编号	名称及规格	单位	数量	单价（元）	合价（元）
	振捣器插入式功率 2.2kW	台时	42.72	3.57	152.52
	风水枪耗风量 2~6m³/min	台时	5.76	39.12	225.23
	其他机械使用费	元	11.00	1.00	11.00
（4）	混凝土拌制	m³	125.00	20.12	2515.00
	混凝土运-3m³混凝土搅拌车-洞外 0.5km-洞内 1.0km-泵送	m³	125.00	23.59	2948.75
	模板平洞衬砌 50m²	m²	185.25	54.09	10020.17
2	其他直接费	%	6.75		3515.13
二	间接费	%	16.90		9394.89
三	利润	%	7.00		4549.02
四	价差	元			3097.73
五	税金	%	9.00		6536.94
	合计				79169.65

12. 隧洞衬砌 C25 混凝土-开挖断面 50m²-衬厚 50cm

建筑工程单价表

项目：隧洞衬砌 C25 混凝土-开挖断面 50m²-衬厚 50cm

定额编号：40090×0.33，40093×0.67　　　　　定额单位：100m³

施工方法：拌和楼拌制混凝土，3m³ 混凝土搅拌运输车运混凝土，运距洞内 0.8km，洞外 0.5km，混凝土泵送入仓，插入式振捣器振捣。

单价：815.22 元　　　　　　　　　　　　　　　单位：m³

编号	名称及规格	单位	数量	单价（元）	合价（元）
一	直接费				57260.19
1	基本直接费				53639.52
（1）	人工费				4489.42
	高级熟练工	工时	33.00	10.26	338.58
	熟练工	工时	197.99	7.61	1506.70
	半熟练工	工时	240.99	5.95	1433.89
	普工	工时	246.99	4.90	1210.25
（2）	材料费				32641.43
	综合水价	m³	59.00	2.84	167.56
	泵送 C25 SN32.5 级配 2	m³	131.66	246.29	32426.54

编号	名称及规格	单位	数量	单价（元）	合价（元）
	其他材料费	元	47.33	1.00	47.33
（3）	机械使用费				400.80
	振捣器插入式功率 2.2kW	台时	44.11	3.57	157.49
	风水枪耗风量 2～6m³/min	台时	5.93	39.12	231.98
	其他机械使用费	元	11.33	1.00	11.33
（4）	混凝土拌制	m³	127.66	20.12	2568.52
	混凝土运-3m³混凝土搅拌车-洞内0.8km-洞外0.5km-泵送	m³	127.66	22.44	2864.69
	模板平洞衬砌 50m²	m²	197.35	54.09	10674.66
2	其他直接费	%	6.75		3620.67
二	间接费	%	16.90		9676.97
三	利润	%	7.00		4685.60
四	价差	元			3167.74
五	税金	%	9.00		6731.15
	合计				81521.65

13. 底板混凝土 C30-交通洞

建筑工程单价表

项目：底板混凝土 C30-交通洞

定额编号：40216×1   定额单位：100m³

施工方法：拌和楼拌制混凝土，3m³混凝土搅拌运输车运混凝土，运距洞内 1.0km，洞外 0.5km，直接入仓，插入式振捣器振捣。

单价：618.84 元   单位：m³

编号	名称及规格	单位	数量	单价（元）	合价（元）
一	直接费				43211.86
1	基本直接费				40479.49
（1）	人工费				3540.30
	高级熟练工	工时	18.00	10.26	184.68
	熟练工	工时	107.00	7.61	814.27
	半熟练工	工时	269.00	5.95	1600.55
	普工	工时	192.00	4.90	940.80
（2）	材料费				29810.60

编号	名称及规格	单位	数量	单价（元）	合价（元）
	综合水价	m³	60.00	2.84	170.40
	C30 SN42.5 级配 2	m³	134.00	220.80	29587.20
	其他材料费	元	53.00	1.00	53.00
（3）	机械使用费				710.89
	振捣器变频机组功率 4.5kW	台时	24.72	5.19	128.30
	风水枪耗风量 2～6m³/min	台时	14.56	39.12	569.59
	其他机械使用费	元	13.00	1.00	13.00
（4）	混凝土拌制	m³	130.00	20.12	2615.60
	混凝土运-3m³混凝土搅拌车-洞外0.5km-洞内1.0km-泵送	m³	130.00	23.59	3066.70
	基础、镇墩、底板、趾板及回填混凝土厚度≤1m	m²	10.00	73.54	735.40
2	其他直接费	%	6.75		2732.37
二	间接费	%	16.90		7302.80
三	利润	%	7.00		3536.03
四	价差	元			2723.95
五	税金	%	9.00		5109.72
	合计				61884.35

14. 底板混凝土 C30-通风洞

建筑工程单价表

项目：底板混凝土 C30-通风洞

定额编号：40216×1   定额单位：100m³

施工方法：拌和楼拌制混凝土，3m³混凝土搅拌运输车运混凝土，运距洞内 0.8km，洞外 0.5km，直接入仓，插入式振捣器振捣。

单价：616.67 元   单位：m³

编号	名称及规格	单位	数量	单价（元）	合价（元）
一	直接费				43052.26
1	基本直接费				40329.99
（1）	人工费				3540.30
	高级熟练工	工时	18.00	10.26	184.68
	熟练工	工时	107.00	7.61	814.27

编号	名称及规格	单位	数量	单价（元）	合价（元）
	半熟练工	工时	269.00	5.95	1600.55
	普工	工时	192.00	4.90	940.80
(2)	材料费				29810.60
	综合水价	m³	60.00	2.84	170.40
	C30 SN42.5 级配 2	m³	134.00	220.80	29587.20
	其他材料费	元	53.00	1.00	53.00
(3)	机械使用费				710.89
	振捣器变频机组功率 4.5kW	台时	24.72	5.19	128.30
	风水枪耗风量 2~6m³/min	台时	14.56	39.12	569.59
	其他机械使用费	元	13.00	1.00	13.00
(4)	混凝土拌制	m³	130.00	20.12	2615.60
	混凝土运-3m³混凝土搅拌车-洞内0.8km-洞外0.5km-泵送	m³	130.00	22.44	2917.20
	基础、镇墩、底板、趾板及回填混凝土厚度≤1m	m²	10.00	73.54	735.40
2	其他直接费	%	6.75		2722.27
二	间接费	%	16.90		7275.83
三	利润	%	7.00		3522.97
四	价差	元			2723.95
五	税金	%	9.00		5091.75
	合计				61666.77

15. 排水沟混凝土 C15-交通洞

建筑工程单价表

项目：排水沟混凝土 C15-交通洞

定额编号：40195×0，40216×1　　　　　定额单位：100m³

施工方法：拌和楼拌制混凝土，3m³混凝土搅拌运输车运混凝土，运距洞内 1.0km，洞外 0.5km，直接入仓，插入式振捣器振捣。

单价：553.14 元　　　　　　　单位：m³

编号	名称及规格	单位	数量	单价（元）	合价（元）
一	直接费				38894.76

编号	名称及规格	单位	数量	单价（元）	合价（元）
1	基本直接费				36435.37
(1)	人工费				3540.30
	高级熟练工	工时	18.00	10.26	184.68
	熟练工	工时	107.00	7.61	814.27
	半熟练工	工时	269.00	5.95	1600.55
	普工	工时	192.00	4.90	940.80
(2)	材料费				25766.48
	综合水价	m³	60.00	2.84	170.40
	C15 SN32.5 级配 2	m³	134.00	190.62	25543.08
(3)	机械使用费				710.89
	振捣器平板式功率 2.2kW	台时		2.65	
	振捣器变频机组功率 4.5kW	台时	24.72	5.19	128.30
	风水枪耗风量 2~6m³/min	台时	14.56	39.12	569.59
	其他机械使用费	元	13.00	1.00	13.00
(4)	混凝土拌制	m³	130.00	20.12	2615.60
	混凝土运-3m³混凝土搅拌车-洞外0.5km-洞内1.0km-泵送	m³	130.00	23.59	3066.70
	基础、镇墩、底板、趾板及回填混凝土厚度≤1m	m²	10.00	73.54	735.40
2	其他直接费	%	6.75		2459.39
二	间接费	%	16.90		6573.21
三	利润	%	7.00		3182.76
四	价差	元			2096.03
五	税金	%	9.00		4567.21
	合计				55313.97

16. 排水沟混凝土 C15-通风洞

建筑工程单价表

项目：排水沟混凝土 C15-通风洞

定额编号：40195×0，40216×1　　　　　定额单位：100m³

施工方法：拌和楼拌制混凝土，3m³混凝土搅拌运输车运混凝土，运距洞内 0.8km，洞外 0.5km，直接入仓，插入式振捣器振捣。

单价：550.96 元　　　　　　　　　　　　　　　　单位：m³

编号	名称及规格	单位	数量	单价（元）	合价（元）
一	直接费				38735.17
1	基本直接费				36285.87
(1)	人工费				3540.30
	高级熟练工	工时	18.00	10.26	184.68
	熟练工	工时	107.00	7.61	814.27
	半熟练工	工时	269.00	5.95	1600.55
	普工	工时	192.00	4.90	940.80
(2)	材料费				25766.48
	综合水价	m³	60.00	2.84	170.40
	C15 SN32.5 级配 2	m³	134.00	190.62	25543.08
	其他材料费	元	53.00	1.00	53.00
(3)	机械使用费				710.89
	振捣器平板式功率 2.2kW	台时		2.65	
	振捣器变频机组功率 4.5kW	台时	24.72	5.19	128.30
	风水枪耗风量 2～6m³/min	台时	14.56	39.12	569.59
	其他机械使用费	元	13.00	1.00	13.00
(4)	混凝土拌制	m³	130.00	20.12	2615.60
	混凝土运-3m³混凝土搅拌车-洞内0.8km-洞外0.5km-泵送	m³	130.00	22.44	2917.20
	基础、镇墩、底板、趾板及回填混凝土厚度≤1m	m²	10.00	73.54	735.40
2	其他直接费	%	6.75		2449.30
二	间接费	%	16.90		6546.24

续表

编号	名称及规格	单位	数量	单价（元）	合价（元）
三	利润	%	7.00		3169.70
四	价差	元			2096.03
五	税金	%	9.00		4549.24
	合计				55096.38

17. 回填混凝土 C15-交通洞

建筑工程单价表

项目：回填混凝土 C15-交通洞

定额编号：40183×1　　　　　　　　　定额单位：100m³

施工方法：拌和楼拌制混凝土，3m³混凝土搅拌运输车运混凝土，运距洞内 1.0km，洞外 0.5km，直接入仓，插入式振捣器振捣。

单价：562.87 元　　　　　　　　　　　　　　　　单位：m³

编号	名称及规格	单位	数量	单价（元）	合价（元）
一	直接费				39738.21
1	基本直接费				37225.49
(1)	人工费				1558.82
	高级熟练工	工时	22.00	10.26	225.72
	熟练工	工时	90.00	7.61	684.90
	半熟练工	工时	90.00	5.95	535.50
	普工	工时	23.00	4.90	112.70
(2)	材料费				23718.27
	综合水价	m³	46.00	2.84	130.64
	C15 SN32.5 级配 2	m³	123.60	190.62	23560.63
	其他材料费	元	27.00	1.00	27.00
(3)	机械使用费				223.40
	振捣器插入式功率 2.2kW	台时	15.47	3.57	55.23
	风水枪耗风量 2～6m³/min	台时	4.12	39.12	161.17
	其他机械使用费	元	7.00	1.00	7.00
(4)	混凝土拌制	m³	100.00	20.12	2012.00
	混凝土运-3m³混凝土搅拌车-洞外0.5km-洞内1.0km-泵送	m³	100.00	23.59	2359.00

编号	名称及规格	单位	数量	单价（元）	合价（元）
	基础、镇墩、底板、趾板及回填混凝土厚度≤1m	m²	100.00	73.54	7354.00
2	其他直接费	％	6.75		2512.72
二	间接费	％	16.90		6715.76
三	利润	％	7.00		3251.78
四	价差	元			1933.35
五	税金	％	9.00		4647.52
	合计				56286.61

18. 回填混凝土 C15-通风洞

建筑工程单价表

项目：回填混凝土 C15-通风洞

定额编号：40183×1　　　　　　　　　定额单位：100m³

施工方法：拌和楼拌制混凝土，3m³ 混凝土搅拌运输车运混凝土，运距洞内 0.8km，洞外 0.5km，直接入仓，插入式振捣器振捣。

单价：561.19 元　　　　　　　　　　　单位：m³

编号	名称及规格	单位	数量	单价（元）	合价（元）
一	直接费				39615.45
1	基本直接费				37110.49
（1）	人工费				1558.82
	高级熟练工	工时	22.00	10.26	225.72
	熟练工	工时	90.00	7.61	684.90
	半熟练工	工时	90.00	5.95	535.50
	普工	工时	23.00	4.90	112.70
（2）	材料费				23718.27
	综合水价	m³	46.00	2.84	130.64
	C15 SN32.5 级配 2	m³	123.60	190.62	23560.63
	其他材料费	元	27.00	1.00	27.00
（3）	机械使用费				223.40
	振捣器插入式功率 2.2kW	台时	15.47	3.57	55.23
	风水枪耗风量 2～6m³/min	台时	4.12	39.12	161.17
	其他机械使用费	元	7.00	1.00	7.00

编号	名称及规格	单位	数量	单价（元）	合价（元）
（4）	混凝土拌制	m³	100.00	20.12	2012.00
	混凝土运-3m³混凝土搅拌车-洞内0.8km-洞外0.5km-泵送	m³	100.00	22.44	2244.00
	基础、镇墩、底板、趾板及回填混凝土厚度≤1m	m²	100.00	73.54	7354.00
2	其他直接费	％	6.75		2504.96
二	间接费	％	16.90		6695.01
三	利润	％	7.00		3241.73
四	价差	元			1933.35
五	税金	％	9.00		4633.70
	合计				56119.24

19. 板梁柱混凝土-通风洞

建筑工程单价表

项目：板梁柱混凝土-通风洞

定额编号：40184×0，40185×1　　　　定额单位：100m³

施工方法：拌和楼拌制混凝土，3m³ 混凝土搅拌运输车运混凝土，运距洞内 0.8km，洞外 0.5km，混凝土泵送入仓，插入式振捣器振捣。

单价：921.60 元　　　　　　　　　　　单位：m³

编号	名称及规格	单位	数量	单价（元）	合价（元）
一	直接费				65595.16
1	基本直接费				61447.46
（1）	人工费				2958.14
	高级熟练工	工时	23.00	10.26	235.98
	熟练工	工时	161.00	7.61	1225.21
	半熟练工	工时	203.00	5.95	1207.85
	普工	工时	59.00	4.90	289.10
（2）	材料费				26004.60
	综合水价	m³	91.00	2.84	258.44
	泵送 C25 SN32.5 级配 2	m³	104.00	246.29	25614.16
	其他材料费	元	132.00	1.00	132.00
（3）	机械使用费				572.78

编号	名称及规格	单位	数量	单价（元）	合价（元）
	振捣器平板式功率 2.2kW	台时	31.71	2.65	84.03
	风水枪耗风量 2～6m³/min	台时	11.65	39.12	455.75
	其他机械使用费	元	33.00	1.00	33.00
（4）	混凝土拌制	m³	101.00	20.12	2032.12
	混凝土运-3m³混凝土搅拌车-洞内0.8km-洞外0.5km-泵送	m³	101.00	22.44	2266.44
	模板混凝土墙	m²	402.00	68.69	27613.38
2	其他直接费	％	6.75		4147.70
二	间接费	％	16.90		11085.58
三	利润	％	7.00		5367.65
四	价差	元			2502.24
五	税金	％	9.00		7609.56
	合计				92160.20

20. 路面水泥稳定砂砾整平层

建筑工程单价表

项目：路面水泥稳定砂砾整平层

定额编号：90037×1　　　　　　　　定额单位：100m³

施工方法：拌和机拌制混合料，人工摊铺，压路机碾压。

单价：174.04 元　　　　　　　　　　单位：m³

编号	名称及规格	单位	数量	单价（元）	合价（元）
一	直接费				12237.65
1	基本直接费				11463.84
（1）	人工费				2303.47
	熟练工	工时	22.00	7.61	167.42
	半熟练工	工时	149.00	5.95	886.55
	普工	工时	255.00	4.90	1249.50
（2）	材料费				8690.00
	水泥 42.5	kg	11000.00	0.44	4840.00
	砂砾石	m³	128.00	30.00	3840.00
	其他材料费	元	10.00	1.00	10.00

编号	名称及规格	单位	数量	单价（元）	合价（元）
（3）	机械使用费				470.37
	压路机内燃重量 12～15t	台时	5.47	85.99	470.37
2	其他直接费	％	6.75		773.81
二	间接费	％	16.90		2068.16
三	利润	％	7.00		1001.41
四	价差	元			660.00
五	税金	％	9.00		1437.05
	合计				17404.27

21. 地下钢筋制作安装

建筑工程单价表

项目：地下钢筋制作安装

定额编号：40271×1　　　　　　　　定额单位：t

施工方法：回直、除锈、切断、焊接、弯割、绑扎、加工场到施工现场场内运输及转运。

单价：6429.15 元　　　　　　　　　　单位：t

编号	名称及规格	单位	数量	单价（元）	合价（元）
一	直接费				4515.76
1	基本直接费				4230.22
（1）	人工费				440.87
	高级熟练工	工时	2.40	10.26	24.62
	熟练工	工时	16.80	7.61	127.85
	半熟练工	工时	32.00	5.95	190.40
	普工	工时	20.00	4.90	98.00
（2）	材料费				3544.50
	钢筋	t	1.02	3400.00	3468.00
	铁丝	kg	5.00	6.50	32.50
	电焊条	kg	4.00	7.50	30.00
	其他材料费	元	14.00	1.00	14.00
（3）	机械使用费				244.85
	风水枪耗风量 2～6m³/min	台时	0.76	39.12	29.73
	载重汽车 5t	台时	0.34	140.45	47.75
	汽车起重机柴油型 8t	台时	0.09	117.38	10.56

编号	名称及规格	单位	数量	单价（元）	合价（元）
	电焊机直流 30kVA	台时	4.15	25.83	107.19
	对焊机电阻 150kVA	台时	0.25	82.24	20.56
	钢筋弯曲机 φ6～40	台时	0.66	18.62	12.29
	钢筋切断机功率 20kW	台时	0.25	28.43	7.11
	钢筋调直机功率 4～14kW	台时	0.38	16.99	6.46
	其他机械使用费	元	3.20	1.00	3.20
2	其他直接费	%	6.75		285.54
二	间接费	%	8.41		379.78
三	利润	%	7.00		342.69
四	价差	元			660.07
五	税金	%	9.00		530.85
	合计				6429.14

22. 洞内固结灌浆钻孔（风钻）

建筑工程单价表

项目：洞内固结灌浆钻孔（风钻）

定额编号：70007×1　　　　　　　　　　定额单位：100m

施工方法：气腿钻钻孔，孔深 5m 以内。

单价：28.07 元　　　　　　　　　　　单位：m

编号	名称及规格	单位	数量	单价（元）	合价（元）
一	直接费				2021.83
1	基本直接费				1893.99
(1)	人工费				674.13
	熟练工	工时	23.00	7.61	175.03
	半熟练工	工时	46.00	5.95	273.70
	普工	工时	46.00	4.90	225.40
(2)	材料费				238.92
	合金钻头	个	3.44	50.00	172.00
	风钻钻杆	kg	1.54	7.00	10.78
	综合水价	m³	12.00	2.84	34.08
	其他材料费	元	22.06	1.00	22.06
(3)	机械使用费				980.94

编号	名称及规格	单位	数量	单价（元）	合价（元）
	风钻气腿式	台时	25.87	36.14	934.94
	其他机械使用费	元	46.00	1.00	46.00
2	其他直接费	%	6.75		127.84
二	间接费	%	19.04		384.96
三	利润	%	7.00		168.48
四	价差	元			
五	税金	%	9.00		231.77
	合计				2807.04

23. 隧洞固结灌浆（40kg/m）

建筑工程单价表

项目：隧洞固结灌浆（40kg/m）

定额编号：70106×0.5，70107×0.5　　　　定额单位：t

施工方法：隧洞固结灌浆，水泥单位注入量 40kg/m。

单价：4338.42 元　　　　　　　　　　　单位：t

编号	名称及规格	单位	数量	单价（元）	合价（元）
一	直接费				3064.34
1	基本直接费				2870.58
(1)	人工费				455.69
	高级熟练工	工时	4.50	10.26	46.17
	熟练工	工时	15.50	7.61	117.96
	半熟练工	工时	21.00	5.95	124.95
	普工	工时	34.00	4.90	166.60
(2)	材料费				1000.38
	水泥 42.5	t	1.23	440.00	539.00
	综合水价	m³	119.50	2.84	339.38
	其他材料费	元	122.00	1.00	122.00
(3)	机械使用费				1414.51
	地质钻机 300 型	台时	0.41	49.01	20.09
	灌浆泵中低压泥浆	台时	17.57	39.14	687.49
	灰浆搅拌机 200L	台时	16.87	16.93	285.52
	灌浆自动记录仪	台时	14.34	11.05	158.40

编号	名称及规格	单位	数量	单价（元）	合价（元）
	载重汽车 5t	台时	0.84	140.45	117.98
	其他机械使用费	元	145.00	1.00	145.00
2	其他直接费	％	6.75		193.76
二	间接费	％	19.04		583.45
三	利润	％	7.00		255.35
四	价差	元			77.06
五	税金	％	9.00		358.22
	合计				4338.42

24. 隧洞回填灌浆

建筑工程单价表

项目：隧洞回填灌浆

定额编号：70117×1　　　　　　　　　定额单位：100m²

施工方法：风钻钻孔，灌浆泵灌浆。

单价：106.37 元　　　　　　　　　　　　　单位：m²

编号	名称及规格	单位	数量	单价（元）	合价（元）
一	直接费				7321.89
1	基本直接费				6858.91
（1）	人工费				989.57
	高级熟练工	工时	7.00	10.26	71.82
	熟练工	工时	50.00	7.61	380.50
	半熟练工	工时	45.00	5.95	267.75
	普工	工时	55.00	4.90	269.50
（2）	材料费				3772.00
	水泥 42.5	t	6.90	440.00	3036.00
	综合水价	m³	50.00	2.84	142.00
	灌浆管　25～38mm	m	14.40	15.00	216.00
	其他材料费	元	378.00	1.00	378.00
（3）	机械使用费				2097.34
	风钻手持式	台时	15.67	25.40	398.02
	灌浆泵中低压泥浆	台时	26.83	39.14	1050.13
	灰浆搅拌机 200L	台时	26.83	16.93	454.23

编号	名称及规格	单位	数量	单价（元）	合价（元）
	载重汽车 5t	台时	0.79	140.45	110.96
	其他机械使用费	元	84.00	1.00	84.00
2	其他直接费	％	6.75		462.98
二	间接费	％	19.04		1394.09
三	利润	％	7.00		610.12
四	价差	元			432.29
五	税金	％	9.00		878.25
	合计				10636.64

25. 洞内排水孔 5m 以内

建筑工程单价表

项目：洞内排水孔 5m 以内

定额编号：70069×0，70061×1　　　　　　定额单位：100m

施工方法：手风钻钻孔，孔深 5m 以内。

单价：26.81 元　　　　　　　　　　　　　单位：m

编号	名称及规格	单位	数量	单价（元）	合价（元）
一	直接费				1930.77
1	基本直接费				1808.68
（1）	人工费				644.82
	高级熟练工	工时		10.26	
	熟练工	工时	22.00	7.61	167.42
	半熟练工	工时	44.00	5.95	261.80
	普工	工时	44.00	4.90	215.60
（2）	材料费				229.37
	合金钻头	个	3.28	50.00	164.00
	钻杆	kg		14.00	
	风钻钻杆	kg	1.47	7.00	10.29
	综合水价	m³	12.00	2.84	34.08
	其他材料费	元	21.00	1.00	21.00
（3）	机械使用费				934.49

编号	名称及规格	单位	数量	单价（元）	合价（元）
	风钻气腿式	台时	24.64	36.14	890.49
	其他机械使用费	元	44.00	1.00	44.00
2	其他直接费	%	6.75		122.09
二	间接费	%	19.04		367.62
三	利润	%	7.00		160.89
四	价差	元			
五	税金	%	9.00		221.33
	合计				2680.60

26. 露天锚杆 $\phi22$ $L=3$m

建筑工程单价表

项目：露天锚杆 $\phi22$ $L=3$m（风钻）

定额编号：50002×0，50006×0，50003×0.5，50007×0.5　　定额单位：100 根

施工方法：风钻钻孔。

单价：126.60 元

单位：根

编号	名称及规格	单位	数量	单价（元）	合价（元）
一	直接费				8926.95
1	基本直接费				8362.48
(1)	人工费				1950.76
	高级熟练工	工时	8.50	10.26	87.21
	熟练工	工时	53.00	7.61	403.33
	半熟练工	工时	105.00	5.95	624.75
	普工	工时	170.50	4.90	835.45
(2)	材料费				4697.55
	合金钻头	个	9.89	50.00	494.50
	风钻钻杆	kg	5.40	7.00	37.77
	锚杆 $\phi22$	kg	970.00	4.06	3938.20
	接缝砂浆 C30	m³	0.34	344.35	117.08
	其他材料费	元	110.00	1.00	110.00
(3)	机械使用费				1714.17
	风钻手持式	台时	63.55	25.40	1614.17

编号	名称及规格	单位	数量	单价（元）	合价（元）
	其他机械使用费	元	100.00	1.00	100.00
2	其他直接费	%	6.75		564.47
二	间接费	%	21.46		1915.72
三	利润	%	7.00		758.99
四	价差	元			13.13
五	税金	%	9.00		1045.33
	合计				12660.12

27. 露天锚杆 $\phi25$ $L=4.5$m

建筑工程单价表

项目：露天锚杆 $\phi25$ $L=4.5$m（风钻）

定额编号：50006×0，50010×0，50007×0.75，50011×0.25　　定额单位：100 根

施工方法：风钻钻孔。

单价：220.05 元

单位：根

编号	名称及规格	单位	数量	单价（元）	合价（元）
一	直接费				15519.34
1	基本直接费				14538.02
(1)	人工费				2940.88
	高级熟练工	工时	9.75	10.26	100.04
	熟练工	工时	77.00	7.61	585.97
	半熟练工	工时	152.50	5.95	907.38
	普工	工时	275.00	4.90	1347.50
(2)	材料费				8676.44
	合金钻头	个	14.46	50.00	722.75
	风钻钻杆	kg	7.91	7.00	55.37
	锚杆 $\phi25$	kg	1859.25	4.06	7548.56
	接缝砂浆 C30	m³	0.51	344.35	174.76
	其他材料费	元	175.00	1.00	175.00
(3)	机械使用费				2920.70
	风钻手持式	台时	108.31	25.40	2750.95
	其他机械使用费	元	169.75	1.00	169.75
2	其他直接费	%	6.75		981.32

编号	名称及规格	单位	数量	单价（元）	合价（元）
二	间接费	％	21.46		3330.45
三	利润	％	7.00		1319.49
四	价差	元			19.13
五	税金	％	9.00		1816.96
	合计				22005.36

28. 洞内锚杆 $\phi20$ $L＝2.5$m

建筑工程单价表

项目：洞内锚杆 $\phi20$ $L＝2.5$m（风钻）

定额编号：50155×0.75，50159×0.25　　　　定额单位：100 根

施工方法：风钻钻孔。

单价：111.90 元　　　　　　　　　　　　单位：根

编号	名称及规格	单位	数量	单价（元）	合价（元）
一	直接费				7891.06
1	基本直接费				7392.09
（1）	人工费				1706.60
	高级熟练工	工时	8.25	10.26	84.65
	熟练工	工时	47.25	7.61	359.57
	半熟练工	工时	92.75	5.95	551.86
	普工	工时	145.00	4.90	710.50
（2）	材料费				3679.93
	合金钻头	个	8.29	50.00	414.25
	风钻钻杆	kg	4.51	7.00	31.55
	锚杆 $\phi20$	kg	674.50	4.06	2738.47
	接缝砂浆 C30	m³	0.29	344.35	98.14
	其他材料费	元	397.50	1.00	397.50
（3）	机械使用费				2005.56
	风钻气腿式	台时	52.69	36.14	1904.31
	其他机械使用费	元	101.25	1.00	101.25
2	其他直接费	％	6.75		498.97
二	间接费	％	21.46		1693.42
三	利润	％	7.00		670.91

编号	名称及规格	单位	数量	单价（元）	合价（元）
四	价差	元			10.50
五	税金	％	9.00		923.93
	合计				11189.82

29. 洞内锚杆 $\phi22$ $L＝3$m

建筑工程单价表

项目：洞内锚杆 $\phi22$ $L＝3$m（风钻）

定额编号：50155×0.5，50159×0.5　　　　定额单位：100 根

施工方法：风钻钻孔。

单价：144.56 元　　　　　　　　　　　　单位：根

编号	名称及规格	单位	数量	单价（元）	合价（元）
一	直接费				10194.52
1	基本直接费				9549.90
（1）	人工费				2008.89
	高级熟练工	工时	8.50	10.26	87.21
	熟练工	工时	54.50	7.61	414.75
	半熟练工	工时	107.50	5.95	639.63
	普工	工时	177.00	4.90	867.30
（2）	材料费				5012.55
	合金钻头	个	9.89	50.00	494.50
	风钻钻杆	kg	5.40	7.00	37.77
	锚杆 $\phi22$	kg	970.00	4.06	3938.20
	接缝砂浆 C30	m³	0.34	344.35	117.08
	其他材料费	元	425.00	1.00	425.00
（3）	机械使用费				2528.46
	风钻气腿式	台时	66.44	36.14	2400.96
	其他机械使用费	元	127.50	1.00	127.50
2	其他直接费	％	6.75		644.62
二	间接费	％	21.46		2187.74
三	利润	％	7.00		866.76
四	价差	元			13.13
五	税金	％	9.00		1193.59
	合计				14455.74

30. 洞内锚杆 $\phi22\ L=4$m

建筑工程单价表

项目：洞内锚杆 $\phi22\ L=4$m（风钻）

定额编号：50159×1　　　　　　　　　　　定额单位：100 根

施工方法：风钻钻孔。

单价：192.79 元　　　　　　　　　　　　　　单位：根

编号	名称及规格	单位	数量	单价（元）	合价（元）
一	直接费				13596.62
1	基本直接费				12736.88
（1）	人工费				2613.48
	高级熟练工	工时	9.00	10.26	92.34
	熟练工	工时	69.00	7.61	525.09
	半熟练工	工时	137.00	5.95	815.15
	普工	工时	241.00	4.90	1180.90
（2）	材料费				6549.13
	合金钻头	个	13.10	50.00	655.00
	风钻钻杆	kg	7.17	7.00	50.19
	锚杆 $\phi22$	kg	1283.00	4.06	5208.98
	接缝砂浆 C30	m³	0.45	344.35	154.96
	其他材料费	元	480.00	1.00	480.00
（3）	机械使用费				3574.27
	风钻气腿式	台时	93.92	36.14	3394.27
	其他机械使用费	元	180.00	1.00	180.00
2	其他直接费	％	6.75		859.74
二	间接费	％	21.46		2917.83
三	利润	％	7.00		1156.01
四	价差	元			16.88
五	税金	％	9.00		1591.86
	合计				19279.21

31. 洞内锚杆 $\phi22\ L=5$m

建筑工程单价表

项目：洞内锚杆 $\phi22\ L=5$m（风钻）

定额编号：50159×0.5，50163×0.5　　　　　定额单位：100 根

施工方法：风钻钻孔。

单价：250.46 元　　　　　　　　　　　　　　单位：根

编号	名称及规格	单位	数量	单价（元）	合价（元）
一	直接费				17663.78
1	基本直接费				16546.87
（1）	人工费				3466.86
	高级熟练工	工时	10.50	10.26	107.73
	熟练工	工时	89.50	7.61	681.10
	半熟练工	工时	177.50	5.95	1056.13
	普工	工时	331.00	4.90	1621.90
（2）	材料费				8040.38
	合金钻头	个	15.81	50.00	790.50
	风钻钻杆	kg	8.65	7.00	60.55
	锚杆 $\phi22$	kg	1596.00	4.06	6479.76
	接缝砂浆 C30	m³	0.57	344.35	194.56
	其他材料费	元	515.00	1.00	515.00
（3）	机械使用费				5039.63
	风钻气腿式	台时	132.53	36.14	4789.63
	其他机械使用费	元	250.00	1.00	250.00
2	其他直接费	％	6.75		1116.91
二	间接费	％	21.46		3790.65
三	利润	％	7.00		1501.81
四	价差	元			21.38
五	税金	％	9.00		2067.99
	合计				25045.61

32. 洞内锚杆 $\phi25\ L=4$m

建筑工程单价表

项目：洞内锚杆 $\phi25\ L=4$m（风钻）

定额编号：50159×1 　　　　　　　　定额单位：100 根

施工方法：风钻钻孔。

单价：215.75 元 　　　　　　　　　　　单位：根

编号	名称及规格	单位	数量	单价（元）	合价（元）
一	直接费				15217.55
1	基本直接费				14255.32
（1）	人工费				2613.48
	高级熟练工	工时	9.00	10.26	92.34
	熟练工	工时	69.00	7.61	525.09
	半熟练工	工时	137.00	5.95	815.15
	普工	工时	241.00	4.90	1180.90
（2）	材料费				8067.57
	合金钻头	个	13.10	50.00	655.00
	风钻钻杆	kg	7.17	7.00	50.19
	锚杆 $\phi25$	kg	1657.00	4.06	6727.42
	接缝砂浆 C30	m³	0.45	344.35	154.96
	其他材料费	元	480.00	1.00	480.00
（3）	机械使用费				3574.27
	风钻气腿式	台时	93.92	36.14	3394.27
	其他机械使用费	元	180.00	1.00	180.00
2	其他直接费	％	6.75		962.23
二	间接费	％	21.46		3265.69
三	利润	％	7.00		1293.83
四	价差	元			16.88
五	税金	％	9.00		1781.46
	合计				21575.40

33. 洞内锚杆 $\phi25\ L=5$m

建筑工程单价表

项目：洞内锚杆 $\phi25\ L=5$m（风钻）

定额编号：50159×0.5，50163×0.5 　　　　定额单位：100 根

施工方法：风钻钻孔。

单价：279.04 元 　　　　　　　　　　　单位：根

编号	名称及规格	单位	数量	单价（元）	合价（元）
一	直接费				19681.28
1	基本直接费				18436.80
（1）	人工费				3466.86
	高级熟练工	工时	10.50	10.26	107.73
	熟练工	工时	89.50	7.61	681.10
	半熟练工	工时	177.50	5.95	1056.13
	普工	工时	331.00	4.90	1621.90
（2）	材料费				9930.31
	合金钻头	个	15.81	50.00	790.50
	风钻钻杆	kg	8.65	7.00	60.55
	锚杆 $\phi25$	kg	2061.50	4.06	8369.69
	接缝砂浆 C30	m³	0.57	344.35	194.56
	其他材料费	元	515.00	1.00	515.00
（3）	机械使用费				5039.63
	风钻气腿式	台时	132.53	36.14	4789.63
	其他机械使用费	元	250.00	1.00	250.00
2	其他直接费	％	6.75		1244.48
二	间接费	％	21.46		4223.60
三	利润	％	7.00		1673.34
四	价差	元			21.38
五	税金	％	9.00		2303.96
	合计				27903.57

34. 洞内锚杆 φ25 L＝6m

建筑工程单价表

项目：洞内锚杆 φ25　L＝6m（风钻）

定额编号：50163×1　　　　　　　　　　定额单位：100 根

施工方法：风钻钻孔。

单价：342.31 元　　　　　　　　　　　　单位：根

编号	名称及规格	单位	数量	单价（元）	合价（元）
一	直接费				24144.98
1	基本直接费				22618.25
（1）	人工费				4320.22
	高级熟练工	工时	12.00	10.26	123.12
	熟练工	工时	110.00	7.61	837.10
	半熟练工	工时	218.00	5.95	1297.10
	普工	工时	421.00	4.90	2062.90
（2）	材料费				11793.03
	合金钻头	个	18.52	50.00	926.00
	风钻钻杆	kg	10.13	7.00	70.91
	锚杆 φ25	kg	2466.00	4.06	10011.96
	接缝砂浆 C30	m³	0.68	344.35	234.16
	其他材料费	元	550.00	1.00	550.00
（3）	机械使用费				6505.00
	风钻气腿式	台时	171.14	36.14	6185.00
	其他机械使用费	元	320.00	1.00	320.00
2	其他直接费	％	6.75		1526.73
二	间接费	％	21.46		5181.51
三	利润	％	7.00		2052.85
四	价差	元			25.50
五	税金	％	9.00		2826.44
	合计				34231.29

35. 洞内喷混凝土 10cm

建筑工程单价表

项目：洞内喷混凝土 10cm

定额编号：50808×1　　　　　　　　　　定额单位：100m³

施工方法：机械湿喷，平洞支护，有钢筋网。

单价：977.78 元　　　　　　　　　　　　单位：m³

编号	名称及规格	单位	数量	单价（元）	合价（元）
一	直接费				66407.68
1	基本直接费				62208.60
（1）	人工费				4552.40
	高级熟练工	工时	92.00	10.26	943.92
	熟练工	工时	183.00	7.61	1392.63
	半熟练工	工时	183.00	5.95	1088.85
	普工	工时	230.00	4.90	1127.00
（2）	材料费				37937.96
	水泥 42.5	t	54.27	440.00	23878.80
	砂	m³	72.72	70.00	5090.40
	小石	m³	75.95	40.85	3102.56
	综合水价	m³	55.00	2.84	156.20
	速凝剂	t	1.60	3000.00	4800.00
	其他材料费	元	910.00	1.00	910.00
（3）	机械使用费				17303.84
	混凝土搅拌车 3m³	台时	29.83	164.31	4901.37
	混凝土湿喷机 A90/C	台时	29.83	406.05	12112.47
	其他机械使用费	元	290.00	1.00	290.00
（4）	混凝土拌制	m³	120.00	20.12	2414.40
2	其他直接费	％	6.75		4199.08
二	间接费	％	21.46		14251.09
三	利润	％	7.00		5646.11
四	价差	元			3400.02
五	税金	％	9.00		8073.44
	合计				97778.34

36. 洞内喷钢纤维混凝土 60kg

建筑工程单价表

项目：洞内喷钢纤维混凝土 60kg

定额编号：50810×1　　　　　　　　　　　　定额单位：100m³

施工方法：机械湿喷，平洞支护。

单价：1463.17 元　　　　　　　　　　　　　单位：m³

编号	名称及规格	单位	数量	单价（元）	合价（元）
一	直接费				100672.36
1	基本直接费				94306.66
（1）	人工费				3724.70
	高级熟练工	工时	75.00	10.26	769.50
	熟练工	工时	150.00	7.61	1141.50
	半熟练工	工时	150.00	5.95	892.50
	普工	工时	188.00	4.90	921.20
（2）	材料费				73937.96
	水泥 42.5	t	54.27	440.00	23878.80
	砂	m³	72.72	70.00	5090.40
	小石	m³	75.95	40.85	3102.56
	综合水价	m³	55.00	2.84	156.20
	钢纤维	kg	6000.00	6.00	36000.00
	速凝剂	t	1.60	3000.00	4800.00
	其他材料费	元	910.00	1.00	910.00
（3）	机械使用费				14229.60
	混凝土搅拌车 3m³	台时	24.44	164.31	4015.74
	混凝土湿喷机 A90/C	台时	24.44	406.05	9923.86
	其他机械使用费	元	290.00	1.00	290.00
（4）	混凝土拌制	m³	120.00	20.12	2414.40
2	其他直接费	%	6.75		6365.70
二	间接费	%	21.46		21604.29
三	利润	%	7.00		8559.37
四	价差	元			3400.02
五	税金	%	9.00		12081.24
	合计				146317.28

37. 露天锚索 2000kN L＝30m（地质钻机）

建筑工程单价表

项目：露天锚索 2000kN　L＝30m（地质钻机）

定额编号：50536×1　　　　　　　　　　　　定额单位：束

施工方法：无黏结式岩石预应力锚索，地质钻钻孔。

单价：36261.63 元　　　　　　　　　　　　　单位：束

编号	名称及规格	单位	数量	单价（元）	合价（元）
一	直接费				25544.07
1	基本直接费				23928.87
（1）	人工费				3757.44
	高级熟练工	工时	33.00	10.26	338.58
	熟练工	工时	116.00	7.61	882.76
	半熟练工	工时	236.00	5.95	1404.20
	普工	工时	231.00	4.90	1131.90
（2）	材料费				13259.54
	水泥浆 1：0.32	m³	0.92	608.00	559.36
	钢筋	kg	45.00	3.40	153.00
	预埋钢管 1.5″	m	1.10	40.00	44.00
	定向钢套管 φ180×5	m	1.10	180.00	198.00
	金刚石钻头 φ168	个	1.62	1450.00	2349.00
	岩芯管	m	2.44	70.00	170.80
	钻杆	m	2.00	60.00	120.00
	钻杆接头	个	1.92	70.00	134.40
	工作锚具	套	1.00	700.00	700.00
	扩孔器 φ168	个	0.57	560.00	319.20
	综合水价	m³	327.00	2.84	928.68
	导向帽	个	1.00	30.00	30.00
	混凝土墩钢垫板	kg	12.00	8.50	102.00
	灌浆管聚氯乙烯 3/4″	m	67.00	8.00	536.00
	内外支架	个	44.00	15.00	660.00
	工具锚夹片摊销	付	1.20	60.00	72.00
	无黏结钢绞线	kg	509.00	9.50	4835.50
	C30 SN42.5 级配 2	m³	2.00	220.80	441.60

编号	名称及规格	单位	数量	单价（元）	合价（元）
	其他材料费	元	906.00	1.00	906.00
（3）	机械使用费				6911.89
	地质钻机 300 型	台时	73.80	49.01	3616.94
	灌浆泵中低压泥浆	台时	3.30	39.14	129.16
	灰浆搅拌机	台时	3.30	24.86	82.04
	载重汽车 5t	台时	7.80	140.45	1095.51
	汽车起重机柴油型 8t	台时	11.97	117.38	1405.04
	张拉千斤顶　YKD-18	台时	0.79	0.17	0.13
	张拉千斤顶　YCW-250	台时	5.59	4.69	26.22

编号	名称及规格	单位	数量	单价（元）	合价（元）
	电动油泵型号 ZB4-500	台时	6.39	34.10	217.90
	电焊机直流 30kVA	台时	0.54	25.83	13.95
	其他机械使用费	元	325.00	1.00	325.00
2	其他直接费	%	6.75		1615.20
二	间接费	%	21.46		5481.76
三	利润	%	7.00		2171.81
四	价差	元			69.91
五	税金	%	9.00		2994.08
	合计				36261.62

二、上下水库连接路部分

1. 土方开挖

分项工程概算表

编制范围：上下水库连接路工程

工程名称：土方开挖　　　　　　　　单位：m³　　　　　　　　数量：46708.0　　　　　　　　单价：10.27 元

代号	工程项目				挖掘机挖装土、石方			自卸汽车运土、石方						合计	
	工程细目				斗容量 2.0m³ 以内挖掘机挖装普通土			装载质量 15t 以内自卸汽车运土 2km							
	定额单位				1000m³天然密实方			1000m³天然密实方							
	工程数量				46.708			46.708							
	定额表号				1～1～8～8			1～1～10～9 改							
	工、料、机名称	单位	单价（元）		定额	数量	金额（元）	定额	数量	金额（元）	定额	数量	金额（元）	数量	金额（元）
1001001	人工	工日	106.28		3.100	144.795	15388.79							144.795	15388.79
8001030	斗容量 2.0m³ 履带式单斗挖掘机 WY200A 液压	台班	1468.13		1.310	61.187	89831.18							61.187	89831.18
8007017	装载质量 15t 以内自卸汽车 SH361，T815	台班	902.34					6.240	291.458	262994.14				291.458	262994.14
9999001	定额基价	元	1.00		1607.510	107245.272	107245.27	926.780	270117.371	270117.37				377362.643	377362.64
	直接费	元					105219.97			262994.14					368214.11
	措施费　Ⅰ	元			107245.272	3.223%	3456.52	270117.371	2.449%	6615.17					10071.69
	措施费　Ⅱ	元			107245.272	0.521%	558.73	270117.371	0.154%	415.97					974.70
	企业管理费	元			107241.568	3.717%	3986.17	270112.364	2.279%	6155.86					10142.03
	规费	元			28394.802	35.900%	10193.73	30976.148	35.900%	11120.44					21314.17
	利润	元			115242.978	7.420%	8551.03	283299.367	7.420%	21020.81					29571.84
	税金	元			131966.144	9.000%	11876.95	308322.400	9.000%	27749.02					39625.97
	金额合计	元					143843.10			336071.41					479914.51

2. 石方开挖

分项工程概算表

编制范围：上下水库连接路工程

工程名称：石方开挖　　　　　单位：m³　　　　　数量：420876.0　　　　　单价：52.69 元

代号	工程项目			控制爆破石方			机械打眼开炸石方			挖掘机挖装土、石方			自卸汽车运土、石方		
	工程细目			控制爆破次坚石			机械打眼开炸次坚石			斗容量2.0m³以内挖掘机装次坚石			装载质量15t以内自卸汽车运2km		
	定额单位			1000m³天然密实方			1000m³天然密实方			1000m³天然密实方			1000m³天然密实方		
	工程数量			420.876						420.876			420.876		
	定额表号			1～1～16～2			1～1～15～2			1～1～8～14			1～1～10～23 改		
	工、料、机名称	单位	单价（元）	定额	数量	金额（元）	定额	数量	金额（元）	定额	数量	金额（元）	定额	数量	金额（元）
1001001	人工	工日	106.28	133.000	55976.508	5949183.27	51.300			3.800	1599.329	169976.66			
2009003	空心钢钎优质碳素工具钢	kg	6.84	21.600	9090.922	62181.90	18.000								
2009004	φ50mm 以内合金钻头 φ43mm	个	80.00	30.000	12626.280	1010102.40	25.000								
5005002	硝铵炸药1号、2号岩石硝铵炸药	kg	10.75	322.200	135606.247	1457767.16	179.000								
5005008	非电毫秒雷管导爆管长3～7m	个	2.26	351.000	147727.476	333864.10	195.000								
5005009	导爆索爆速6000～7000m/s	m	3.19	186.000	78282.936	249722.57	103.000								
7801001	其他材料费	元	1.00	46.500	19570.734	19570.73	25.600								
8001030	斗容量2.0m³履带式单斗挖掘机WY200A液压	台班	1468.13							1.770	744.951	1093684.21			
8007017	装载质量15t以内自卸汽车SH361，T815	台班	902.34										7.740	3257.580	2939444.95
8017049	排气量9m³/min以内机动空气压缩机VY-9/7	台班	697.38	8.000	3367.008	2348084.04	7.170								
8099001	小型机具使用费	元	1.00	499.600	210269.650	210269.65	438.300								
9999001	定额基价	元	1.00	883.280	11315452.439	11315452.44	883.280			1607.510	1288318.734	1288318.73	926.780	3019060.215	3019060.21

代号	工程项目			控制爆破石方			机械打眼开炸石方			挖掘机挖装土、石方			自卸汽车运土、石方		
	工程细目			控制爆破次坚石			机械打眼开炸次坚石			斗容量2.0m³以内挖掘机挖次坚石			装载质量15t以内自卸汽车运石2km		
	定额单位			1000m³天然密实方			1000m³天然密实方			1000m³天然密实方			1000m³天然密实方		
	工程数量			420.876						420.876			420.876		
	定额表号			1~1~16~2			1~1~15~2			1~1~8~14			1~1~10~23改		
	工、料、机名称	单位	单价（元）	定额	数量	金额（元）	定额	数量	金额（元）	定额	数量	金额（元）	定额	数量	金额（元）
	直接费	元				11640745.82						1263660.87			2939444.95
	措施费 Ⅰ	元		8580668.373	2.245%	192636.00		2.245%		1288318.734	2.245%	28922.76	3019060.215	2.449%	73936.78
	措施费 Ⅱ	元		11315452.439	0.470%	53181.68		0.470%		1288318.734	0.470%	6055.02	3019060.215	0.154%	4649.17
	企业管理费	元		11315251.260	3.719%	420814.19		3.719%		1288301.436	3.719%	47911.93	3018943.548	2.279%	68801.72
	规费	元		5949183.270	35.900%	2135756.79		35.900%		328323.348	35.900%	117868.08	346215.627	35.900%	124291.41
	利润	元		11981883.140	7.420%	889055.73		7.420%		1371191.146	7.420%	101742.38	3166331.226	7.420%	234941.78
	税金	元		15332190.222	9.000%	1379897.12		9.000%		1566161.044	9.000%	140954.49	3446065.822	9.000%	310145.92
	金额合计	元				16712087.34						1707115.53			3756211.75

分项工程概算表

编制范围：上下水库连接路工程

工程名称：石方开挖　　　　单位：m³　　　　数量：420876.0　　　　单价：52.69元

代号	工程项目											合计	
	工程细目												
	定额单位												
	工程数量												
	定额表号												
	工、料、机名称	单位	单价（元）	定额	数量	金额（元）	定额	数量	金额（元）	定额	数量	金额（元）	数量	金额（元）
1001001	人工	工日	106.28										57575.837	6119159.94
2009003	空心钢钎优质碳素工具钢	kg	6.84										9090.922	62181.90
2009004	φ50mm以内合金钻头 φ43mm	个	80.00										12626.280	1010102.40

代号	工、料、机名称	单位	单价（元）	定额	数量	金额（元）	定额	数量	金额（元）	定额	数量	金额（元）	数量	金额（元）
	工程项目												合计	
	工程细目													
	定额单位													
	工程数量													
	定额表号													
5005002	硝铵炸药1号、2号岩石硝铵炸药	kg	10.75										135606.247	1457767.16
5005008	非电毫秒雷管导爆管长3～7m	个	2.26										147727.476	333864.10
5005009	导爆索爆速6000～7000m/s	m	3.19										78282.936	249722.57
7801001	其他材料费	元	1.00										19570.734	19570.73
8001030	斗容量2.0m³履带式单斗挖掘机WY200A液压	台班	1468.13										744.951	1093684.21
8007017	装载质量15t以内自卸汽车SH361，T815	台班	902.34										3257.580	2939444.95
8017049	排气量9m³/min以内机动空气压缩机VY-9/7	台班	697.38										3367.008	2348084.04
8099001	小型机具使用费	元	1.00										210269.650	210269.65
9999001	定额基价	元	1.00										15622831.388	15622831.39
	直接费	元												15843851.64
	措施费 I	元												295495.55
	措施费 II	元												63885.87
	企业管理费	元												537527.85
	规费	元												2377916.29
	利润	元												1225739.89
	税金	元												1830997.54
	金额合计	元												22175414.62

3. 利用土石混填

分项工程概算表

编制范围：上下水库连接路工程

工程名称：利用土石混填　　　　单位：m³　　　　数量：401497.0　　　　单价：5.55 元

代号	工、料、机名称		工程项目	填方路基			填方路基						合计	
			工程细目	自身质量 10t 以内振动压路机碾压三、四级公路填土方路基			自身质量 10t 以内振动压路机碾压三、四级公路填石方路基							
			定额单位	1000m³ 压实方			1000m³ 压实方							
			工程数量	200.749			200.749							
			定额表号	1~1~20~11			1~1~20~17							
	工、料、机名称	单位	单价（元）	定额	数量	金额（元）	定额	数量	金额（元）	定额	数量	金额（元）	数量	金额（元）
1001001	人工	工日	106.28	2.100	421.572	44804.66	5.000	1003.743	106677.75				1425.314	151482.41
8001004	功率 105kW 以内履带式推土机 T140-1 带松土器	台班	1152.36				1.540	309.153	356255.19				309.153	356255.19
8001058	功率 120kW 以内平地机 F155	台班	1159.17	1.490	299.115	346725.44							299.115	346725.44
8001088	机械自身质量 10t 以内振动压路机 YZJ10B	台班	882.37	1.810	363.355	320613.36	2.560	513.916	453464.20				877.271	774077.56
9999001	定额基价	元	1.00	2198.700	728731.388	728731.39	2189.870	935865.859	935865.86				1664597.247	1664597.25
	直接费	元				712143.46			916397.15					1628540.61
措施费	Ⅰ	元		728731.388	3.223%	23487.01	935865.859	2.245%	21010.19					44497.20
	Ⅱ	元		728731.388	0.521%	3796.62	935865.859	0.470%	4398.68					8195.30
	企业管理费	元		728717.055	3.717%	27086.41	935889.507	3.719%	34805.73					61892.14
	规费	元		185619.290	35.900%	66637.33	281629.267	35.900%	101104.91					167742.23
	利润	元		783087.102	7.420%	58105.06	996104.111	7.420%	73910.93					132015.99
	税金	元		891255.889	9.000%	80213.03	1151627.578	9.000%	103646.48					183859.51
	金额合计	元				971468.92			1255274.06					2226742.98

4. 换填碎石

分项工程概算表

编制范围：上下水库连接路工程

工程名称：换填碎石　　　　单位：m³　　　　数量：600.0　　　　单价：182.93 元

代	工程项目				填方路基										合计	
	工程细目				自身质量 10t 以内振动压路机碾压三、四级公路填石方路基											
	定额单位				1000m³ 压实方											
	工程数量				0.600											
号	定额表号				1～1～20～17 改											
	工、料、机名称	单位	单价（元）	定额	数量	金额（元）	定额	数量	金额（元）	定额	数量	金额（元）	数量	金额（元）
1001001	人工	工日	106.28	5.000	3.000	318.84							3.000	318.84
5505013	碎石（4cm）最大粒径 4cm 堆方	m³	120.00	1244.000	746.400	89568.00							746.400	89568.00
8001004	功率 105kW 以内履带式推土机 T140-1 带松土器	台班	1152.36	1.540	0.924	1064.78							0.924	1064.78
8001088	机械自身质量 10t 以内振动压路机 YZJ10B	台班	882.37	2.560	1.536	1355.32							1.536	1355.32
9999001	定额基价	元	1.00	2276.280	67293.553	67293.55							67293.553	67293.55
	直接费	元				92306.94								92306.94
	措施费　Ⅰ	元		2797.129	2.245%	62.80								62.80
	措施费　Ⅱ	元		67293.553	0.470%	316.28								316.28
	企业管理费	元		67293.600	3.719%	2502.65								2502.65
	规费	元		841.738	35.900%	302.18								302.18
	利润	元		70175.323	7.420%	5207.01								5207.01
	税金	元		100697.856	9.000%	9062.81								9062.81
	金额合计	元				109760.67								109760.67

5. 结构物台背回填

分项工程概算表

编制范围：上下水库连接路工程

工程名称：结构物台背回填　　　　　单位：m³　　　　　数量：400.0　　　　　单价：182.93 元

代号		工程项目			填方路基										合计	
		工程细目			自身质量 10t 以内振动压路机碾压三、四级公路填石方路基											
		定额单位			1000m³ 压实方											
		工程数量			0.400											
		定额表号			1～1～20～17 改											
	工、料、机名称	单位	单价（元）	定额	数量	金额（元）	定额	数量	金额（元）	定额	数量	金额（元）	数量	金额（元）
1001001	人工	工日	106.28	5.000	2.000	212.56							2.000	212.56
5505013	碎石（4cm）最大粒径 4cm 堆方	m³	120.00	1244.000	497.600	59712.00							497.600	59712.00
8001004	功率 105kW 以内履带式推土机 T140-1 带松土器	台班	1152.36	1.540	0.616	709.85							0.616	709.85
8001088	机械自身质量 10t 以内振动压路机 YZJ10B	台班	882.37	2.560	1.024	903.55							1.024	903.55
9999001	定额基价	元	1.00	2276.280	44862.369	44862.37							44862.369	44862.37
	直接费	元				61537.96								61537.96
	措施费 Ⅰ	元		1864.753	2.245%	41.86								41.86
	措施费 Ⅱ	元		44862.369	0.470%	210.85								210.85
	企业管理费	元		44862.400	3.719%	1668.43								1668.43
	规费	元		561.159	35.900%	201.46								201.46
	利润	元		46783.544	7.420%	3471.34								3471.34
	税金	元		67131.900	9.000%	6041.87								6041.87
	金额合计	元				73173.78								73173.78

6. 三向土工格栅

分项工程概算表

编制范围：上下水库连接路工程

工程名称：三向土工格栅　　　　单位：m²　　　　数量：4203.0　　　　单价：15.71 元

代号	工、料、机名称	单位	单价（元）	工程项目								合计	
				工程细目	土工合成材料处理地基								
				定额单位	土工格栅处理地基								
				工程数量	1000m²处理面积								
				定额表号	4.203								
					1~2~5~2								
				定额	数量	金额（元）	定额	数量	金额（元）	定额	数量	金额（元）	数量	金额（元）
1001001	人工	工日	106.28	25.300	106.336	11301.38							106.336	11301.38
2009034	U 形锚钉	kg	4.27	32.400	136.177	581.48							136.177	581.48
5007003	土工格栅宽 6m，聚乙烯单向、双向拉伸、聚丙烯双向、玻璃纤维	m²	8.29	1094.600	4600.604	38139.01							4600.604	38139.01
7801001	其他材料费	元	1.00	45.400	190.816	190.82							190.816	190.82
9999001	定额基价	元	1.00	119.840	50212.678	50212.68							50212.678	50212.68
	直接费	元				50212.68								50212.68
	措施费 Ⅰ	元		11301.379	2.931%	331.24								331.24
	措施费 Ⅱ	元		50212.677	0.818%	410.74								410.74
	企业管理费	元		50213.241	3.335%	1674.61								1674.61
	规费	元		11301.379	35.900%	4057.20								4057.20
	利润	元		52629.838	7.420%	3905.13								3905.13
	税金	元		60591.600	9.000%	5453.24								5453.24
	金额合计	元				66044.85								66044.85

7. 现浇混凝土边沟

分项工程概算表

编制范围：上下水库连接路工程

工程名称：现浇混凝土 C25　　　　　单位：m³　　　　　数量：2059.0　　　　　单价：805.36 元

代号	工程项目		混凝土边沟、排水沟、截水沟、急流槽										合计	
	工程细目		现浇混凝土边沟、排水沟											
	定额单位		10m³											
	工程数量		205.900											
	定额表号		1～3～4～2											
	工、料、机名称	单位	单价（元）	定额	数量	金额（元）	定额	数量	金额（元）	定额	数量	金额（元）	数量	金额（元）
1001001	人工	工日	106.28	15.600	3212.040	341375.61							3212.040	341375.61
2003026	组合钢模板	t	5500.00	0.026	5.353	29443.70							5.353	29443.70
2009028	铁件铁件	kg	4.97	7.800	1606.020	7981.92							1606.020	7981.92
3001001	石油沥青	t	5085.39	0.014	2.883	14659.15							2.883	14659.15
3005004	水	m³	2.86	12.000	2470.800	7066.49							2470.800	7066.49
5503005	中（粗）砂混凝土、砂浆用堆方	m³	140.00	5.000	1029.500	144130.00							1029.500	144130.00
5503007	砂砾堆方	m³	120.00	6.290	1295.111	155413.32							1295.111	155413.32
5505012	碎石（2cm）最大粒径2cm堆方	m³	120.00	8.360	1721.324	206558.88							1721.324	206558.88
5509001	32.5 级水泥	t	502.65	3.213	661.557	332531.48							661.557	332531.48
7801001	其他材料费	元	1.00	17.800	3665.020	3665.02							3665.020	3665.02
8001025	斗容量 0.6m³ 履带式单斗挖掘机 WY60 液压	台班	818.97	0.040	8.236	6745.04							8.236	6745.04
8005002	出料容量 250L 以内强制式混凝土搅拌机 JD250	台班	181.65	0.270	55.593	10098.47							55.593	10098.47
9999001	定额基价	元	1.00	10885.620	919946.995	919946.99							919946.995	919946.99
	直接费	元				1259669.06								1259669.06
	措施费 Ⅰ	元		358119.440	2.296%	8222.42								8222.42
	措施费 Ⅱ	元		919946.995	1.201%	11048.73								11048.73
	企业管理费	元		919961.200	4.795%	44112.14								44112.14
	规费	元		349034.680	35.900%	125303.45								125303.45
	利润	元		983344.501	7.420%	72964.16								72964.16
	税金	元		1521319.978	9.000%	136918.80								136918.80
	金额合计	元				1658238.77								1658238.77

8. 现浇混凝土排水沟

分项工程概算表

编制范围：上下水库连接路工程

工程名称：现浇混凝土 C25 　　　　单位：m³　　　　数量：571.63　　　　单价：805.36 元

代 号	工程项目			混凝土边沟、排水沟、截水沟、急流槽									合计	
	工程细目			现浇混凝土边沟、排水沟										
	定额单位			10m³										
	工程数量			57.163										
	定额表号			1～3～4～2										
	工、料、机名称	单位	单价（元）	定额	数量	金额（元）	定额	数量	金额（元）	定额	数量	金额（元）	数量	金额（元）
1001001	人工	工日	106.28	15.600	891.743	94774.42							891.743	94774.42
2003026	组合钢模板	t	5500.00	0.026	1.486	8174.31							1.486	8174.31
2009028	铁件铁件	kg	4.97	7.800	445.871	2215.98							445.871	2215.98
3001001	石油沥青	t	5085.39	0.014	0.800	4069.75							0.800	4069.75
3005004	水	m³	2.86	12.000	685.956	1961.83							685.956	1961.83
5503005	中（粗）砂混凝土、砂浆用堆方	m³	140.00	5.000	285.815	40014.10							285.815	40014.10
5503007	砂砾堆方	m³	120.00	6.290	359.555	43146.63							359.555	43146.63
5505012	碎石（2cm）最大粒径2cm堆方	m³	120.00	8.360	477.883	57345.92							477.883	57345.92
5509001	32.5级水泥	t	502.65	3.213	183.665	92319.07							183.665	92319.07
7801001	其他材料费	元	1.00	17.800	1017.501	1017.50							1017.501	1017.50
8001025	斗容量0.6m³履带式单斗挖掘机WY60液压	台班	818.97	0.040	2.287	1872.59							2.287	1872.59
8005002	出料容量250L以内强制式混凝土搅拌机JD250	台班	181.65	0.270	15.434	2803.59							15.434	2803.59
9999001	定额基价	元	1.00	10885.620	255400.340	255400.34							255400.340	255400.34
	直接费	元				349715.70								349715.70
	措施费 Ⅰ	元		99422.931	2.296%	2282.75								2282.75
	措施费 Ⅱ	元		255400.340	1.201%	3067.41								3067.41
	企业管理费	元		255404.284	4.795%	12246.64								12246.64
	规费	元		96900.774	35.900%	34787.38								34787.38
	利润	元		273001.078	7.420%	20256.68								20256.68
	税金	元		422356.556	9.000%	38012.09								38012.09
	金额合计	元				460368.64								460368.64

9. 现浇混凝土截水沟

分项工程概算表

编制范围：上下水库连接路工程

工程名称：现浇混凝土　　　　　单位：m³　　　　　数量：670.75　　　　　单价：884.62 元

代 号	工程项目		混凝土边沟、排水沟、截水沟、急流槽										合计	
	工程细目		现浇混凝土截水沟											
	定额单位		10m³											
	工程数量		67.075											
	定额表号		1～3～4～4											
	工、料、机名称	单位	单价（元）	定额	数量	金额（元）	定额	数量	金额（元）	定额	数量	金额（元）	数量	金额（元）
1001001	人工	工日	106.28	19.900	1334.793	141861.75							1334.793	141861.75
2003026	组合钢模板	t	5500.00	0.026	1.744	9591.73							1.744	9591.73
2009028	铁件铁件	kg	4.97	7.800	523.185	2600.23							523.185	2600.23
3001001	石油沥青	t	5085.39	0.014	0.939	4775.44							0.939	4775.44
3005004	水	m³	2.86	12.000	804.900	2302.01							804.900	2302.01
5503005	中（粗）砂混凝土、砂浆用堆方	m³	140.00	5.000	335.375	46952.50							335.375	46952.50
5503007	砂砾堆方	m³	120.00	6.290	421.902	50628.21							421.902	50628.21
5505012	碎石（2cm）最大粒径2cm堆方	m³	120.00	8.360	560.747	67289.64							560.747	67289.64
5509001	32.5 级水泥	t	502.65	3.213	215.512	108327.09							215.512	108327.09
7801001	其他材料费	元	1.00	18.300	1227.473	1227.47							1227.473	1227.47
8001025	斗容量 0.6m³ 履带式单斗挖掘机 WY60 液压	台班	818.97	0.070	4.695	3845.27							4.695	3845.27
8005002	出料容量 250L 以内强制式混凝土搅拌机 JD250	台班	181.65	0.270	18.110	3289.73							18.110	3289.73
9999001	定额基价	元	1.00	10885.620	332048.651	332048.65							332048.651	332048.65
	直接费	元				442691.06								442691.06
	措施费 Ⅰ	元		148991.397	2.296%	3420.84								3420.84
	措施费 Ⅱ	元		332048.651	1.201%	3987.58								3987.58
	企业管理费	元		332021.250	4.795%	15920.42								15920.42
	规费	元		144784.526	35.900%	51977.65								51977.65
	利润	元		355350.081	7.420%	26366.98								26366.98
	税金	元		544364.522	9.000%	48992.81								48992.81
	金额合计	元				593357.33								593357.33

10. C25 混凝土急流槽

分项工程概算表

编制范围：上下水库连接路工程

工程名称：C25 混凝土急流槽　　　　单位：m³　　　　数量：222.6　　　　单价：823.75 元

代号	工、料、机名称	单位	单价（元）	定额	数量	金额（元）	定额	数量	金额（元）	定额	数量	金额（元）	合计 数量	合计 金额（元）
	工程项目			混凝土边沟、排水沟、截水沟、急流槽										
	工程细目			现浇混凝土急流槽										
	定额单位			10m³										
	工程数量			22.260										
	定额表号			1~3~4~7										
1001001	人工	工日	106.28	19.100	425.166	45186.64							425.166	45186.64
2003026	组合钢模板	t	5500.00	0.020	0.445	2448.60							0.445	2448.60
2009028	铁件铁件	kg	4.97	6.100	135.786	674.86							135.786	674.86
3001001	石油沥青	t	5085.39	0.013	0.289	1471.61							0.289	1471.61
3005004	水	m³	2.86	12.000	267.120	763.96							267.120	763.96
5503005	中（粗）砂混凝土、砂浆用堆方	m³	140.00	5.000	111.300	15582.00							111.300	15582.00
5503007	砂砾堆方	m³	120.00	3.340	74.348	8921.81							74.348	8921.81
5505012	碎石（2cm）最大粒径2cm堆方	m³	120.00	8.360	186.094	22331.23							186.094	22331.23
5509001	32.5级水泥	t	502.65	3.213	71.521	35950.22							71.521	35950.22
7801001	其他材料费	元	1.00	14.900	331.674	331.67							331.674	331.67
8001025	斗容量0.6m³履带式单斗挖掘机WY60液压	台班	818.97	0.070	1.558	1276.12							1.558	1276.12
8005002	出料容量250L以内强制式混凝土搅拌机JD250	台班	181.65	0.270	6.010	1091.75							6.010	1091.75
9999001	定额基价	元	1.00	10885.620	104267.587	104267.59							104267.587	104267.59
	直接费	元				136030.48								136030.48
	措施费 Ⅰ	元		47552.740	2.296%	1091.81								1091.81
	措施费 Ⅱ	元		104267.587	1.201%	1252.23								1252.23
	企业管理费	元		104265.840	4.795%	4999.55								4999.55
	规费	元		46156.618	35.900%	16570.23								16570.23
	利润	元		111609.434	7.420%	8281.42								8281.42
	税金	元		168225.711	9.000%	15140.31								15140.31
	金额合计	元				183366.03								183366.03

11. 浆砌片石护坡

编制范围：上下水库连接路工程

工程名称：浆砌片石护坡　　　　单位：m³　　　　数量：34.0　　　　单价：441.96元

代	工程项目			浆砌			片石、块石开采			人工装机动翻斗车			机动翻斗车运输（配合人工装车）		
	工程细目			浆砌片石护坡			捡清片石			人工装片石、大卵石（机动翻斗车）			机械翻斗车运输片石、大卵石 1000m		
	定额单位			10m³实体			100m³码方			100m³			100m³		
	工程数量			3.400			0.391			0.391			0.391		
号	定额表号			1～4～4～4 改			借部 2018 预 8～1～5～3			借部 2018 预 9～1～7～4			借部 2018 预 9～1～3～7 改		
	工、料、机名称	单位	单价（元）	定额	数量	金额（元）	定额	数量	金额（元）	定额	数量	金额（元）	定额	数量	金额（元）
1001001	人工	工日	106.28	8.900	30.260	3216.03	18.600	7.273	772.93	5.000	1.955	207.78			
3001001	石油沥青	t	5085.39	0.001	0.003	17.29									
3005004	水	m³	2.86	16.000	54.400	155.58									
5503005	中（粗）砂混凝土、砂浆用堆方	m³	140.00	4.060	13.804	1932.56									
5503007	砂砾堆方	m³	120.00	5.100	17.340	2080.80									
5509001	32.5 级水泥	t	502.65	1.003	3.410	1714.14									
7801001	其他材料费	元	1.00	7.000	23.800	23.80									
8001045	斗容量 1.0m³ 轮胎式装载机 ZL20	台班	567.57	0.100	0.340	192.97									
8005010	出料容量 400L 以内灰浆搅拌机 UJ325	台班	139.30	0.150	0.510	71.04									
8007046	装载质量 1.0t 以内机动翻斗车 F10A	台班	209.48										6.490	2.538	531.57
9999001	定额基价	元	1.00	5867.700	6735.972	6735.97	106.280	772.932	772.93	106.280	207.777	207.78	212.720	539.796	539.80
	直接费	元				9404.22			772.93			207.78			531.57
	措施费 Ⅰ	元		3485.281	2.296%	80.02	772.932	3.223%	24.91	207.777	2.449%	5.09	539.796	2.449%	13.22
	措施费 Ⅱ	元		6735.973	1.201%	80.89	772.932	0.521%	4.03	207.777	0.154%	0.32	539.796	0.154%	0.83
	企业管理费	元		6735.400	4.795%	322.96	773.007	3.717%	28.73	207.621	2.279%	4.73	539.971	2.279%	12.31
	规费	元		3306.370	35.900%	1186.99	772.933	35.900%	277.48	207.777	35.900%	74.59	269.696	35.900%	96.82
	利润	元		7219.272	7.420%	535.67	830.674	7.420%	61.64	217.763	7.420%	16.16	566.334	7.420%	42.02
	税金	元		11610.756	9.000%	1044.97	1169.722	9.000%	105.28	308.667	9.000%	27.78	696.778	9.000%	62.71
	金额合计	元				12655.72			1275.00			336.45			759.48

12. 现浇混凝土护面墙 C20

分项工程概算表

编制范围：上下水库连接路工程

工程名称：现浇混凝土护面墙 C20　　　　单位：m³　　　　数量：11583.0　　　　单价：763.07 元

代号	工、料、机名称	单位	单价（元）	工程项目 混凝土防护工程									合计	
				工程细目 满铺式现浇混凝土护坡										
				定额单位 10m³										
				工程数量 1158.300										
				定额表号 1～4～3～5										
				定额	数量	金额（元）	定额	数量	金额（元）	定额	数量	金额（元）	数量	金额（元）
1001001	人工	工日	106.28	13.700	15868.710	1686526.50							15868.710	1686526.50
3001001	石油沥青	t	5085.39	0.022	25.483	129588.96							25.483	129588.96
3005004	水	m³	2.86	12.000	13899.600	39752.86							13899.600	39752.86
4003002	锯材中板δ=19～35mm，中方混合规格	m³	2099.00	0.010	11.583	24312.72							11.583	24312.72
5503005	中（粗）砂混凝土、砂浆用堆方	m³	140.00	5.000	5791.500	810810.00							5791.500	810810.00
5503007	砂砾堆方	m³	120.00	7.010	8119.683	974361.96							8119.683	974361.96
5505013	碎石（4cm）最大粒径4cm堆方	m³	120.00	8.570	9926.631	1191195.72							9926.631	1191195.72
5509001	32.5级水泥	t	502.65	3.040	3521.232	1769947.26							3521.232	1769947.26
7801001	其他材料费	元	1.00	69.000	79922.700	79922.70							79922.700	79922.70
8005002	出料容量250L以内强制式混凝土搅拌机JD250	台班	181.65	0.330	382.239	69433.71							382.239	69433.71
9999001	定额基价	元	1.00	6850.270	4830747.277	4830747.28							4830747.277	4830747.28
	直接费	元				6775852.39								6775852.39
	措施费 Ⅰ	元		1754511.527	2.296%	40283.58								40283.59
	措施费 Ⅱ	元		4830747.277	1.201%	58023.54								58023.54
	企业管理费	元		4831269.300	4.795%	231659.36								231659.36
	规费	元		1727150.861	35.900%	620047.16								620047.16
	利润	元		5161235.795	7.420%	382963.70								382963.70
	税金	元		8108829.733	9.000%	729794.68								729794.68
	金额合计	元				8838624.41								8838624.41

13. M7.5 浆砌片石

分项工程概算表

编制范围：上下水库连接路工程

工程名称：M7.5浆砌片石　　　　单位：m³　　　　数量：2683.0　　　　单价：462.80元

代号	工程项目			浆砌			片石、块石开采			人工装机动翻斗车			机动翻斗车运输（配合人工装车）		
	工程细目			浆砌片石挡土墙			捡清片石			人工装片石、大卵石（机动翻斗车）			机械翻斗车运输片石、大卵石1000m		
	定额单位			10m³实体			100m³码方			100m³			100m³		
	工程数量			268.300			30.855			30.855			30.855		
	定额表号			1～4～4～8改			借部2018预8～1～5～3			借部2018预9～1～7～4			借部2018预9～1～3～7改		
	工、料、机名称	单位	单价（元）	定额	数量	金额（元）	定额	数量	金额（元）	定额	数量	金额（元）	定额	数量	金额（元）
1001001	人工	工日	106.28	9.700	2602.510	276594.76	18.600	573.894	60993.42	5.000	154.273	16396.08			
2001021	8～12号铁丝镀锌铁丝	kg	6.50	2.030	544.649	3540.22									
2009003	空心钢钎优质碳素工具钢	kg	6.84	0.110	29.513	201.87									
2009004	φ50mm以内合金钻头 φ43mm	个	80.00	0.160	42.928	3434.24									
2009030	铁钉混合规格	kg	4.60	0.080	21.464	98.73									
3005004	水	m³	2.86	7.000	1878.100	5371.37									
4003001	原木混合规格	m³	1540.43	0.023	6.171	9505.84									
4003002	锯材中板δ＝19～35mm，中方混合规格	m³	2099.00	0.015	4.025	8447.43									
5001013	PVC塑料管（φ50mm）φ50mm	m	57.65	1.350	362.205	20881.12									
5005002	硝铵炸药1号、2号岩石硝铵炸药	kg	10.75	1.210	324.643	3489.91									
5005008	非电毫秒雷管导爆管长3～7m	个	2.26	1.550	415.865	939.85									
5005009	导爆索爆速6000～7000m/s	m	3.19	0.700	187.810	599.11									
5501003	黏土堆方	m³	11.65	0.140	37.562	437.60									
5503005	中（粗）砂混凝土、砂浆用堆方	m³	140.00	3.870	1038.321	145364.94									
5503007	砂砾堆方	m³	120.00	3.830	1027.589	123310.68									

代号	工、料、机名称	单位	单价（元）	浆砌 / 浆砌片石挡土墙 / 10m³实体 / 268.300 / 1～4～4～8改 定额	数量	金额（元）	片石、块石开采 / 捡清片石 / 100m³码方 / 30.855 / 借部2018预8～1～5～3 定额	数量	金额（元）	人工装机动翻斗车 / 人工装片石、大卵石（机动翻斗车） / 100m³ / 30.855 / 借部2018预9～1～7～4 定额	数量	金额（元）	机动翻斗车运输（配合人工装车） / 机械翻斗车运输片石、大卵石1000m / 100m³ / 30.855 / 借部2018预9～1～3～7改 定额	数量	金额（元）
5505015	碎石（8cm）最大粒径8cm堆方	m³	120.00	0.080	21.464	2575.68									
5509001	32.5级水泥	t	502.65	0.948	254.348	127848.22									
7801001	其他材料费	元	1.00	4.100	1100.030	1100.03									
8001035	斗容量1.0m³履带式单斗挖掘机WK100机械	台班	1028.91	0.040	10.732	11042.26									
8001045	斗容量1.0m³轮胎式装载机ZL20	台班	567.57	0.100	26.830	15227.90									
8005010	出料容量400L以内灰浆搅拌机UJ325	台班	139.30	0.150	40.245	5606.13									
8007046	装载质量1.0t以内机动翻斗车F10A	台班	209.48										6.490	200.246	41947.47
8017049	排气量9m³/min以内机动空气压缩机VY-9/7	台班	697.38	0.060	16.098	11226.42									
8099001	小型机具使用费	元	1.00	2.700	724.410	724.41									
9999001	定额基价	元	1.00	6063.230	572651.817	572651.82	106.280	60993.422	60993.42	106.280	16396.081	16396.08	212.720	42596.266	42596.27
	直接费	元				777568.73			60993.42			16396.08			41947.47
	措施费 I	元		321434.159	2.296%	7380.13	60993.422	3.223%	1965.82	16396.081	2.449%	401.54	42596.266	2.449%	1043.18
	措施费 II	元		572651.817	1.201%	6876.35	60993.422	0.521%	317.81	16396.081	0.154%	25.23	42596.266	0.154%	65.62
	企业管理费	元		572552.200	4.795%	27453.88	60999.347	3.717%	2267.35	16383.740	2.279%	373.39	42610.065	2.279%	971.08
	规费	元		286004.688	35.900%	102675.68	60993.421	35.900%	21896.64	16396.081	35.900%	5886.19	21282.114	35.900%	7640.28
	利润	元		614262.561	7.420%	45578.28	65550.323	7.420%	4863.83	17183.895	7.420%	1275.05	44689.946	7.420%	3315.99
	税金	元		967533.056	9.000%	87077.98	92304.867	9.000%	8307.44	24357.478	9.000%	2192.17	54983.633	9.000%	4948.53
	金额合计	元				1054611.03			100612.30			26549.65			59932.16

分项工程概算表

编制范围：上下水库连接路工程

工程名称：M7.5浆砌片石　　　　单位：m³　　　　数量：2683.0　　　　单价：462.80元

代号	工、料、机名称	单位	单价（元）	定额	数量	金额（元）	定额	数量	金额（元）	定额	数量	金额（元）	合计 数量	合计 金额（元）
	工程项目													
	工程细目													
	定额单位													
	工程数量													
	定额表号													
1001001	人工	工日	106.28										3330.676	353984.27
2001021	8～12号铁丝镀锌铁丝	kg	6.50										544.649	3540.22
2009003	空心钢钎优质碳素工具钢	kg	6.84										29.513	201.87
2009004	φ50mm以内合金钻头 φ43mm	个	80.00										42.928	3434.24
2009030	铁钉混合规格	kg	4.60										21.464	98.73
3005004	水	m³	2.86										1878.100	5371.37
4003001	原木混合规格	m³	1540.43										6.171	9505.84
4003002	锯材中板δ＝19～35mm，中方混合规格	m³	2099.00										4.025	8447.43
5001013	PVC塑料管（φ50mm） φ50mm	m	57.65										362.205	20881.12
5005002	硝铵炸药1号、2号岩石硝铵炸药	kg	10.75										324.643	3489.91
5005008	非电毫秒雷管导爆管长3～7m	个	2.26										415.865	939.85
5005009	导爆索爆速6000～7000m/s	m	3.19										187.810	599.11
5501003	黏土堆方	m³	11.65										37.562	437.60
5503005	中（粗）砂混凝土、砂浆用堆方	m³	140.00										1038.321	145364.94
5503007	砂砾堆方	m³	120.00										1027.589	123310.68

代号	工程项目												合计	
	工程细目													
	定额单位													
	工程数量													
	定额表号													
	工、料、机名称	单位	单价（元）	定额	数量	金额（元）	定额	数量	金额（元）	定额	数量	金额（元）	数量	金额（元）
5505015	碎石（8cm）最大粒径8cm堆方	m³	120.00										21.464	2575.68
5509001	32.5级水泥	t	502.65										254.348	127848.22
7801001	其他材料费	元	1.00										1100.030	1100.03
8001035	斗容量1.0m³履带式单斗挖掘机WK100机械	台班	1028.91										10.732	11042.26
8001045	斗容量1.0m³轮胎式装载机ZL20	台班	567.57										26.830	15227.90
8005010	出料容量400L以内灰浆搅拌机UJ325	台班	139.30										40.245	5606.13
8007046	装载质量1.0t以内机动翻斗车F10A	台班	209.48										200.246	41947.47
8017049	排气量9m³/min以内机动空气压缩机VY-9/7	台班	697.38										16.098	11226.42
8099001	小型机具使用费	元	1.00										724.410	724.41
9999001	定额基价	元	1.00										692637.587	692637.59
	直接费	元												896905.71
	措施费 Ⅰ	元												10790.67
	措施费 Ⅱ	元												7285.01
	企业管理费	元												31065.69
	规费	元												138098.79
	利润	元												55033.16
	税金	元												102526.11
	金额合计	元												1241705.14

14. C20 混凝土挡土墙

分项工程概算表

编制范围：上下水库连接路工程

工程名称：C20 混凝土　　　　　单位：m³　　　　　数量：1336.0　　　　　单价：878.82 元

代号	工、料、机名称	单位	单价（元）	工程项目	现浇混凝土挡土墙								合计	
				工程细目	现浇混凝土挡土墙									
				定额单位	10m³ 实体									
				工程数量	133.600									
				定额表号	1～4～13～2									
				定额	数量	金额（元）	定额	数量	金额（元）	定额	数量	金额（元）	数量	金额（元）
1001001	人工	工日	106.28	20.200	2698.720	286819.96							2698.720	286819.96
2001021	8～12 号铁丝镀锌铁丝	kg	6.50	2.100	280.560	1823.64							280.560	1823.64
2003026	组合钢模板	t	5500.00	0.016	2.138	11756.80							2.138	11756.80
2009003	空心钢钎优质碳素工具钢	kg	6.84	0.030	4.008	27.41							4.008	27.41
2009004	φ50mm 以内合金钻头 φ43mm	个	80.00	0.050	6.680	534.40							6.680	534.40
2009028	铁件铁件	kg	4.97	50.700	6773.520	33664.39							6773.520	33664.39
3001001	石油沥青	t	5085.39	0.001	0.134	679.41							0.134	679.41
3005004	水	m³	2.86	10.000	1336.000	3820.96							1336.000	3820.96
4003001	原木混合规格	m³	1540.43	0.040	5.344	8232.06							5.344	8232.06
5001013	PVC 塑料管（φ50mm）φ50mm	m	57.65	1.800	240.480	13863.67							240.480	13863.67
5005002	硝铵炸药 1 号、2 号岩石硝铵炸药	kg	10.75	0.330	44.088	473.95							44.088	473.95
5005008	非电毫秒雷管导爆管长 3～7m	个	2.26	0.420	56.112	126.81							56.112	126.81
5005009	导爆索爆速 6000～7000m/s	m	3.19	0.190	25.384	80.97							25.384	80.97
5503005	中（粗）砂混凝土、砂浆用堆方	m³	140.00	5.510	736.136	103059.04							736.136	103059.04

代号	工、料、机名称	单位	单价（元）	定额	数量	金额（元）	定额	数量	金额（元）	定额	数量	金额（元）	数量	金额（元）
	工程项目			现浇混凝土挡土墙									合计	
	工程细目			现浇混凝土挡土墙										
	定额单位			10m³实体										
	工程数量			133.600										
	定额表号			1～4～13～2										
5503007	砂砾堆方	m³	120.00	2.550	340.680	40881.60							340.680	40881.60
5505015	碎石（8cm）最大粒径8cm堆方	m³	120.00	8.360	1116.896	134027.52							1116.896	134027.52
5509001	32.5级水泥	t	502.65	2.876	384.234	193135.02							384.234	193135.02
7801001	其他材料费	元	1.00	22.600	3019.360	3019.36							3019.360	3019.36
8005002	出料容量250L以内强制式混凝土搅拌机JD250	台班	181.65	0.320	42.752	7765.90							42.752	7765.90
8009026	提升质量8t以内汽车式起重机QY8	台班	703.10	0.240	32.064	22544.20							32.064	22544.20
8017047	排气量3m³/min以内机动空气压缩机CV-3/8-1	台班	288.86	0.030	4.008	1157.75							4.008	1157.75
8099001	小型机具使用费	元	1.00	14.200	1897.120	1897.12							1897.120	1897.12
9999001	定额基价	元	1.00	12409.060	669587.455	669587.46							669587.455	669587.46
	直接费	元				869391.95								869391.95
	措施费 Ⅰ	元		320386.507	2.296%	7356.07								7356.07
	措施费 Ⅱ	元		669587.455	1.201%	8041.93								8041.93
	企业管理费	元		669603.200	4.795%	32107.47								32107.47
	规费	元		298179.167	35.900%	107046.32								107046.32
	利润	元		717108.679	7.420%	53209.46								53209.46
	税金	元		1077153.222	9.000%	96943.79								96943.79
	金额合计	元				1174097.01								1174097.01

15. 喷射混凝土防护边坡

分项工程概算表

编制范围：上下水库连接路工程

工程名称：喷射混凝土防护边坡（厚120mm）　　　　单位：m²　　　　数量：42876.0　　　　单价：123.82元

代号	工、料、机名称	单位	单价（元）	工程项目 喷混凝土									合计	
				工程细目：喷混凝土护坡（边坡高20m以内）										
				定额单位：10m³										
				工程数量：514.512										
				定额表号：1～4～6～8										
				定额	数量	金额（元）	定额	数量	金额（元）	定额	数量	金额（元）	数量	金额（元）
1001001	人工	工日	106.28	10.500	5402.376	574164.52							5402.376	574164.52
2003008	钢管无缝钢管	t	4179.49	0.007	3.602	15052.78							3.602	15052.78
2009028	铁件铁件	kg	4.97	2.300	1183.378	5881.39							1183.378	5881.39
3005004	水	m³	2.86	21.000	10804.752	30901.59							10804.752	30901.59
5503005	中（粗）砂混凝土、砂浆用堆方	m³	140.00	6.530	3359.763	470366.87							3359.763	470366.87
5505012	碎石（2cm）最大粒径2cm堆方	m³	120.00	6.110	3143.668	377240.20							3143.668	377240.20
5509001	32.5级水泥	t	502.65	4.766	2452.164	1232580.33							2452.164	1232580.33
7801001	其他材料费	元	1.00	527.800	271559.434	271559.43							271559.434	271559.43
8005002	出料容量250L以内强制式混凝土搅拌机JD250	台班	181.65	1.700	874.670	158883.88							874.670	158883.88
8005011	生产功率4～6m³/h混凝土喷射机HPH6	台班	321.18	1.890	972.428	312324.32							972.428	312324.32
8017049	排气量9m³/min以内机动空气压缩机VY-9/7	台班	697.38	1.690	869.525	606389.54							869.525	606389.54
8099001	小型机具使用费	元	1.00	2.500	1286.280	1286.28							1286.280	1286.28
9999001	定额基价	元	1.00	5993.570	3312880.085	3312880.09							3312880.085	3312880.09
	直接费	元				4056631.14								4056631.14
	措施费 Ⅰ	元		1665692.622	2.296%	38244.30								38244.30
	措施费 Ⅱ	元		3312880.085	1.201%	39788.44								39788.44
	企业管理费	元		3312942.768	4.795%	158855.61								158855.61
	规费	元		873823.719	35.900%	313702.72								313702.72
	利润	元		3549831.119	7.420%	263397.47								263397.47
	税金	元		4870619.667	9.000%	438355.77								438355.77
	金额合计	元				5308975.44								5308975.44

16. 钢筋网

分项工程概算表

编制范围：上下水库连接路工程

工程名称：钢筋网　　　　　　单位：kg　　　　　　数量：100715.0　　　　　　单价：7.79 元

代号	工、料、机名称	单位	单价（元）	工程项目									合计	
				挂网										
				喷射混凝土护坡，挂钢筋网（边坡高 20m 以内）										
				1t										
				100.715										
				1～4～6～2										
				定额	数量	金额（元）	定额	数量	金额（元）	定额	数量	金额（元）	数量	金额（元）
1001001	人工	工日	106.28	10.300	1037.365	110251.10							1037.365	110251.10
2001001	HPB300 钢筋	t	4047.13	1.025	103.233	417796.87							103.233	417796.87
2001022	20～22 号铁丝镀锌铁丝	kg	6.50	0.900	90.644	589.18							90.644	589.18
2009011	电焊条结 422（502、506、507）3.2/4.0/5.0	kg	7.50	10.200	1027.293	7704.70							1027.293	7704.70
8015028	容量 32kV·A 以内交流电弧焊机 BX1-330	台班	190.22	3.440	346.460	65903.55							346.460	65903.55
8099001	小型机具使用费	元	1.00	17.700	1782.656	1782.66							1782.656	1782.66
9999001	定额基价	元	1.00	3635.360	526291.817	526291.82							526291.817	526291.82
	直接费	元				604028.05								604028.05
	措施费 Ⅰ	元		175862.007	0.391%	687.62								687.62
	措施费 Ⅱ	元		526291.817	0.564%	2968.54								2968.54
	企业管理费	元		526336.590	3.472%	18274.41								18274.41
	规费	元		147072.825	35.900%	52799.14								52799.14
	利润	元		548267.156	7.420%	40681.42								40681.42
	税金	元		719439.178	9.000%	64749.53								64749.53
	金额合计	元				784188.70								784188.70

17. φ25 普通砂浆锚杆

分项工程概算表

编制范围：上下水库连接路工程

工程名称：φ25 普通砂浆锚杆（L＝450cm）　　　　单位：m　　　　数量：9647.0　　　　单价：82.18 元

代号	工、料、机名称		工程项目		锚杆									合计	
	工程细目				喷射混凝土护坡，锚杆埋设（边坡高 20m 以内）										
	定额单位				1t										
	工程数量				37.141										
	定额表号				1～4～6～11										
	工、料、机名称	单位	单价（元）	定额	数量	金额（元）	定额	数量	金额（元）	定额	数量	金额（元）	数量	金额（元）
1001001	人工	工日	106.28	51.300	1905.331	202498.55							1905.331	202498.55
2001001	HPB300 钢筋	t	4047.13	0.007	0.260	1052.20							0.260	1052.20
2001002	HRB400 钢筋	t	4047.13	1.025	38.069	154072.11							38.069	154072.11
2009003	空心钢钎优质碳素工具钢	kg	6.84	21.700	805.959	5512.76							805.959	5512.76
2009004	φ50mm 以内合金钻头 φ43mm	个	80.00	9.000	334.269	26741.48							334.269	26741.48
2009011	电焊条结 422（502、506、507）3.2/4.0/5.0	kg	7.50	0.100	3.714	27.86							3.714	27.86
3005004	水	m³	2.86	66.000	2451.303	7010.73							2451.303	7010.73
5503005	中（粗）砂混凝土、砂浆用堆方	m³	140.00	0.760	28.227	3951.80							28.227	3951.80
5509001	32.5 级水泥	t	502.65	0.323	11.997	6030.05							11.997	6030.05
7801001	其他材料费	元	1.00	28.300	1051.089	1051.09							1051.089	1051.09
8001103	气腿式风动凿岩机	台班	18.81	13.150	488.403	9186.87							488.403	9186.87
8015028	容量 32kV・A 以内交流电弧焊机 BX1-330	台班	190.22	0.020	0.743	141.30							0.743	141.30
8017049	排气量 9m³/min 以内机动空气压缩机 VY-9/7	台班	697.38	6.240	231.760	161624.46							231.760	161624.46
8099001	小型机具使用费	元	1.00	273.900	10172.906	10172.91							10172.906	10172.91
9999001	定额基价	元	1.00	8053.850	543231.244	543231.24							543231.244	543231.24
	直接费	元				589074.95								589074.95

代号	工程项目		锚杆										合计	
	工程细目		喷射混凝土护坡，锚杆埋设（边坡高 20m 以内）											
	定额单位		1t											
	工程数量		37.141											
	定额表号		1～4～6～11											
	工、料、机名称	单位	单价（元）	定额	数量	金额（元）	定额	数量	金额（元）	定额	数量	金额（元）	数量	金额（元）
	措施费 Ⅰ	元		388653.453	0.391%	1519.63								1519.64
	措施费 Ⅱ	元		543231.453	0.564%	3063.78								3063.79
	企业管理费	元		543224.266	3.472%	18860.75								18860.75
	规费	元		202577.769	35.900%	72725.42								72725.42
	利润	元		566668.437	7.420%	42046.80								42046.80
	税金	元		727291.333	9.000%	65456.22								65456.22
	金额合计	元				792747.56								792747.56

分项工程概算表

编制范围：上下水库连接路工程

工程名称：ϕ25 普通砂浆锚杆（$L=600$cm）　　　　单位：m　　　　数量：15721.0　　　　单价：82.18 元

代号	工程项目		锚杆										合计	
	工程细目		喷射混凝土护坡，锚杆埋设（边坡高 20m 以内）											
	定额单位		1t											
	工程数量		60.526											
	定额表号		1～4～6～11											
	工、料、机名称	单位	单价（元）	定额	数量	金额（元）	定额	数量	金额（元）	定额	数量	金额（元）	数量	金额（元）
1001001	人工	工日	106.28	51.300	3104.976	329996.86							3104.976	329996.86
2001001	HPB300 钢筋	t	4047.13	0.007	0.424	1714.69							0.424	1714.69
2001002	HRB400 钢筋	t	4047.13	1.025	62.039	251079.88							62.039	251079.88
2009003	空心钢钎优质碳素工具钢	kg	6.84	21.700	1313.411	8983.73							1313.411	8983.73

代号	工程项目			锚杆										合计	
	工程细目			喷射混凝土护坡，锚杆埋设（边坡高 20m 以内）											
	定额单位			1t											
	工程数量			60.526											
	定额表号			1～4～6～11											
	工、料、机名称	单位	单价（元）	定额	数量	金额（元）	定额	数量	金额（元）	定额	数量	金额（元）	数量	金额（元）
2009004	φ50mm 以内合金钻头 φ43mm	个	80.00	9.000	544.733	43578.61							544.733	43578.61
2009011	电焊条结 422（502、506、507）3.2/4.0/5.0	kg	7.50	0.100	6.053	45.39							6.053	45.39
3005004	水	m³	2.86	66.000	3994.706	11424.86							3994.706	11424.86
5503005	中（粗）砂混凝土、砂浆用堆方	m³	140.00	0.760	46.000	6439.95							46.000	6439.95
5509001	32.5 级水泥	t	502.65	0.323	19.550	9826.73							19.550	9826.73
7801001	其他材料费	元	1.00	28.300	1712.882	1712.88							1712.882	1712.88
8001103	气腿式风动凿岩机	台班	18.81	13.150	795.915	14971.16							795.915	14971.16
8015028	容量 32kV·A 以内交流电弧焊机 BX1-330	台班	190.22	0.020	1.211	230.26							1.211	230.26
8017049	排气量 9m³/min 以内机动空气压缩机 VY-9/7	台班	697.38	6.240	377.681	263387.39							377.681	263387.39
8099001	小型机具使用费	元	1.00	273.900	16578.030	16578.03							16578.030	16578.03
9999001	定额基价	元	1.00	8053.850	885263.646	885263.65							885263.646	885263.65
	直接费	元				959971.23								959971.23
	措施费 Ⅰ	元		633359.690	0.391%	2476.44								2476.44
	措施费 Ⅱ	元		885263.854	0.564%	4992.82								4992.82
	企业管理费	元		885251.813	3.472%	30735.94								30735.94
	规费	元		330125.788	35.900%	118515.16								118515.16
	利润	元		923457.008	7.420%	68520.51								68520.51
	税金	元		1185212.100	9.000%	106669.09								106669.09
	金额合计	元				1291881.19								1291881.19

18. 预应力锚索，$p_t=1600\text{kN}$，$L=20\text{m}$

分项工程概算表

编制范围：上下水库连接路工程

工程名称：预应力锚索，$p_t=1600\text{kN}$，$L=20\text{m}$ 单位：根 数量：45.0 单价：13616.42 元

代号	工、料、机名称	单位	单价（元）	预应力锚索			预应力锚索成孔			锚孔注浆			脚手架及地梁、锚座		
	工程细目			预应力锚索束长40m以内 8孔锚具每吨3.78束			预应力锚索成孔孔径150mm以内孔深20m以内坚石			锚孔一次注水泥浆孔径150mm以内			预应力锚索护坡脚手架		
	定额单位			1t钢绞线			10m			10m³浆液			100m²		
	工程数量			13.674			90.000			2.384			10.000		
	定额表号			1~4~7~58改			1~4~7~29			1~4~7~69			1~4~7~1		
	工、料、机名称	单位	单价（元）	定额	数量	金额（元）	定额	数量	金额（元）	定额	数量	金额（元）	定额	数量	金额（元）
1001001	人工	工日	106.28	17.580	240.389	25548.53	4.900	441.000	46869.48	5.300	12.638	1343.12	6.900	69.000	7333.32
2001001	HPB300 钢筋	t	4047.13	0.016	0.219	885.45									
2001008	钢绞线普通，无松弛	t	9500.00	1.040	14.221	135099.12									
2001021	8～12 号铁丝镀锌铁丝	kg	6.50	2.244	30.684	199.45									
2001022	20～22 号铁丝镀锌铁丝	kg	6.50	0.848	11.596	75.37	0.300	27.000	175.50				1.000	10.000	65.00
2001026	铁丝编织网镀锌铁丝（包括加强钢丝、花篮螺钉）	m²	20.43	1.646	22.507	459.83									
2003008	钢管无缝钢管	t	4179.49	0.009	0.123	514.35	0.010	0.900	3761.54				0.025	0.250	1044.87
2009005	φ150mm 以内合金钻头	个	550.00				0.300	27.000	14850.00						
2009007	钻杆 φ50mm、φ73mm、φ89mm、φ114mm，长 1m、1.5m	kg	9.00				6.900	621.000	5589.00						

代号	工程项目			预应力锚索			预应力锚索成孔			锚孔注浆			脚手架及地梁、锚座		
	工程细目			预应力锚索束长40m以内8孔锚具每吨3.78束			预应力锚索成孔孔径150mm以内孔深20m以内坚石			锚孔一次注水泥浆孔径150mm以内			预应力锚索护坡脚手架		
	定额单位			1t 钢绞线			10m			10m³浆液			100m²		
	工程数量			13.674			90.000			2.384			10.000		
	定额表号			1～4～7～58 改			1～4～7～29			1～4～7～69			1～4～7～1		
	工、料、机名称	单位	单价（元）	定额	数量	金额（元）	定额	数量	金额（元）	定额	数量	金额（元）	定额	数量	金额（元）
2009028	铁件铁件	kg	4.97										10.600	106.000	526.82
2009030	铁钉混合规格	kg	4.60				1.900	171.000	786.60						
2009035	冲击器	个	1712.00				0.050	4.500	7704.00						
2009036	偏心冲击锤	个	1025.64				0.020	1.800	1846.15						
3005004	水	m³	2.86							57.000	135.913	388.71			
4003002	锯材中板 δ＝19～35mm，中方混合规格	m³	2099.00				0.010	0.900	1889.10				0.060	0.600	1259.40
5001017	塑料软管	kg	13.59	94.100	1286.723	17486.57									
5001043	PVC 注浆管	m	2.22							622.500	1484.312	3295.17			
5001055	塑料扩张环	个	1.71	9.720	132.911	227.28									
5509001	32.5 级水泥	t	502.65							14.154	33.749	16964.10			
6005013	钢绞线群锚（12孔）包括夹片、锚垫板和螺旋筋	套	853.00	3.855	52.713	44964.42									
7801001	其他材料费	元	1.00	265.084	3624.759	3624.76	16.000	1440.000	1440.00	0.900	2.146	2.15	6.600	66.000	66.00
8001116	φ38～170mm 液压锚固钻机 YMG150A	台班	258.29				0.930	83.700	21618.87						
8005009	出料容量 200L 以内灰浆搅拌机 UJ200	台班	131.07							0.860	2.051	268.77			
8005013	输送量 3m³/h 以内灰浆输送泵 UB3	台班	159.74							0.960	2.289	365.65			

代号	工、料、机名称	单位	单价（元）	预应力锚索 预应力锚索束长40m以内 8孔锚具每吨3.78束 1t 钢绞线 13.674 1~4~7~58改			预应力锚索成孔 预应力锚索成孔孔径150mm 以内孔深20m以内坚石 10m 90.000 1~4~7~29			锚孔注浆 锚孔一次注水泥浆孔径 150mm以内 10m³浆液 2.384 1~4~7~69			脚手架及地梁、锚座 预应力锚索护坡脚手架 100m² 10.000 1~4~7~1		
				定额	数量	金额（元）	定额	数量	金额（元）	定额	数量	金额（元）	定额	数量	金额（元）
8005078	钢绞线拉伸设备（油泵、千斤顶各1）	台班	133.88	1.132	15.479	2072.32									
8007002	装载质量3t以内载货汽车	台班	404.21							0.400	0.954	385.53			
8007003	装载质量4t以内载货汽车CA10B	台班	474.90										0.040	0.400	189.96
8017051	排气量17m³/min以内机动空气压缩机LGY25-17/7	台班	975.04				0.710	63.900	62305.06						
8099001	小型机具使用费	元	1.00	25.808	352.899	352.90	14.900	1341.000	1341.00	3.600	8.584	8.58	2.700	27.000	27.00
9999001	定额基价	元	1.00	12830.980	132225.691	132225.69	9458.370	155277.801	155277.80	1109.390	16413.190	16413.19	6271.610	10089.965	10089.96
	直接费	元				231510.35			170176.30			23021.42			10512.37
	措施费 Ⅰ	元		27952.861	0.391%	109.30	133720.065	2.296%	3070.21	2361.856	2.296%	54.23	7548.360	2.296%	173.31
	措施费 Ⅱ	元		132225.691	0.564%	745.76	155277.801	1.201%	1864.55	16412.968	1.201%	197.11	10089.965	1.201%	121.18
	企业管理费	元		132227.580	3.472%	4590.94	155250.000	4.795%	7444.24	16411.825	4.795%	786.95	10090.000	4.795%	483.82
	规费	元		25548.535	35.900%	9171.92	55765.117	35.900%	20019.68	1905.674	35.900%	684.14	7375.833	35.900%	2647.92
	利润	元		137673.585	7.420%	10215.38	167629.003	7.420%	12438.07	17450.108	7.420%	1294.80	10868.302	7.420%	806.43
	税金	元		256343.656	9.000%	23070.93	215013.056	9.000%	19351.18	26038.633	9.000%	2343.48	14745.033	9.000%	1327.05
	金额合计	元				279414.59			234364.23			28382.11			16072.09

分项工程概算表

编制范围：上下水库连接路工程

工程名称：预应力锚索，$p_t=1600\mathrm{kN}$，$L=20\mathrm{m}$　　　单位：根　　　数量：45.0　　　单价：13616.42 元

代号	工程项目			脚手架及地梁、锚座			脚手架及地梁、锚座						合计	
	工程细目			预应力锚索护坡锚座混凝土			预应力锚索护坡锚座钢筋							
	定额单位			10m³			1t							
	工程数量			3.600			2.700							
	定额表号			1～4～7～4			1～4～7～5							
	工、料、机名称	单位	单价（元）	定额	数量	金额（元）	定额	数量	金额（元）	定额	数量	金额（元）	数量	金额（元）
1001001	人工	工日	106.28	27.200	97.920	10406.94	9.600	25.920	2754.78				886.866	94256.17
2001001	HPB300 钢筋	t	4047.13				0.202	0.545	2207.30				0.764	3092.75
2001002	HRB400 钢筋	t	4047.13				0.823	2.222	8993.13				2.222	8993.13
2001008	钢绞线普通，无松弛	t	9500.00										14.221	135099.12
2001021	8～12 号铁丝镀锌铁丝	kg	6.50										30.684	199.45
2001022	20～22 号铁丝镀锌铁丝	kg	6.50				4.400	11.880	77.22				60.476	393.09
2001026	铁丝编织网镀锌铁丝（包括加强钢丝、花篮螺钉）	m²	20.43										22.507	459.83
2003004	型钢工字钢，角钢	t	3997.64	0.013	0.047	187.09							0.047	187.09
2003008	钢管无缝钢管	t	4179.49										1.273	5320.77
2003026	组合钢模板	t	5500.00	0.040	0.144	792.00							0.144	792.00
2009005	φ150mm 以内合金钻头	个	550.00										27.000	14850.00
2009007	钻杆 φ50mm、φ73mm、φ89mm、φ114mm，长 1m、1.5m	kg	9.00										621.000	5589.00
2009011	电焊条结 422（502、506、507）3.2/4.0/5.0	kg	7.50				4.400	11.880	89.10				11.880	89.10
2009028	铁件铁件	kg	4.97	21.600	77.760	386.47							183.760	913.29
2009030	铁钉混合规格	kg	4.60										171.000	786.60
2009035	冲击器	个	1712.00										4.500	7704.00

代号	工、料、机名称	单位	单价（元）	脚手架及地梁、锚座			脚手架及地梁、锚座						合计	
				预应力锚索护坡锚座混凝土			预应力锚索护坡锚座钢筋							
				10m³			1t							
				3.600			2.700							
				1～4～7～4			1～4～7～5							
				定额	数量	金额（元）	定额	数量	金额（元）	定额	数量	金额（元）	数量	金额（元）
2009036	偏心冲击锤	个	1025.64										1.800	1846.15
3005004	水	m³	2.86	12.000	43.200	123.55							179.113	512.26
4003002	锯材中板 δ＝19～35mm，中方混合规格	m³	2099.00	0.090	0.324	680.08							1.824	3828.58
5001017	塑料软管	kg	13.59										1286.723	17486.57
5001043	PVC注浆管	m	2.22										1484.312	3295.17
5001055	塑料扩张环	个	1.71										132.911	227.28
5503005	中（粗）砂混凝土、砂浆用堆方	m³	140.00	4.900	17.640	2469.60							17.640	2469.60
5505013	碎石（4cm）最大粒径4cm堆方	m³	120.00	8.470	30.492	3659.04							30.492	3659.04
5509001	32.5级水泥	t	502.65	3.417	12.301	6183.20							46.051	23147.30
6005013	钢绞线群锚（12孔）包括夹片、锚垫板和螺旋筋	套	853.00										52.713	44964.42
7801001	其他材料费	元	1.00	33.500	120.600	120.60							5253.505	5253.50
8001116	φ38～170mm液压锚固钻机 YMG150A	台班	258.29										83.700	21618.87
8005002	出料容量250L以内强制式混凝土搅拌机 JD250	台班	181.65	0.340	1.224	222.34							1.224	222.34

代号	工程项目			脚手架及地梁、锚座			脚手架及地梁、锚座						合计	
	工程细目			预应力锚索护坡锚座混凝土			预应力锚索护坡锚座钢筋							
	定额单位			10m³			1t							
	工程数量			3.600			2.700							
	定额表号			1～4～7～4			1～4～7～5							
	工、料、机名称	单位	单价（元）	定额	数量	金额（元）	定额	数量	金额（元）	定额	数量	金额（元）	数量	金额（元）
8005009	出料容量 200L 以内灰浆搅拌机 UJ200	台班	131.07										2.051	268.77
8005013	输送量 3m³/h 以内灰浆输送泵 UB3	台班	159.74										2.289	365.65
8005078	钢绞线拉伸设备（油泵、千斤顶各1）	台班	133.88										15.479	2072.32
8007002	装载质量 3t 以内载货汽车	台班	404.21										0.954	385.53
8007003	装载质量 4t 以内载货汽车 CA10B	台班	474.90										0.400	189.96
8015028	容量 32kV·A 以内交流电弧焊机 BX1-330	台班	190.22				1.790	4.833	919.33				4.833	919.33
8017051	排气量 17m³/min 以内机动空气压缩机 LGY25-17/7	台班	975.04										63.900	62305.06
8099001	小型机具使用费	元	1.00	33.600	120.960	120.96	4.000	10.800	10.80				1861.243	1861.24
9999001	定额基价	元	1.00	10484.410	20625.463	20625.46	6883.220	12816.007	12816.01				347448.115	347448.12
	直接费	元				25351.86			15051.66					475623.97
	措施费 Ⅰ	元		10745.598	2.296%	246.72	3655.961	0.391%	14.29					3668.06
	措施费 Ⅱ	元		20625.462	1.201%	247.70	12816.006	0.564%	72.29					3248.59
	企业管理费	元		20624.400	4.795%	988.94	12816.900	3.472%	445.00					14739.89
	规费	元		10537.025	35.900%	3782.79	3268.429	35.900%	1173.37					37479.82
	利润	元		22107.763	7.420%	1640.40	13348.491	7.420%	990.46					27385.53
	税金	元		32258.411	9.000%	2903.26	17747.067	9.000%	1597.24					50593.13
	金额合计	元				35161.66			19344.31					612738.99

19. 水泥稳定级配碎石土基层 5%

分项工程概算表

编制范围：上下水库连接路工程

工程名称：水泥稳定级配碎石土基层 5% 厚 200mm　　　　　单位：m²　　　　　数量：39334.4　　　　　单价：27.05 元

代 号	工、料、机名称		单位	单价（元）	定额	数量	金额（元）	定额	数量	金额（元）	定额	数量	金额（元）	数量	金额（元）
	工程项目				稳定土拌和机拌和									合计	
	工程细目				稳定土拌和机拌和水泥碎石土基层（水泥剂量5%）压实厚度20cm										
	定额单位				1000m²										
	工程数量				39.334										
	定额表号				2～1～2～31 改										
1001001	人工		工日	106.28	8.300	326.476	34697.82							326.476	34697.82
5501005	碎石土天然堆方		m³	31.55	263.259	10355.135	326704.50							10355.135	326704.50
5509001	32.5级水泥		t	502.65	21.283	837.154	420795.48							837.154	420795.48
7801001	其他材料费		元	1.00	301.000	11839.654	11839.65							11839.654	11839.65
8001058	功率120kW以内平地机 F155		台班	1159.17	0.310	12.194	14134.53							12.194	14134.53
8001081	机械自身质量12～15t 光轮压路机 3Y-12/15		台班	572.69	0.260	10.227	5856.87							10.227	5856.87
8001083	机械自身质量18～21t 光轮压路机 3Y-18/21		台班	731.62	0.820	32.254	23597.82							32.254	23597.82
8003005	功率235kW以内稳定土 拌和机 WB230		台班	1960.89	0.270	10.620	20825.22							10.620	20825.22
8007043	容量10000L以内洒水汽 车 YGJ5170GSSJN		台班	1085.86	0.310	12.194	13240.61							12.194	13240.61
9999001	定额基价		元	1.00	6094.220	710472.712	710472.71							710472.712	710472.71
	直接费		元				871692.50								871692.50
	措施费	Ⅰ	元		114344.629	2.931%	3351.44								3351.44
		Ⅱ	元		710472.712	0.818%	5811.55								5811.55
	企业管理费		元		710457.933	3.335%	23693.77								23693.77
	规费		元		45357.992	35.900%	16283.52								16283.52
	利润		元		743314.690	7.420%	55153.95								55153.95
	税金		元		975986.733	9.000%	87838.81								87838.81
	金额合计		元				1063825.53								1063825.53

20. 级配碎石底基层

分项工程概算表

编制范围：上下水库连接路工程

工程名称：级配碎石底基层厚250mm　　　单位：m²　　　数量：20620.7　　　单价：45.25元

代号		工程项目			路面垫层									合计	
		工程细目			机械铺碎石垫层压实厚度25cm										
		定额单位			1000m²										
		工程数量			20.621										
		定额表号			2～1～1～15 改										
	工、料、机名称	单位	单价（元）	定额	数量	金额（元）	定额	数量	金额（元）	定额	数量	金额（元）	数量	金额（元）
1001001	人工	工日	106.28	0.500	10.310	1095.78							10.310	1095.78
5505016	碎石未筛分碎石统料堆方	m³	120.00	311.060	6414.275	769712.99							6414.275	769712.99
8001058	功率120kW以内平地机 F155	台班	1159.17	0.280	5.774	6692.81							5.774	6692.81
8001081	机械自身质量 12～15t 光轮压路机 3Y-12/15	台班	572.69	0.240	4.949	2834.22							4.949	2834.22
8001083	机械自身质量 18～21t 光轮压路机 3Y-18/21	台班	731.62	0.450	9.279	6788.93							9.279	6788.93
8007043	容量10000L以内洒水汽车 YGJ5170GSSJN	台班	1085.86	0.270	5.568	6045.62							5.568	6045.62
9999001	定额基价	元	1.00	3815.640	509755.994	509755.99							509755.994	509755.99
	直接费	元				793170.37								793170.37
	措施费　Ⅰ	元		24002.953	2.931%	703.53								703.53
	Ⅱ	元		509755.994	0.818%	4169.87								4169.87
	企业管理费	元		509764.325	3.335%	17000.64								17000.64
	规费	元		4426.967	35.900%	1589.28								1589.28
	利润	元		531638.369	7.420%	39447.57								39447.57
	税金	元		856081.256	9.000%	77047.31								77047.31
	金额合计	元				933128.57								933128.57

21. 水泥混凝土路面

分项工程概算表

编制范围：上下水库连接路工程

工程名称：水泥混凝土厚260mm　　　单位：m²　　　数量：36138.6　　　单价：127.47 元

代 号	工、料、机名称	单位	单价（元）	定额	数量	金额（元）	定额	数量	金额（元）	定额	数量	金额（元）	数量	金额（元）
	工程项目			普通混凝土									合计	
	工程细目			滑模式摊铺机铺筑混凝土路面厚度26cm										
	定额单位			1000m²路面										
	工程数量			36.139										
	定额表号			2～2～15～5 改										
1001001	人工	工日	106.28	48.500	1752.722	186279.30							1752.722	186279.30
2003004	型钢工字钢，角钢	t	3997.64	0.001	0.036	144.47							0.036	144.47
3001001	石油沥青	t	5085.39	0.174	6.288	31977.52							6.288	31977.52
3005001	煤	t	561.95	0.034	1.229	690.47							1.229	690.47
3005004	水	m³	2.86	43.000	1553.960	4444.33							1553.960	4444.33
5503005	中（粗）砂混凝土、砂浆用堆方	m³	140.00	121.980	4408.186	617146.10							4408.186	617146.10
5505013	碎石（4cm）最大粒径4cm堆方	m³	120.00	220.140	7955.551	954666.17							7955.551	954666.17
5509001	32.5级水泥	t	502.65	99.978	3613.065	1816107.10							3613.065	1816107.10
7801001	其他材料费	元	1.00	324.600	11730.590	11730.59							11730.590	11730.59
8003076	3.0～9.0m 滑模式水泥混凝土摊铺机 SF30	台班	2602.46	0.460	16.624	43262.66							16.624	43262.66
8003083	混凝土电动刻纹机 RQF180	台班	267.45	7.360	265.980	71136.38							265.980	71136.38
8003085	电动混凝土切缝机（含锯片摊销费用）SLF	台班	211.60	2.880	104.079	22023.15							104.079	22023.15
8007043	容量10000L以内洒水汽车 YGJ5170GSSJN	台班	1085.86	1.510	54.569	59254.60							54.569	59254.60
9999001	定额基价	元	1.00	13400.140	2612241.494	2612241.49							2612241.494	2612241.49
	直接费	元				3818862.85								3818862.85
	措施费　Ⅰ	元		382651.936	2.931%	11215.53								11215.53
	措施费　Ⅱ	元		2612241.494	0.818%	21368.14								21368.14
	企业管理费	元		2612242.562	3.335%	87118.29								87118.29
	规费	元		236709.145	35.900%	84978.58								84978.58

代号	工程项目		普通混凝土									合计	
	工程细目		滑模式摊铺机铺筑混凝土路面厚度 26cm										
	定额单位		1000m² 路面										
	工程数量		36.139										
	定额表号		2~2~15~5 改										
	工、料、机名称	单位	单价（元）	定额	数量	金额（元）	定额	数量	金额（元）	定额	数量	金额（元）	数量	金额（元）
	利润	元		2731944.528	7.420%	202710.28								202710.28
	税金	元		4226253.678	9.000%	380362.83								380362.83
	金额合计	元				4606616.51								4606616.51

22. 培土路肩

分项工程概算表

编制范围：上下水库连接路工程

工程名称：培土路肩　　　　单位：m³　　　　数量：4983.0　　　　单价：42.17 元

代号	工程项目		挖路槽、培路肩、修筑泄水槽									合计	
	工程细目		培路肩										
	定额单位		100m³										
	工程数量		49.830										
	定额表号		2~3~2~5										
	工、料、机名称	单位	单价（元）	定额	数量	金额（元）	定额	数量	金额（元）	定额	数量	金额（元）	数量	金额（元）
1001001	人工	工日	106.28	21.100	1051.413	111744.17							1051.413	111744.17
8001085	机械自身质量 0.6t 手扶式振动碾 YZS06B	台班	163.46	2.140	106.636	17430.75							106.636	17430.75
9999001	定额基价	元	1.00	270.890	129297.559	129297.56							129297.559	129297.56
	直接费	元				129174.93								129174.93
	措施费 Ⅰ	元		129297.559	2.931%	3789.71								3789.71
	措施费 Ⅱ	元		129297.559	0.818%	1057.75								1057.75
	企业管理费	元		129308.850	3.335%	4312.45								4312.45
	规费	元		123077.468	35.900%	44184.81								44184.81
	利润	元		138468.760	7.420%	10274.38								10274.38
	税金	元		192794.022	9.000%	17351.46								17351.46
	金额合计	元				210145.49								210145.49

23. 桥梁光圆钢筋

分项工程概算表

编制范围：上下水库连接路工程

工程名称：光圆钢筋（HPB235、HPB300）　　　　单位：kg　　　　数量：6289.9　　　　单价：5.78 元

代号	工、料、机名称	单位	单价（元）	定额	数量	金额（元）	定额	数量	金额（元）	定额	数量	金额（元）	数量	金额（元）
	工程项目			现场加工现浇混凝土钢筋									合计	
	工程细目			现场加工现浇混凝土拱、板钢筋										
	定额单位			1t 钢筋										
	工程数量			6.290										
	定额表号			4～5～1～9 改										
1001001	人工	工日	106.28	4.300	27.047	2874.51							27.047	2874.51
2001001	HPB300 钢筋	t	4047.13	1.026	6.453	26117.90							6.453	26117.90
2001022	20～22 号铁丝镀锌铁丝	kg	6.50	2.340	14.718	95.67							14.718	95.67
2009011	电焊条结 422（502、506、507）3.2/4.0/5.0	kg	7.50	0.790	4.969	37.27							4.969	37.27
8015028	容量 32kV·A 以内交流电弧焊机 BX1-330	台班	190.22	0.140	0.881	167.51							0.881	167.51
8099001	小型机具使用费	元	1.00	13.600	85.543	85.54							85.543	85.54
9999001	定额基价	元	1.00	6883.220	24732.692	24732.69							24732.692	24732.69
	直接费	元				29378.39								29378.39
	措施费 Ⅰ	元		3122.282	0.391%	12.21								12.21
	措施费 Ⅱ	元		24732.692	0.564%	139.49								139.49
	企业管理费	元		24731.887	3.472%	858.69								858.69
	规费	元		2968.097	35.900%	1065.55								1065.55
	利润	元		25742.278	7.420%	1910.08								1910.08
	税金	元		33364.400	9.000%	3002.80								3002.80
	金额合计	元				36367.20								36367.20

24. 桥梁带肋钢筋

分项工程概算表

编制范围：上下水库连接路工程

工程名称：带肋钢筋（HRB335、HRB400）　　　　单位：kg　　　　数量：41333.8　　　　单价：5.77 元

代号	工程项目		现场加工现浇混凝土钢筋									合计	
	工程细目		现场加工现浇混凝土拱、板钢筋										
	定额单位		1t 钢筋										
	工程数量		41.334										
	定额表号		4～5～1～9 改										
	工、料、机名称	单位	单价（元）	定额	数量	金额（元）	定额	数量	金额（元）	定额	数量	金额（元）	数量	金额（元）
1001001	人工	工日	106.28	4.300	177.735	18889.71							177.735	18889.71
2001002	HRB400 钢筋	t	4047.13	1.026	42.408	171632.63							42.408	171632.63
2001022	20～22 号铁丝镀锌铁丝	kg	6.50	2.340	96.721	628.69							96.721	628.69
2009011	电焊条结 422（502、506、507）3.2/4.0/5.0	kg	7.50	0.790	32.654	244.90							32.654	244.90
8015028	容量 32kV·A 以内交流电弧焊机 BX1-330	台班	190.22	0.140	5.787	1100.75							5.787	1100.75
8099001	小型机具使用费	元	1.00	13.600	562.140	562.14							562.140	562.14
9999001	定额基价	元	1.00	6883.220	158905.143	158905.14							158905.143	158905.14
	直接费	元				193058.82								193058.82
	措施费 Ⅰ	元		20517.941	0.391%	80.23								80.23
	措施费 Ⅱ	元		158905.143	0.564%	896.12								896.12
	企业管理费	元		158887.127	3.472%	5516.56								5516.56
	规费	元		19504.727	35.900%	7002.20								7002.20
	利润	元		165380.040	7.420%	12271.20								12271.20
	税金	元		218825.122	9.000%	19694.26								19694.26
	金额合计	元				238519.39								238519.39

25. 桥梁干处挖土方

分项工程概算表

编制范围：上下水库连接路工程

工程名称：干处挖土方　　　　单位：m³　　　　数量：950.0　　　　单价：27.94 元

代号	工程项目				机械开挖基坑			自卸汽车运土、石方						合计	
	工程细目				机械开挖基坑挖掘机挖土方			装载质量 15t 以内自卸汽车运土第一个 1km							
	定额单位				1000m³			1000m³ 天然密实方							
	工程数量				0.950			0.190							
	定额表号				4～2～3～7			1～1～10～9							
	工、料、机名称	单位	单价（元）	定额	数量	金额（元）	定额	数量	金额（元）	定额	数量	金额（元）		数量	金额（元）
1001001	人工	工日	106.28	107.700	102.315	10874.04								102.315	10874.04
8001025	斗容量 0.6m³ 履带式单斗挖掘机 WY60 液压	台班	818.97	3.320	3.154	2583.03								3.154	2583.03
8007017	装载质量 15t 以内自卸汽车 SH361，T815	台班	902.34				5.060	0.961	867.51					0.961	867.51
8007046	装载质量 1.0t 以内机动翻斗车 F10A	台班	209.48	13.690	13.006	2724.39								13.006	2724.39
9999001	定额基价	元	1.00	1151.450	16266.115	16266.12	926.780	891.006	891.01					17157.122	17157.12
	直接费	元				16181.46			867.51						17048.97
	措施费 Ⅰ	元		16266.115	3.223%	524.26	891.006	2.449%	21.82						546.08
	措施费 Ⅱ	元		16266.115	0.521%	84.75	891.006	0.154%	1.37						86.12
	企业管理费	元		16265.900	3.717%	604.60	891.100	2.279%	20.31						624.91
	规费	元		12926.677	35.900%	4640.68	102.178	35.900%	36.68						4677.36
	利润	元		17479.501	7.420%	1296.98	934.596	7.420%	69.35						1366.33
	税金	元		23332.722	9.000%	2099.95	1017.044	9.000%	91.53						2191.48
	金额合计	元				25432.67			1108.57						26541.24

26. 桥梁干处挖石方

分项工程概算表

编制范围：上下水库连接路工程

工程名称：干处挖石方　　　　单位：m³　　　　数量：2500.0　　　　单价：63.63 元

代号	工、料、机名称	单位	单价（元）	机械开挖基坑			自卸汽车运土、石方						合计	
				机械开挖基坑石方			装载质量15t以内自卸汽车运石第一个1km							
				1000m³			1000m³天然密实方							
				2.500			0.500							
				4~2~3~9			1~1~10~23							
				定额	数量	金额（元）	定额	数量	金额（元）	定额	数量	金额（元）	数量	金额（元）
1001001	人工	工日	106.28	233.900	584.750	62147.23							584.750	62147.23
2009003	空心钢钎优质碳素工具钢	kg	6.84	13.800	34.500	235.98							34.500	235.98
2009004	φ50mm 以内合金钻头 φ43mm	个	80.00	21.000	52.500	4200.00							52.500	4200.00
5005002	硝铵炸药1号、2号岩石硝铵炸药	kg	10.75	157.100	392.750	4222.06							392.750	4222.06
5005008	非电毫秒雷管导爆管长3～7m	个	2.26	201.000	502.500	1135.65							502.500	1135.65
5005009	导爆索爆速 6000～7000m/s	m	3.19	90.800	227.000	724.13							227.000	724.13
7801001	其他材料费	元	1.00	22.000	55.000	55.00							55.000	55.00
8001035	斗容量 1.0m³ 履带式单斗挖掘机 WK100 机械	台班	1028.91	3.480	8.700	8951.52							8.700	8951.52
8007017	装载质量 15t 以内自卸汽车 SH361，T815	台班	902.34				6.240	3.120	2815.30				3.120	2815.30
8007046	装载质量 1.0t 以内机动翻斗车 F10A	台班	209.48	16.490	41.225	8635.81							41.225	8635.81
8017049	排气量 9m³/min 以内机动空气压缩机 VY-9/7	台班	697.38	7.140	17.850	12448.23							17.850	12448.23
8099001	小型机具使用费	元	1.00	347.000	867.500	867.50							867.500	867.50

代号	工程项目			机械开挖基坑			自卸汽车运土、石方						合计	
	工程细目			机械开挖基坑石方			装载质量 15t 以内自卸汽车运石第一个 1km							
	定额单位			1000m³			1000m³ 天然密实方							
	工程数量			2.500			0.500							
	定额表号			4～2～3～9			1～1～10～23							
	工、料、机名称	单位	单价（元）	定额	数量	金额（元）	定额	数量	金额（元）	定额	数量	金额（元）	数量	金额（元）
9999001	定额基价	元	1.00	2148.190	102493.248	102493.25	926.780	2891.554	2891.55				105384.801	105384.80
	直接费	元				103623.12			2815.30					106438.42
措施费	Ⅰ	元		93774.100	2.245%	2105.23	2891.554	2.449%	70.81					2176.04
	Ⅱ	元		102493.248	0.470%	481.71	2891.554	0.154%	4.45					486.17
	企业管理费	元		102492.500	3.719%	3811.70	2891.500	2.279%	65.90					3877.59
	规费	元		68377.894	35.900%	24547.66	331.593	35.900%	119.04					24666.71
	利润	元		108891.146	7.420%	8079.72	3032.668	7.420%	225.02					8304.75
	税金	元		142649.144	9.000%	12838.42	3300.533	9.000%	297.05					13135.47
	金额合计	元				155487.57			3597.58					159085.15

27. 墩台扩大基础（C25）

分项工程概算表

编制范围：上下水库连接路工程

工程名称：墩台扩大基础（C25）　　　　单位：m³　　　　数量：1581.7　　　　单价：646.92 元

代号	工程项目			天然地基上的混凝土、砌石基础			混凝土搅拌机拌和						合计	
	工程细目			钢筋混凝土实体式墩台基础			混凝土搅拌机拌和（250L 以内）							
	定额单位			10m³ 实体			10m³							
	工程数量			158.170			158.170							
	定额表号			4～2～4～1			4～6～1～1							
	工、料、机名称	单位	单价（元）	定额	数量	金额（元）	定额	数量	金额（元）	定额	数量	金额（元）	数量	金额（元）
1001001	人工	工日	106.28	7.800	1233.726	131120.40	2.100	332.157	35301.65				1565.883	166422.05
2003025	钢模板各类定型大块钢模板	t	5500.00	0.034	5.378	29577.79							5.378	29577.79

代号	工程项目				天然地基上的混凝土、砌石基础			混凝土搅拌机拌和						合计	
	工程细目				钢筋混凝土实体式墩台基础			混凝土搅拌机拌和（250L 以内）							
	定额单位				10m³实体			10m³							
	工程数量				158.170			158.170							
	定额表号				4～2～4～1			4～6～1～1							
	工、料、机名称	单位	单价（元）	定额	数量	金额（元）	定额	数量	金额（元）	定额	数量	金额（元）	数量	金额（元）
2009013	螺栓混合规格	kg	7.35	1.090	172.405	1267.18							172.405	1267.18
2009028	铁件铁件	kg	4.97	8.590	1358.680	6752.64							1358.680	6752.64
3005004	水	m³	2.86	12.000	1898.040	5428.39							1898.040	5428.39
5503005	中（粗）砂混凝土、砂浆用堆方	m³	140.00	5.610	887.334	124226.72							887.334	124226.72
5505015	碎石（8cm）最大粒径 8cm堆方	m³	120.00	8.470	1339.700	160763.99							1339.700	160763.99
5509001	32.5级水泥	t	502.65	2.581	408.237	205200.21							408.237	205200.21
7801001	其他材料费	元	1.00	30.500	4824.185	4824.19							4824.185	4824.19
8005002	出料容量250L以内强制式混凝土搅拌机JD250	台班	181.65				0.410	64.850	11779.95				64.850	11779.95
8009030	提升质量25t以内汽车式起重机QY25	台班	1341.54	0.260	41.124	55169.76							41.124	55169.76
8099001	小型机具使用费	元	1.00	10.200	1613.334	1613.33							1613.334	1613.33
9999001	定额基价	元	1.00	7341.270	548569.333	548569.33	284.140	46835.814	46835.81				595405.147	595405.15
	直接费	元				725944.60			47081.59					773026.19
	措施费 Ⅰ	元		188505.551	2.738%	5161.28	46835.814	2.738%	1282.36					6443.65
	措施费 Ⅱ	元		548569.333	1.537%	8430.96	46835.814	1.537%	719.60					9150.56
	企业管理费	元		548533.560	6.166%	33822.58	46818.320	6.166%	2886.82					36709.40
	规费	元		139861.758	35.900%	50210.37	42193.872	35.900%	15147.60					65357.97
	利润	元		595948.383	7.420%	44219.37	51707.102	7.420%	3836.67					48056.04
	税金	元		867789.167	9.000%	78101.03	70954.644	9.000%	6385.92					84486.94
	金额合计	元				945890.19			77340.56					1023230.75

28. 桥台混凝土（C25）

分项工程概算表

编制范围：上下水库连接路工程

工程名称：桥台混凝土（C25）　　　　单位：m³　　　　数量：636.4　　　　单价：771.94 元

代号	工、料、机名称	单位	单价（元）	混凝土桥台			混凝土搅拌机拌和			片石、块石开采			人工装机动翻斗车		
				梁板桥 U 形混凝土桥台高度 10m 以内			混凝土搅拌机拌和（250L 以内）			捡清片石			人工装片石、大卵石（机动翻斗车）		
				10m³实体			10m³			100m³码方			100m³		
				63.640			63.640			1.534			1.534		
				4～3～2～2 改			4～6～1～1			借部 2018 预 8～1～5～3			借部 2018 预 9～1～7～4		
				定额	数量	金额（元）	定额	数量	金额（元）	定额	数量	金额（元）	定额	数量	金额（元）
1001001	人工	工日	106.28	13.200	840.048	89280.30	2.100	133.644	14203.68	18.600	28.527	3031.88	5.000	7.669	815.02
2001019	钢丝绳股丝（6～7）×19，绳径 7.1～9mm；股丝 6×37，绳径 14.1～15.5mm	t	5970.09	0.002	0.127	759.87									
2001021	8～12 号铁丝镀锌铁丝	kg	6.50	0.160	10.182	66.19									
2003008	钢管无缝钢管	t	4179.49	0.009	0.573	2393.84									
2003025	钢模板各类定型大块钢模板	t	5500.00	0.049	3.118	17150.98									
2009013	螺栓混合规格	kg	7.35	5.010	318.836	2343.45									
2009028	铁件铁件	kg	4.97	2.960	188.374	936.22									
2009030	铁钉混合规格	kg	4.60	0.140	8.910	40.98									
3005004	水	m³	2.86	12.000	763.680	2184.12									
4003002	锯材中板 δ＝19～35mm，中方混合规格	m³	2099.00	0.020	1.273	2671.61									
4013002	草皮	m²	3.10	1.490	94.824	293.95									
5501003	黏土堆方	m³	11.65	0.880	56.003	652.44									
5503005	中（粗）砂混凝土、砂浆用堆方	m³	140.00	4.790	304.836	42676.98									

代 号	工程项目		混凝土桥台			混凝土搅拌机拌和			片石、块石开采			人工装机动翻斗车		
	工程细目		梁板桥 U 形混凝土桥台高度 10m 以内			混凝土搅拌机拌和（250L 以内）			捡清片石			人工装片石、大卵石（机动翻斗车）		
	定额单位		10m³实体			10m³			100m³码方			100m³		
	工程数量		63.640			63.640			1.534			1.534		
	定额表号		4～3～2～2改			4～6～1～1			借部 2018 预 8～1～5～3			借部 2018 预 9～1～7～4		
	工、料、机名称	单位	单价（元）	定额	数量	金额（元）	定额	数量	金额（元）	定额	数量	金额（元）	定额	数量	金额（元）
5505013	碎石（4cm）最大粒径 4cm 堆方	m³	120.00	0.170	10.819	1298.26									
5505015	碎石（8cm）最大粒径 8cm 堆方	m³	120.00	8.040	511.666	61399.87									
5509001	32.5 级水泥	t	502.65	2.226	141.663	71206.73									
7801001	其他材料费	元	1.00	82.800	5269.392	5269.39									
8005002	出料容量 250L 以内强制式混凝土搅拌机 JD250	台班	181.65				0.410	26.092	4739.68						
8009030	提升质量 25t 以内汽车式起重机 QY25	台班	1341.54	0.380	24.183	32442.73									
8099001	小型机具使用费	元	1.00	11.400	725.496	725.50									
9999001	定额基价	元	1.00	19168.600	269620.553	269620.55	284.140	18844.479	18844.48	106.280	3031.878	3031.88	106.280	815.021	815.02
	直接费	元				333793.42			18943.37			3031.83			815.01
	措施费 I	元		122802.570	2.738%	3362.33	18844.479	2.738%	515.96	3031.878	3.223%	97.72	815.021	2.449%	19.96
	措施费 II	元		269620.553	1.537%	4144.41	18844.479	1.537%	289.53	3031.878	0.521%	15.80	815.021	0.154%	1.25
	企业管理费	元		269642.680	6.166%	16626.17	18837.440	6.166%	1161.52	3032.125	3.717%	112.70	814.395	2.279%	18.56
	规费	元		94420.682	35.900%	33897.03	16976.783	35.900%	6094.67	3031.830	35.900%	1088.43	815.008	35.900%	292.59
	利润	元		293775.593	7.420%	21798.15	20804.447	7.420%	1543.69	3258.342	7.420%	241.77	854.164	7.420%	63.38
	税金	元		413621.500	9.000%	37225.94	28548.733	9.000%	2569.39	4588.244	9.000%	412.94	1210.744	9.000%	108.97
	金额合计	元				450847.44			31118.12			5001.19			1319.72

分项工程概算表

编制范围：上下水库连接路工程

工程名称：桥台混凝土（C25）　　　　单位：m³　　　　数量：636.4　　　　单价：771.94 元

代号	工、料、机名称	单位	单价（元）	工程项目 机动翻斗车运输（配合人工装车） 工程细目 机械翻斗车运输片石、大卵石 1000m 定额单位　100m³ 工程数量　1.534 定额表号　借部 2018 预 9～1～3～7 改									合计	
				定额	数量	金额（元）	定额	数量	金额（元）	定额	数量	金额（元）	数量	金额（元）
1001001	人工	工日	106.28										1009.888	107330.88
2001019	钢丝绳股丝（6～7）×19，绳径 7.1～9mm；股丝 6×37，绳径 14.1～15.5mm	t	5970.09										0.127	759.87
2001021	8～12 号铁丝镀锌铁丝	kg	6.50										10.182	66.19
2003008	钢管无缝钢管	t	4179.49										0.573	2393.84
2003025	钢模板各类定型大块钢模板	t	5500.00										3.118	17150.98
2009013	螺栓混合规格	kg	7.35										318.836	2343.45
2009028	铁件铁件	kg	4.97										188.374	936.22
2009030	铁钉混合规格	kg	4.60										8.910	40.98
3005004	水	m³	2.86										763.680	2184.12
4003002	锯材中板 δ=19～35mm，中方混合规格	m³	2099.00										1.273	2671.61
4013002	草皮	m²	3.10										94.824	293.95
5501003	黏土堆方	m³	11.65										56.003	652.44
5503005	中（粗）砂混凝土、砂浆用堆方	m³	140.00										304.836	42676.98
5505013	碎石（4cm）最大粒径 4cm 堆方	m³	120.00										10.819	1298.26

代号		单位	单价（元）										合计	
	工程项目			机动翻斗车运输（配合人工装车）										
	工程细目			机械翻斗车运输片石、大卵石 1000m										
	定额单位			100m³										
	工程数量			1.534										
	定额表号			借部 2018 预 9～1～3～7 改										
	工、料、机名称	单位	单价（元）	定额	数量	金额（元）	定额	数量	金额（元）	定额	数量	金额（元）	数量	金额（元）
5505015	碎石（8cm）最大粒径 8cm 堆方	m³	120.00										511.666	61399.87
5509001	32.5 级水泥	t	502.65										141.663	71206.73
7801001	其他材料费	元	1.00										5269.392	5269.39
8005002	出料容量 250L 以内强制式混凝土搅拌机 JD250	台班	181.65										26.092	4739.68
8007046	装载质量 1.0t 以内机动翻斗车 F10A	台班	209.48	6.490	9.954	2085.14							9.954	2085.14
8009030	提升质量 25t 以内汽车式起重机 QY25	台班	1341.54										24.183	32442.73
8099001	小型机具使用费	元	1.00										725.496	725.50
9999001	定额基价	元	1.00	212.720	2117.387	2117.39							294429.317	294429.32
	直接费	元				2085.10								358668.73
	措施费 Ⅰ	元		2117.387	2.449%	51.85								4047.83
	措施费 Ⅱ	元		2117.387	0.154%	3.26								4454.25
	企业管理费	元		2118.040	2.279%	48.27								17967.22
	规费	元		1057.880	35.900%	379.78								41752.48
	利润	元		2221.429	7.420%	164.83								23811.82
	税金	元		2733.100	9.000%	245.98								40563.21
	金额合计	元				2979.08								491265.53

29. 桥墩混凝土（C30）

分项工程概算表

编制范围：上下水库连接路工程

工程名称：桥墩混凝土（C30）　　　　　单位：m³　　　　　数量：53.3　　　　　单价：935.89 元

| 代号 | 工、料、机名称 | 单位 | 单价（元） | 梁板桥桥墩
梁板桥桥墩泵送混凝土
圆柱墩高度 20m 以内
10m³ 实体
5.330
4～3～5～20
定额 | | | 混凝土搅拌机拌和
混凝土搅拌机拌和（250L 以内）
10m³
5.330
4～6～1～1
定额 | | | 定额 | 数量 | 金额（元） | 合计
数量 | 金额（元） |
				定额	数量	金额（元）	定额	数量	金额（元）					
1001001	人工	工日	106.28	12.700	67.691	7194.20	2.100	11.193	1189.59				78.884	8383.79
2001019	钢丝绳股丝（6～7）×19，绳径 7.1～9mm；股丝 6×37，绳径 14.1～15.5mm	t	5970.09	0.007	0.037	222.74							0.037	222.74
2003004	型钢工字钢，角钢	t	3997.64	0.029	0.155	617.92							0.155	617.92
2003005	钢板 A3，δ＝5～40mm	t	4500.00	0.001	0.005	23.99							0.005	23.99
2003008	钢管无缝钢管	t	4179.49	0.001	0.005	22.28							0.005	22.28
2003025	钢模板各类定型大块钢模板	t	5500.00	0.093	0.496	2726.30							0.496	2726.30
2003028	安全爬梯	t	8076.92	0.019	0.101	817.95							0.101	817.95
2009013	螺栓混合规格	kg	7.35	0.580	3.091	22.72							3.091	22.72
2009028	铁件铁件	kg	4.97	21.340	113.742	565.30							113.742	565.30
3005004	水	m³	2.86	17.980	95.833	274.08							95.833	274.08
4003002	锯材中板 δ＝19～35mm，中方混合规格	m³	2099.00	0.016	0.085	179.00							0.085	179.00
5503005	中（粗）砂混凝土、砂浆用堆方	m³	140.00	5.960	31.767	4447.35							31.767	4447.35

代号	工、料、机名称	单位	单价（元）	梁板桥桥墩			混凝土搅拌机拌和						合计	
	工程项目			梁板桥桥墩			混凝土搅拌机拌和							
	工程细目			梁板桥桥墩泵送混凝土圆柱墩高度20m以内			混凝土搅拌机拌和（250L以内）							
	定额单位			10m³实体			10m³							
	工程数量			5.330			5.330							
	定额表号			4～3～5～20			4～6～1～1							
	工、料、机名称	单位	单价（元）	定额	数量	金额（元）	定额	数量	金额（元）	定额	数量	金额（元）	数量	金额（元）
5505013	碎石（4cm）最大粒径4cm堆方	m³	120.00	7.590	40.455	4854.56							40.455	4854.56
5509001	32.5级水泥	t	502.65	4.029	21.475	10794.19							21.475	10794.19
7801001	其他材料费	元	1.00	52.300	278.759	278.76							278.759	278.76
8005002	出料容量250L以内强制式混凝土搅拌机JD250	台班	181.65				0.410	2.185	396.96				2.185	396.96
8005051	排量60m³/h以内混凝土输送泵BSA1406，HBT60	台班	1286.32	0.150	0.800	1028.41							0.800	1028.41
8009030	提升质量25t以内汽车式起重机QY25	台班	1341.54	0.250	1.333	1787.60							1.333	1787.60
8099001	小型机具使用费	元	1.00	8.100	43.173	43.17							43.173	43.17
9999001	定额基价	元	1.00	35387.660	28429.406	28429.41	284.140	1578.269	1578.27				30007.676	30007.68
	直接费	元				35900.53			1586.55					37487.08
	措施费 Ⅰ	元		10052.092	2.738%	275.23	1578.269	2.738%	43.21					318.44
	措施费 Ⅱ	元		28429.406	1.537%	436.97	1578.269	1.537%	24.25					461.22
	企业管理费	元		28430.220	6.166%	1753.01	1577.680	6.166%	97.28					1850.29
	规费	元		7562.407	35.900%	2714.90	1421.847	35.900%	510.44					3225.35
	利润	元		30895.431	7.420%	2292.44	1742.426	7.420%	129.29					2421.73
	税金	元		43373.078	9.000%	3903.58	2391.022	9.000%	215.19					4118.77
	金额合计	元				47276.65			2606.22					49882.87

30. 桥梁现浇混凝土上部结构（C40）

分项工程概算表

编制范围：上下水库连接路工程

工程名称：现浇混凝土上部结构（C40）　　　　单位：m³　　　　数量：179.7　　　　单价：1191.62 元

代号	工程项目			现浇钢筋混凝土板桥上部构造				混凝土搅拌机拌和				合计				
	工程细目			现浇钢筋混凝土板桥连续板实体等截面				混凝土搅拌机拌和（250L 以内）								
	定额单位			10m³ 实体				10m³								
	工程数量			17.970				17.970								
	定额表号			4～4～1～2				4～6～1～1								
	工、料、机名称	单位	单价（元）	定额	数量	金额（元）		定额	数量	金额（元）		定额	数量	金额（元）	数量	金额（元）
1001001	人工	工日	106.28	20.300	364.791	38769.99		2.100	37.737	4010.69					402.528	42780.68
2003004	型钢工字钢，角钢	t	3997.64	0.006	0.108	431.03									0.108	431.03
2003008	钢管无缝钢管	t	4179.49	0.001	0.018	75.11									0.018	75.11
2003025	钢模板各类定型大块钢模板	t	5500.00	0.048	0.863	4744.08									0.863	4744.08
2009033	铸铁管	kg	3.42	18.200	327.054	1118.52									327.054	1118.52
3005004	水	m³	2.86	16.600	298.302	853.14									298.302	853.14
5503005	中（粗）砂混凝土、砂浆用堆方	m³	140.00	4.690	84.279	11799.10									84.279	11799.10
5503007	砂砾堆方	m³	120.00	16.070	288.778	34653.35									288.778	34653.35
5505013	碎石（4cm）最大粒径4cm 堆方	m³	120.00	8.470	152.206	18264.71									152.206	18264.71
5509001	32.5 级水泥	t	502.65	3.845	69.095	34730.43									69.095	34730.43
7801001	其他材料费	元	1.00	33.400	600.198	600.20									600.198	600.20
8001081	机械自身质量 12～15t 光轮压路机 3Y-12/15	台班	572.69	0.070	1.258	720.39									1.258	720.39
8001083	机械自身质量 18～21t 光轮压路机 3Y-18/21	台班	731.62	0.030	0.539	394.42									0.539	394.42
8005002	出料容量 250L 以内强制式混凝土搅拌机 JD250	台班	181.65					0.410	7.368	1338.34					7.368	1338.34
8009027	提升质量 12t 以内汽车式起重机 QY12	台班	837.19	0.240	4.313	3610.63									4.313	3610.63
8009030	提升质量 25t 以内汽车式起重机 QY25	台班	1341.54	0.170	3.055	4098.27									3.055	4098.27

代号	工程项目		现浇钢筋混凝土板桥上部构造			混凝土搅拌机拌和						合计	
	工程细目		现浇钢筋混凝土板桥连续板实体等截面			混凝土搅拌机拌和（250L以内）							
	定额单位		10m³实体			10m³							
	工程数量		17.970			17.970							
	定额表号		4~4~1~2			4~6~1~1							
	工、料、机名称	单位	单价（元）	定额	数量	金额（元）	定额	数量	金额（元）	定额	数量	金额（元）	数量	金额（元）
8099001	小型机具使用费	元	1.00	10.400	186.888	186.89							186.888	186.89
9999001	定额基价	元	1.00	17255.280	110763.210	110763.21	284.140	5321.107	5321.11				116084.317	116084.32
	直接费	元				155050.24			5349.03					160399.27
	措施费 I	元		47902.392	2.738%	1311.57	5321.107	2.738%	145.69					1457.26
	措施费 II	元		110763.210	1.537%	1702.49	5321.107	1.537%	81.75					1784.25
	企业管理费	元		110767.080	6.166%	6829.90	5319.120	6.166%	327.98					7157.88
	规费	元		40527.050	35.900%	14549.21	4793.727	35.900%	1720.95					16270.16
	利润	元		120611.038	7.420%	8949.34	5874.542	7.420%	435.89					9385.23
	税金	元		188392.744	9.000%	16955.35	8061.289	9.000%	725.52					17680.86
	金额合计	元				205348.10			8786.81					214134.91

31. 支座垫石挡土墙

分项工程概算表

编制范围：上下水库连接路工程

工程名称：支座垫石　　　　单位：m³　　　　数量：0.5　　　　单价：1249.74 元

代号	工程项目		支座垫石			混凝土搅拌机拌和						合计	
	工程细目		板式支座垫石混凝土			混凝土搅拌机拌和（250L以内）							
	定额单位		10m³实体			10m³							
	工程数量		0.050			0.050							
	定额表号		借部2018预 4~6~2~87			4~6~1~1							
	工、料、机名称	单位	单价（元）	定额	数量	金额（元）	定额	数量	金额（元）	定额	数量	金额（元）	数量	金额（元）
1001001	人工	工日	106.28	22.800	1.140	121.16	2.100	0.105	11.16				1.245	132.32
2003025	钢模板各类定型大块钢模板	t	5500.00	0.110	0.006	30.25							0.006	30.25
2009013	螺栓混合规格	kg	7.35	2.700	0.135	0.99							0.135	0.99

代号	工、料、机名称	单位	单价（元）	支座垫石 板式支座垫石混凝土 10m³实体 0.050 借部2018预4～6～2～87 定额	数量	金额（元）	混凝土搅拌机拌和 混凝土搅拌机拌和（250L以内） 10m³ 0.050 4～6～1～1 定额	数量	金额（元）	定额	数量	金额（元）	合计 数量	合计 金额（元）
	工程项目			支座垫石			混凝土搅拌机拌和							
	工程细目			板式支座垫石混凝土			混凝土搅拌机拌和（250L以内）							
	定额单位			10m³实体			10m³							
	工程数量			0.050			0.050							
	定额表号			借部2018预4～6～2～87			4～6～1～1							
2009028	铁件铁件	kg	4.97	9.020	0.451	2.24							0.451	2.24
3005004	水	m³	2.86	12.000	0.600	1.72							0.600	1.72
5503005	中（粗）砂混凝土、砂浆用堆方	m³	140.00	4.690	0.235	32.83							0.235	32.83
5505013	碎石（4cm）最大粒径4cm堆方	m³	120.00	8.470	0.424	50.82							0.424	50.82
5509001	32.5级水泥	t	502.65	3.845	0.192	96.63							0.192	96.63
7801001	其他材料费	元	1.00	8.800	0.440	0.44							0.440	0.44
8005002	出料容量250L以内强制式混凝土搅拌机JD250	台班	181.65				0.410	0.021	3.72				0.021	3.72
8009030	提升质量25t以内汽车式起重机QY25	台班	1341.54	1.480	0.074	99.27							0.074	99.27
8099001	小型机具使用费	元	1.00	6.200	0.310	0.31							0.310	0.31
9999001	定额基价	元	1.00	7345.160	372.788	372.79	284.140	14.806	14.81				387.593	387.59
	直接费	元				436.67			14.88					451.55
	措施费 I	元		221.827	2.738%	6.07	14.806	2.738%	0.41					6.48
	措施费 II	元		372.788	1.537%	5.73	14.806	1.537%	0.23					5.96
	企业管理费	元		372.800	6.166%	22.99	14.800	6.166%	0.91					23.90
	规费	元		136.889	35.900%	49.14	13.337	35.900%	4.79					53.93
	利润	元		407.588	7.420%	30.24	16.348	7.420%	1.21					31.46
	税金	元		550.844	9.000%	49.58	22.433	9.000%	2.02					51.60
	金额合计	元				600.42			24.45					624.87

32. 桥梁护栏混凝土

分项工程概算表

编制范围：上下水库连接路工程

工程名称：护栏混凝土　　单位：m³　　数量：31.2　　单价：818.08 元

代号	工、料、机名称	单位	单价（元）	柱式及墙式护栏 现浇钢筋混凝土防撞护栏混凝土 10m³实体 3.120 5～1～1～4									合计	
	工程项目			柱式及墙式护栏										
	工程细目			现浇钢筋混凝土防撞护栏混凝土										
	定额单位			10m³实体										
	工程数量			3.120										
	定额表号			5～1～1～4										
				定额	数量	金额（元）	定额	数量	金额（元）	定额	数量	金额（元）	数量	金额（元）
1001001	人工	工日	106.28	16.300	50.856	5404.98							50.856	5404.98
2001001	HPB300 钢筋	t	4047.13	0.001	0.003	12.63							0.003	12.63
2003025	钢模板各类定型大块钢模板	t	5500.00	0.101	0.315	1733.16							0.315	1733.16
2009028	铁件铁件	kg	4.97	13.300	41.496	206.24							41.496	206.24
3005004	水	m³	2.86	12.000	37.440	107.08							37.440	107.08
4003001	原木混合规格	m³	1540.43	0.043	0.134	206.66							0.134	206.66
4003002	锯材中板 δ＝19～35mm，中方混合规格	m³	2099.00	0.061	0.190	399.48							0.190	399.48
5503005	中（粗）砂混凝土、砂浆用堆方	m³	140.00	4.900	15.288	2140.32							15.288	2140.32
5505013	碎石（4cm）最大粒径 4cm 堆方	m³	120.00	8.470	26.426	3171.17							26.426	3171.17
5509001	32.5 级水泥	t	502.65	3.417	10.661	5358.77							10.661	5358.77
7801001	其他材料费	元	1.00	14.200	44.304	44.30							44.304	44.30
8005002	出料容量 250L 以内强制式混凝土搅拌机 JD250	台班	181.65	0.300	0.936	170.02							0.936	170.02
8007046	装载质量 1.0t 以内机动翻斗车 F10A	台班	209.48	0.290	0.905	189.54							0.905	189.54
8099001	小型机具使用费	元	1.00	4.900	15.288	15.29							15.288	15.29
9999001	定额基价	元	1.00	12493.150	15178.669	15178.67							15178.669	15178.67
	直接费	元				19159.64								19159.64

代号	工程项目		柱式及墙式护栏										合计	
	工程细目		现浇钢筋混凝土防撞护栏混凝土											
	定额单位		10m³实体											
	工程数量		3.120											
	定额表号		5~1~1~4											
	工、料、机名称	单位	单价（元）	定额	数量	金额（元）	定额	数量	金额（元）	定额	数量	金额（元）	数量	金额（元）
	措施费 Ⅰ	元		5779.210	2.296%	132.69								132.69
	措施费 Ⅱ	元		15178.669	1.201%	182.30								182.30
	企业管理费	元		15178.800	4.795%	727.82								727.82
	规费	元		5600.616	35.900%	2010.62								2010.62
	利润	元		16221.617	7.420%	1203.64								1203.64
	税金	元		23416.711	9.000%	2107.50								2107.50
	金额合计	元				25524.22								25524.22

33. 桥台搭板

分项工程概算表

编制范围：上下水库连接路工程

工程名称：桥台搭板　　　　　单位：m³　　　　　数量：37.4　　　　　单价：760.06 元

代号	工程项目		桥面防水及桥头搭板			混凝土搅拌机拌和						合计	
	工程细目		现浇桥头搭板混凝土			混凝土搅拌机拌和（250L 以内）							
	定额单位		10m³			10m³							
	工程数量		3.740			3.740							
	定额表号		4~4~13~10			4~6~1~1							
	工、料、机名称	单位	单价（元）	定额	数量	金额（元）	定额	数量	金额（元）	定额	数量	金额（元）	数量	金额（元）
1001001	人工	工日	106.28	14.800	55.352	5882.81	2.100	7.854	834.72				63.206	6717.53
2003004	型钢工字钢，角钢	t	3997.64	0.002	0.007	29.90							0.007	29.90
2003026	组合钢模板	t	5500.00	0.003	0.011	61.71							0.011	61.71
2009028	铁件铁件	kg	4.97	1.400	5.236	26.02							5.236	26.02
3005004	水	m³	2.86	12.000	44.880	128.36							44.880	128.36

代号	工程项目			桥面防水及桥头搭板			混凝土搅拌机拌和						合计	
	工程细目			现浇桥头搭板混凝土			混凝土搅拌机拌和（250L以内）							
	定额单位			10m³			10m³							
	工程数量			3.740			3.740							
	定额表号			4～4～13～10			4～6～1～1							
	工、料、机名称	单位	单价（元）	定额	数量	金额（元）	定额	数量	金额（元）	定额	数量	金额（元）	数量	金额（元）
4003001	原木混合规格	m³	1540.43	0.001	0.004	5.76							0.004	5.76
4003002	锯材中板δ＝19～35mm，中方混合规格	m³	2099.00	0.008	0.030	62.80							0.030	62.80
5503005	中（粗）砂混凝土、砂浆用堆方	m³	140.00	4.690	17.541	2455.68							17.541	2455.68
5505013	碎石（4cm）最大粒径4cm堆方	m³	120.00	8.470	31.678	3801.34							31.678	3801.34
5509001	32.5级水泥	t	502.65	3.845	14.380	7228.26							14.380	7228.26
7801001	其他材料费	元	1.00	24.500	91.630	91.63							91.630	91.63
8005002	出料容量250L以内强制式混凝土搅拌机JD250	台班	181.65				0.410	1.533	278.54				1.533	278.54
8007046	装载质量1.0t以内机动翻斗车F10A	台班	209.48	0.470	1.758	368.22							1.758	368.22
8099001	小型机具使用费	元	1.00	14.700	54.978	54.98							54.978	54.98
9999001	定额基价	元	1.00	11802.460	15372.548	15372.55	284.140	1107.454	1107.45				16480.002	16480.00
	直接费	元				20197.48			1113.27					21310.74
措施费	Ⅰ	元		6311.708	2.931%	185.00	1107.454	2.738%	30.32					215.32
	Ⅱ	元		15372.548	0.818%	125.74	1107.454	1.537%	17.02					142.75
	企业管理费	元		15371.400	3.335%	512.64	1107.040	6.166%	68.26					580.90
	规费	元		6069.630	35.900%	2179.00	997.694	35.900%	358.17					2537.17
	利润	元		16194.771	7.420%	1201.65	1222.642	7.420%	90.72					1292.37
	税金	元		24401.500	9.000%	2196.14	1677.756	9.000%	151.00					2347.13
	金额合计	元				26597.63			1828.75					28426.38

34. 圆形板式橡胶支座

分项工程概算表

编制范围：上下水库连接路工程

工程名称：圆形板式橡胶支座 GYZ 250×66　　　　单位：个　　　　数量：6.0　　　　单价：242.19元

代号	工程项目		板式橡胶支座安装										合计	
	工程细目		安装板式橡胶支座											
	定额单位		1dm³											
	工程数量		19.429											
	定额表号		4～4～27～1											
	工、料、机名称	单位	单价（元）	定额	数量	金额（元）	定额	数量	金额（元）	定额	数量	金额（元）	数量	金额（元）
1001001	人工	工日	106.28	0.100	1.943	206.49							1.943	206.49
6001003	板式橡胶支座 GJZ 系列、GYZ 系列	dm³	47.01	1.000	19.429	913.35							19.429	913.35
7801001	其他材料费	元	1.00	0.300	5.829	5.83							5.829	5.83
9999001	定额基价	元	1.00	154.290	1125.663	1125.66							1125.663	1125.66
	直接费	元				1125.67								1125.67
措施费	Ⅰ	元		206.489	0.391%	0.81								0.81
	Ⅱ	元		1125.666	0.564%	6.36								6.36
	企业管理费	元		1126.870	3.472%	39.12								39.13
	规费	元		206.490	35.900%	74.13								74.13
	利润	元		1173.154	7.420%	87.05								87.05
	税金	元		1333.133	9.000%	119.98								119.98
	金额合计	元				1453.12								1453.12

35. 圆形板式橡胶支座

分项工程概算表

编制范围：上下水库连接路工程

工程名称：圆形板式橡胶支座 GYZF4 250×65　　　单位：个　　　数量：12.0　　　单价：521.78 元

代号	工、料、机名称	工程项目		板式橡胶支座安装										合计	
		工程细目		安装四氟板式橡胶组合支座											
		定额单位		1dm³											
		工程数量		38.269											
		定额表号		4~4~27~2											
		单位	单价（元）	定额	数量	金额（元）	定额	数量	金额（元）	定额	数量	金额（元）	数量	金额（元）
1001001	人工	工日	106.28	0.100	3.827	406.72							3.827	406.72
2001002	HRB400 钢筋	t	4047.13	0.001	0.038	154.88							0.038	154.88
2003005	钢板 A3，δ＝5~40mm	t	4500.00	0.011	0.421	1894.30							0.421	1894.30
2009011	电焊条结 422（502、506、507）3.2/4.0/5.0	kg	7.50	0.100	3.827	28.70							3.827	28.70
6001002	四氟板式橡胶组合支座 GJZF4 系列、GYZF4 系列	dm³	59.83	1.000	38.269	2289.62							38.269	2289.62
7801001	其他材料费	元	1.00	2.600	99.499	99.50							99.499	99.50
8015028	容量 32kV·A 以内交流电弧焊机 BX1-330	台班	190.22	0.020	0.765	145.59							0.765	145.59
8099001	小型机具使用费	元	1.00	0.200	7.654	7.65							7.654	7.65
9999001	定额基价	元	1.00	7152.940	4583.853	4583.85							4583.853	4583.85
	直接费	元				5026.97								5026.97
	措施费 Ⅰ	元		555.379	0.391%	2.17								2.17
	措施费 Ⅱ	元		4583.858	0.564%	25.90								25.90
	企业管理费	元		4592.256	3.472%	159.44								159.44
	规费	元		488.064	35.900%	175.22								175.22
	利润	元		4779.771	7.420%	354.66								354.66
	税金	元		5744.356	9.000%	516.99								516.99
	金额合计	元				6261.35								6261.35

36. 橡胶伸缩装置

分项工程概算表

编制范围：上下水库连接路工程

工程名称：橡胶伸缩装置40型　　　　　单位：m　　　　　数量：18.0　　　　　单价：857.56元

代	工程项目		伸缩缝安装										合计	
	工程细目		安装板式橡胶伸缩缝											
	定额单位		1m											
	工程数量		18.000											
号	定额表号		4～4～27～33											
	工、料、机名称	单位	单价（元）	定额	数量	金额（元）	定额	数量	金额（元）	定额	数量	金额（元）	数量	金额（元）
1001001	人工	工日	106.28	1.700	30.600	3252.17							30.600	3252.17
2001001	HPB300钢筋	t	4047.13	0.011	0.198	801.33							0.198	801.33
2009011	电焊条结422（502、506、507）3.2/4.0/5.0	kg	7.50	1.100	19.800	148.50							19.800	148.50
2009028	铁件铁件	kg	4.97	1.500	27.000	134.19							27.000	134.19
5503005	中（粗）砂混凝土、砂浆用堆方	m³	140.00	0.040	0.720	100.80							0.720	100.80
5505012	碎石（2cm）最大粒径2cm堆方	m³	120.00	0.080	1.440	172.80							1.440	172.80
5509001	32.5级水泥	t	502.65	0.049	0.882	443.34							0.882	443.34
6003010	板式橡胶伸缩缝混合规格	m	299.15	1.000	18.000	5384.70							18.000	5384.70
7801001	其他材料费	元	1.00	7.400	133.200	133.20							133.200	133.20
8015028	容量32kV·A以内交流电弧焊机BX1-330	台班	190.22	0.260	4.680	890.23							4.680	890.23
8099001	小型机具使用费	元	1.00	2.200	39.600	39.60							39.600	39.60
9999001	定额基价	元	1.00	4418.670	11029.148	11029.15							11029.148	11029.15
	直接费	元				11500.86								11500.86
	措施费　Ⅰ	元		4153.964	0.391%	16.24								16.24
	措施费　Ⅱ	元		11029.148	0.564%	62.23								62.23
	企业管理费	元		11034.000	3.472%	383.10								383.10
	规费	元		3749.557	35.900%	1346.09								1346.09
	利润	元		11495.580	7.420%	852.97								852.97
	税金	元		14161.489	9.000%	1274.53								1274.53
	金额合计	元				15436.03								15436.03

37. 钢筋混凝土盖板涵 1-1.5m×1.5m（宽×高）

分项工程概算表

编制范围：上下水库连接路工程

工程名称：钢筋混凝土盖板涵 1-1.5m×1.5m（宽×高）　　　　单位：m　　　　数量：192.0　　　　单价：3781.56 元

代号	工程项目					1 道涵洞				片石、块石开采			人工装机动翻斗车			机动翻斗车运输（配合人工装车）		
	工程细目					钢筋混凝土盖板涵砌石台、墙身标准跨径 1.50m 涵长 12m				捡清片石			人工装片石、大卵石（机动翻斗车）			机械翻斗车运输片石、大卵石 1000m		
	定额单位					1 道				100m³ 码方			100m³			100m³		
	工程数量					16.000				2.434			2.434			2.434		
	定额表号					4~1~6~6 改				借部 2018 预 8~1~5~3			借部 2018 预 9~1~7~4			借部 2018 预 9~1~3~7 改		
	工、料、机名称	单位	单价（元）	定额	数量	金额（元）	定额	数量	金额（元）	定额	数量	金额（元）	定额	数量	金额（元）	定额	数量	金额（元）
1001001	人工	工日	106.28	108.850	1741.600	185097.25	18.600	45.265	4810.76	5.000	12.168	1293.22						
2001001	HPB300 钢筋	t	4047.13	0.061	0.976	3950.00												
2001002	HRB400 钢筋	t	4047.13	0.191	3.056	12368.03												
2001021	8~12 号铁丝镀锌铁丝	kg	6.50	7.705	123.280	801.32												
2001022	20~22 号铁丝镀锌铁丝	kg	6.50	0.825	13.200	85.80												
2003004	型钢工字钢，角钢	t	3997.64	0.003	0.048	191.89												
2003008	钢管无缝钢管	t	4179.49	0.021	0.336	1404.31												
2003025	钢模板各类定型大块钢模板	t	5500.00	0.090	1.440	7920.00												
2003026	组合钢模板	t	5500.00	0.003	0.048	264.00												
2009003	空心钢钎优质碳素工具钢	kg	6.84	0.145	2.320	15.87												
2009004	φ50mm 以内合金钻头 φ43mm	个	80.00	0.240	3.840	307.20												
2009011	电焊条结 422（502、506、507）3.2/4.0/5.0	kg	7.50	0.260	4.160	31.20												
2009013	螺栓混合规格	kg	7.35	4.770	76.320	560.95												
2009028	铁件铁件	kg	4.97	20.755	332.080	1650.44												
2009030	铁钉混合规格	kg	4.60	0.700	11.200	51.52												

代	工程项目			1 道涵洞				片石、块石开采			人工装机动翻斗车			机动翻斗车运输（配合人工装车）		
	工程细目			钢筋混凝土盖板涵砌石台、墙身标准跨径 1.50m 涵长 12m				捡清片石			人工装片石、大卵石（机动翻斗车）			机械翻斗车运输片石、大卵石 1000m		
号	定额单位			1 道				100m³ 码方			100m³			100m³		
	工程数量			16.000				2.434			2.434			2.434		
	定额表号			4～1～6～6 改				借部 2018 预 8～1～5～3			借部 2018 预 9～1～7～4			借部 2018 预 9～1～3～7 改		
	工、料、机名称	单位	单价（元）	定额	数量	金额（元）		定额	数量	金额（元）	定额	数量	金额（元）	定额	数量	金额（元）
3005004	水	m³	2.86	70.170	1122.720	3210.98										
4003001	原木混合规格	m³	1540.43	0.060	0.960	1478.81										
4003002	锯材中板 δ＝19～35mm，中方混合规格	m³	2099.00	0.155	2.480	5205.52										
5005002	硝铵炸药 1 号、2 号岩石硝铵炸药	kg	10.75	1.820	29.120	313.04										
5005008	非电毫秒雷管导爆管长 3～7m	个	2.26	2.310	36.960	83.53										
5005009	导爆索爆速 6000～7000m/s	m	3.19	1.045	16.720	53.34										
5009012	油毛毡 400g，0.915m×21.95m	m²	3.42	5.970	95.520	326.68										
5503005	中（粗）砂混凝土、砂浆用堆方	m³	140.00	27.835	445.360	62350.40										
5505013	碎石（4cm）最大粒径 4cm 堆方	m³	120.00	6.160	98.560	11827.20										
5505015	碎石（8cm）最大粒径 8cm 堆方	m³	120.00	14.635	234.160	28099.20										
5505025	块石码方	m³	140.00	31.895	510.320	71444.80										
5509001	32.5 级水泥	t	502.65	10.880	174.080	87501.31										
7801001	其他材料费	元	1.00	231.250	3700.000	3700.00										
8001045	斗容量 1.0m³ 轮胎式装载机 ZL20	台班	567.57	0.420	6.720	3814.07										
8005010	出料容量 400L 以内灰浆搅拌机 UJ325	台班	139.30	0.575	9.200	1281.56										

代号	工程项目			1道涵洞			片石、块石开采			人工装机动翻斗车			机动翻斗车运输（配合人工装车）		
	工程细目			钢筋混凝土盖板涵砌石台、墙身标准跨径1.50m涵长12m			捡清片石			人工装片石、大卵石（机动翻斗车）			机械翻斗车运输片石、大卵石1000m		
	定额单位			1道			100m³码方			100m³			100m³		
	工程数量			16.000			2.434			2.434			2.434		
	定额表号			4～1～6～6改			借部2018预8～1～5～3			借部2018预9～1～7～4			借部2018预9～1～3～7改		
	工、料、机名称	单位	单价（元）	定额	数量	金额（元）	定额	数量	金额（元）	定额	数量	金额（元）	定额	数量	金额（元）
8007005	装载质量6t以内载货汽车CA141K，CA1091K	台班	478.32	0.105	1.680	803.58									
8007046	装载质量1.0t以内机动翻斗车F10A	台班	209.48										6.490	15.794	3308.54
8009025	提升质量5t以内汽车式起重机QY5	台班	640.83	0.050	0.800	512.66									
8009026	提升质量8t以内汽车式起重机QY8	台班	703.10	0.290	4.640	3262.38									
8009030	提升质量25t以内汽车式起重机QY25	台班	1341.54	0.885	14.160	18996.21									
8015028	容量32kV·A以内交流电弧焊机BX1-330	台班	190.22	0.030	0.480	91.31									
8017047	排气量3m³/min以内机动空气压缩机CV-3/8-1	台班	288.86	0.135	2.160	623.94									
8099001	小型机具使用费	元	1.00	32.950	527.200	527.20									
9999001	定额基价	元	1.00	32464.070	421440.427	421440.43	106.280	4810.760	4810.76	106.280	1293.215	1293.22	212.720	3359.713	3359.71
	直接费	元				520207.49			4810.76			1293.22			3308.54
	措施费 Ⅰ	元		215406.416	2.296%	4945.73	4810.760	3.223%	155.05	1293.215	2.449%	31.67	3359.713	2.449%	82.28
	措施费 Ⅱ	元		421440.427	1.201%	5061.49	4810.760	0.521%	25.07	1293.215	0.154%	1.99	3359.713	0.154%	5.18
	企业管理费	元		421440.000	4.795%	20208.05	4811.227	3.717%	178.83	1292.242	2.279%	29.45	3360.802	2.279%	76.59
	规费	元		191184.967	35.900%	68635.40	4810.760	35.900%	1727.06	1293.214	35.900%	464.26	1678.593	35.900%	602.62
	利润	元		451655.270	7.420%	33512.82	5170.175	7.420%	383.63	1355.350	7.420%	100.57	3524.852	7.420%	261.54
	税金	元		652570.978	9.000%	58731.39	7280.400	9.000%	655.24	1921.156	9.000%	172.90	4336.744	9.000%	390.31
	金额合计	元				711302.37			7935.64			2094.06			4727.06

分项工程概算表

编制范围：上下水库连接路工程

工程名称：钢筋混凝土盖板涵 1-1.5m×1.5m（宽×高）　　　　单位：m　　　　数量：192.0　　　　单价：3781.56 元

代号	工程项目											合计	
	工程细目												
	定额单位												
	工程数量												
	定额表号												
	工、料、机名称	单位	单价（元）	定额	数量	金额（元）	定额	数量	金额（元）	定额	数量	金额（元）	数量	金额（元）
1001001	人工	工日	106.28										1799.033	191201.22
2001001	HPB300 钢筋	t	4047.13										0.976	3950.00
2001002	HRB400 钢筋	t	4047.13										3.056	12368.03
2001021	8～12 号铁丝镀锌铁丝	kg	6.50										123.280	801.32
2001022	20～22 号铁丝镀锌铁丝	kg	6.50										13.200	85.80
2003004	型钢工字钢，角钢	t	3997.64										0.048	191.89
2003008	钢管无缝钢管	t	4179.49										0.336	1404.31
2003025	钢模板各类定型大块钢模板	t	5500.00										1.440	7920.00
2003026	组合钢模板	t	5500.00										0.048	264.00
2009003	空心钢钎优质碳素工具钢	kg	6.84										2.320	15.87
2009004	φ50mm 以内合金钻头 φ43mm	个	80.00										3.840	307.20
2009011	电焊条结 422（502、506、507）3.2/4.0/5.0	kg	7.50										4.160	31.20
2009013	螺栓混合规格	kg	7.35										76.320	560.95
2009028	铁件铁件	kg	4.97										332.080	1650.44
2009030	铁钉混合规格	kg	4.60										11.200	51.52
3005004	水	m³	2.86										1122.720	3210.98
4003001	原木混合规格	m³	1540.43										0.960	1478.81

代号	工程项目										合计	
	工程细目											
	定额单位											
	工程数量											
	定额表号											
	工、料、机名称	单位	单价（元）	定额	数量	金额（元）	定额	数量	金额（元）	定额	数量	金额（元）	数量	金额（元）
4003002	锯材中板 δ＝19～35mm，中方混合规格	m³	2099.00										2.480	5205.52
5005002	硝铵炸药1号、2号岩石硝铵炸药	kg	10.75										29.120	313.04
5005008	非电毫秒雷管导爆管长3～7m	个	2.26										36.960	83.53
5005009	导爆索爆速 6000～7000m/s	m	3.19										16.720	53.34
5009012	油毛毡 400g，0.915m×21.95m	m²	3.42										95.520	326.68
5503005	中（粗）砂混凝土、砂浆用堆方	m³	140.00										445.360	62350.40
5505013	碎石（4cm）最大粒径4cm堆方	m³	120.00										98.560	11827.20
5505015	碎石（8cm）最大粒径8cm堆方	m³	120.00										234.160	28099.20
5505025	块石码方	m³	140.00										510.320	71444.80
5509001	32.5级水泥	t	502.65										174.080	87501.31
7801001	其他材料费	元	1.00										3700.000	3700.00
8001045	斗容量 1.0m³ 轮胎式装载机 ZL20	台班	567.57										6.720	3814.07
8005010	出料容量 400L以内灰浆搅拌机 UJ325	台班	139.30										9.200	1281.56

代号	工、料、机名称	单位	单价（元）	工程项目 工程细目 定额单位 工程数量 定额表号									合计	
				定额	数量	金额（元）	定额	数量	金额（元）	定额	数量	金额（元）	数量	金额（元）
8007005	装载质量 6t 以内载货汽车 CA141K，CA1091K	台班	478.32										1.680	803.58
8007046	装载质量 1.0t 以内机动翻斗车 F10A	台班	209.48										15.794	3308.54
8009025	提升质量 5t 以内汽车式起重机 QY5	台班	640.83										0.800	512.66
8009026	提升质量 8t 以内汽车式起重机 QY8	台班	703.10										4.640	3262.38
8009030	提升质量 25t 以内汽车式起重机 QY25	台班	1341.54										14.160	18996.21
8015028	容量 32kV·A 以内交流电弧焊机 BX1-330	台班	190.22										0.480	91.31
8017047	排气量 $3m^3/min$ 以内机动空气压缩机 CV-3/8-1	台班	288.86										2.160	623.94
8099001	小型机具使用费	元	1.00										527.200	527.20
9999001	定额基价	元	1.00										430904.115	430904.12
	直接费	元												529620.00
	措施费 Ⅰ	元												5214.73
	措施费 Ⅱ	元												5093.73
	企业管理费	元												20492.92
	规费	元												71429.35
	利润	元												34258.56
	税金	元												59949.84
	金额合计	元												726059.12

38. 钢筋混凝土盖板涵 1-2.5m×1.5m（宽×高）

分项工程概算表

编制范围：上下水库连接路工程

工程名称：钢筋混凝土盖板涵 1-2.5m×1.5m（宽×高）　　　　单位：m　　　　数量：36.0　　　　单价：5527.11 元

代号	工程项目					1 道涵洞			片石、块石开采			人工装机动翻斗车			机动翻斗车运输（配合人工装车）		
	工程细目					钢筋混凝土盖板涵砌石台、墙身标准跨径 2.50m 涵长 12m			捡清片石			人工装片石、大卵石（机动翻斗车）			机械翻斗车运输片石、大卵石 1000m		
	定额单位					1 道			100m³ 码方			100m³			100m³		
	工程数量					3.000			0.479			0.479			0.479		
	定额表号					4～1～6～8 改			借部 2018 预 8～1～5～3			借部 2018 预 9～1～7～4			借部 2018 预 9～1～3～7 改		
	工、料、机名称	单位	单价（元）			定额	数量	金额（元）	定额	数量	金额（元）	定额	数量	金额（元）	定额	数量	金额（元）
1001001	人工	工日	106.28			160.650	481.950	51221.65	18.600	8.906	946.50	5.000	2.394	254.43			
2001001	HPB300 钢筋	t	4047.13			0.123	0.369	1493.39									
2001002	HRB400 钢筋	t	4047.13			0.369	1.107	4480.17									
2001021	8～12 号铁丝镀锌铁丝	kg	6.50			12.045	36.135	234.88									
2001022	20～22 号铁丝镀锌铁丝	kg	6.50			1.625	4.875	31.69									
2003004	型钢工字钢，角钢	t	3997.64			0.004	0.012	47.97									
2003008	钢管无缝钢管	t	4179.49			0.034	0.102	426.31									
2003025	钢模板各类定型大块钢模板	t	5500.00			0.113	0.339	1864.50									
2003026	组合钢模板	t	5500.00			0.010	0.030	165.00									
2009003	空心钢钎优质碳素工具钢	kg	6.84			0.215	0.645	4.41									
2009004	⌀50mm 以内合金钻头 ⌀43mm	个	80.00			0.350	1.050	84.00									
2009011	电焊条结 422（502、506、507）3.2/4.0/5.0	kg	7.50			0.460	1.380	10.35									
2009013	螺栓混合规格	kg	7.35			5.730	17.190	126.35									
2009028	铁件铁件	kg	4.97			26.950	80.850	401.82									
2009030	铁钉混合规格	kg	4.60			1.100	3.300	15.18									

代号	工、料、机名称	单位	单价（元）	1道涵洞 钢筋混凝土盖板涵砌石台、墙身标准跨径2.50m涵长12m 1道 / 3.000 / 4～1～6～8改			片石、块石开采 捡清片石 100m³码方 / 0.479 / 借部2018预8～1～5～3			人工装机动翻斗车 人工装片石、大卵石（机动翻斗车） 100m³ / 0.479 / 借部2018预9～1～7～4			机动翻斗车运输（配合人工装车） 机械翻斗车运输片石、大卵石1000m 100m³ / 0.479 / 借部2018预9～1～3～7改		
				定额	数量	金额（元）	定额	数量	金额（元）	定额	数量	金额（元）	定额	数量	金额（元）
3005004	水	m³	2.86	102.790	308.370	881.94									
4003001	原木混合规格	m³	1540.43	0.125	0.375	577.66									
4003002	锯材中板δ=19～35mm，中方混合规格	m³	2099.00	0.235	0.705	1479.80									
5005002	硝铵炸药1号、2号岩石硝铵炸药	kg	10.75	2.600	7.800	83.85									
5005008	非电毫秒雷管导爆管长3～7m	个	2.26	3.310	9.930	22.44									
5005009	导爆索爆速6000～7000m/s	m	3.19	1.495	4.485	14.31									
5009012	油毛毡400g，0.915m×21.95m	m²	3.42	9.955	29.865	102.14									
5503005	中（粗）砂混凝土、砂浆用堆方	m³	140.00	40.825	122.475	17146.50									
5505013	碎石（4cm）最大粒径4cm堆方	m³	120.00	8.320	24.960	2995.20									
5505015	碎石（8cm）最大粒径8cm堆方	m³	120.00	18.725	56.175	6741.00									
5505025	块石码方	m³	140.00	49.275	147.825	20695.50									
5509001	32.5级水泥	t	502.65	15.345	46.035	23139.49									
7801001	其他材料费	元	1.00	313.850	941.550	941.55									
8001045	斗容量1.0m³轮胎式装载机ZL20	台班	567.57	0.700	2.100	1191.90									
8005010	出料容量400L以内灰浆搅拌机UJ325	台班	139.30	0.945	2.835	394.92									
8007005	装载质量6t以内载货汽车CA141K，CA1091K	台班	478.32	0.155	0.465	222.42									

代号	工程项目				1道涵洞			片石、块石开采			人工装机动翻斗车			机动翻斗车运输（配合人工装车）		
	工程细目				钢筋混凝土盖板涵砌石台、墙身标准跨径2.50m涵长12m			捡清片石			人工装片石、大卵石（机动翻斗车）			机械翻斗车运输片石、大卵石1000m		
	定额单位				1道			100m³码方			100m³			100m³		
	工程数量				3.000			0.479			0.479			0.479		
	定额表号				4～1～6～8改			借部2018预8～1～5～3			借部2018预9～1～7～4			借部2018预9～1～3～7改		
	工、料、机名称	单位	单价（元）		定额	数量	金额（元）	定额	数量	金额（元）	定额	数量	金额（元）	定额	数量	金额（元）
8007046	装载质量1.0t以内机动翻斗车F10A	台班	209.48											6.490	3.107	650.94
8009025	提升质量5t以内汽车式起重机QY5	台班	640.83		0.115	0.345	221.09									
8009026	提升质量8t以内汽车式起重机QY8	台班	703.10		0.510	1.530	1075.74									
8009030	提升质量25t以内汽车式起重机QY25	台班	1341.54		1.100	3.300	4427.08									
8015028	容量32kV·A以内交流电弧焊机BX1-330	台班	190.22		0.085	0.255	48.51									
8017047	排气量3m³/min以内机动空气压缩机CV-3/8-1	台班	288.86		0.195	0.585	168.98									
8099001	小型机具使用费	元	1.00		45.550	136.650	136.65									
9999001	定额基价	元	1.00		32464.070	116203.750	116203.75	106.280	946.496	946.50	106.280	254.434	254.43	212.720	661.009	661.01
	直接费	元					143316.32			946.50			254.43			650.94
	措施费 Ⅰ	元			59214.574	2.296%	1359.57	946.496	3.223%	30.51	254.434	2.449%	6.23	661.009	2.449%	16.19
	措施费 Ⅱ	元			116203.750	1.201%	1395.62	946.496	0.521%	4.93	254.434	0.154%	0.39	661.009	0.154%	1.02
	企业管理费	元			116205.000	4.795%	5572.03	946.588	3.717%	35.18	254.243	2.279%	5.79	661.223	2.279%	15.07
	规费	元			52922.657	35.900%	18999.23	946.496	35.900%	339.79	254.435	35.900%	91.34	330.256	35.900%	118.56
	利润	元			124532.224	7.420%	9240.29	1017.210	7.420%	75.48	266.658	7.420%	19.79	693.504	7.420%	51.46
	税金	元			179883.067	9.000%	16189.48	1432.389	9.000%	128.92	377.978	9.000%	34.02	853.233	9.000%	76.79
	金额合计	元					196072.54			1561.30			412.00			930.03

编制范围：上下水库连接路工程

工程名称：钢筋混凝土盖板涵 1-2.5m×1.5m（宽×高）　　　　单位：m　　　　数量：36.0　　　　单价：5527.11 元

代 号	工、料、机名称		工程项目											合计	
			工程细目												
			定额单位												
			工程数量												
			定额表号												
		单位	单价（元）	定额	数量	金额（元）	定额	数量	金额（元）	定额	数量	金额（元）	数量	金额（元）	
1001001	人工	工日	106.28										493.250	52422.58
2001001	HPB300 钢筋	t	4047.13										0.369	1493.39
2001002	HRB400 钢筋	t	4047.13										1.107	4480.17
2001021	8～12 号铁丝镀锌铁丝	kg	6.50										36.135	234.88
2001022	20～22 号铁丝镀锌铁丝	kg	6.50										4.875	31.69
2003004	型钢工字钢，角钢	t	3997.64										0.012	47.97
2003008	钢管无缝钢管	t	4179.49										0.102	426.31
2003025	钢模板各类定型大块钢模板	t	5500.00										0.339	1864.50
2003026	组合钢模板	t	5500.00										0.030	165.00
2009003	空心钢钎优质碳素工具钢	kg	6.84										0.645	4.41
2009004	φ50mm 以内合金钻头 φ43mm	个	80.00										1.050	84.00
2009011	电焊条结 422（502、506、507）3.2/4.0/5.0	kg	7.50										1.380	10.35
2009013	螺栓混合规格	kg	7.35										17.190	126.35
2009028	铁件铁件	kg	4.97										80.850	401.82
2009030	铁钉混合规格	kg	4.60										3.300	15.18
3005004	水	m³	2.86										308.370	881.94
4003001	原木混合规格	m³	1540.43										0.375	577.66

代号	工程项目											合计	
	工程细目												
	定额单位												
	工程数量												
	定额表号												
	工、料、机名称	单位	单价（元）	定额	数量	金额（元）	定额	数量	金额（元）	定额	数量	金额（元）	数量	金额（元）
4003002	锯材中板 $\delta=19\sim35$mm，中方混合规格	m³	2099.00										0.705	1479.80
5005002	硝铵炸药1号、2号岩石硝铵炸药	kg	10.75										7.800	83.85
5005008	非电毫秒雷管导爆管长3～7m	个	2.26										9.930	22.44
5005009	导爆索爆速6000～7000m/s	m	3.19										4.485	14.31
5009012	油毛毡400g，0.915m×21.95m	m²	3.42										29.865	102.14
5503005	中（粗）砂混凝土、砂浆用堆方	m³	140.00										122.475	17146.50
5505013	碎石（4cm）最大粒径4cm堆方	m³	120.00										24.960	2995.20
5505015	碎石（8cm）最大粒径8cm堆方	m³	120.00										56.175	6741.00
5505025	块石码方	m³	140.00										147.825	20695.50
5509001	32.5级水泥	t	502.65										46.035	23139.49
7801001	其他材料费	元	1.00										941.550	941.55
8001045	斗容量1.0m³轮胎式装载机ZL20	台班	567.57										2.100	1191.90
8005010	出料容量400L以内灰浆搅拌机UJ325	台班	139.30										2.835	394.92

代号	工程项目									合计	
	工程细目										
	定额单位										
	工程数量										
	定额表号										
	工、料、机名称	单位	单价（元）	定额	数量	金额（元）	定额	数量	金额（元）	定额	数量	金额（元）	数量	金额（元）
8007005	装载质量 6t 以内载货汽车 CA141K，CA1091K	台班	478.32										0.465	222.42
8007046	装载质量 1.0t 以内机动翻斗车 F10A	台班	209.48										3.107	650.94
8009025	提升质量 5t 以内汽车式起重机 QY5	台班	640.83										0.345	221.09
8009026	提升质量 8t 以内汽车式起重机 QY8	台班	703.10										1.530	1075.74
8009030	提升质量 25t 以内汽车式起重机 QY25	台班	1341.54										3.300	4427.08
8015028	容量 32kV·A 以内交流电弧焊机 BX1-330	台班	190.22										0.255	48.51
8017047	排气量 3m³/min 以内机动空气压缩机 CV-3/8-1	台班	288.86										0.585	168.98
8099001	小型机具使用费	元	1.00										136.650	136.65
9999001	定额基价	元	1.00										118065.689	118065.69
	直接费	元												145168.20
	措施费 Ⅰ	元												1412.49
	措施费 Ⅱ	元												1401.96
	企业管理费	元												5628.08
	规费	元												19548.93
	利润	元												9387.01
	税金	元												16429.20
	金额合计	元												198975.87

39. 钢筋混凝土盖板涵 1-2.5m×2.5m（宽×高）

分项工程概算表

编制范围：上下水库连接路工程

工程名称：钢筋混凝土盖板涵 1-2.5m×2.5m（宽×高）　　　单位：m　　　数量：48.0　　　单价：5580.87 元

代	工程项目					1 道涵洞			片石、块石开采			人工装机动翻斗车			机动翻斗车运输（配合人工装车）		
	工程细目					钢筋混凝土盖板涵砌石台、墙身标准跨径 2.50m 涵长 12m			捡清片石			人工装片石、大卵石（机动翻斗车）			机械翻斗车运输片石、大卵石 1000m		
	定额单位					1 道			100m³ 码方			100m³			100m³		
号	工程数量					4.000			1.064			1.064			1.064		
	定额表号					4~1~6~8 改			借部 2018 预 8~1~5~3			借部 2018 预 9~1~7~4			借部 2018 预 9~1~3~7 改		
	工、料、机名称	单位	单价（元）	定额	数量	金额（元）	定额	数量	金额（元）	定额	数量	金额（元）	定额	数量	金额（元）		
1001001	人工	工日	106.28	160.650	642.600	68295.53	18.600	19.790	2103.32	5.000	5.320	565.41					
2001001	HPB300 钢筋	t	4047.13	0.123	0.492	1991.19											
2001002	HRB400 钢筋	t	4047.13	0.369	1.476	5973.56											
2001021	8~12 号铁丝镀锌铁丝	kg	6.50	12.045	48.180	313.17											
2001022	20~22 号铁丝镀锌铁丝	kg	6.50	1.625	6.500	42.25											
2003004	型钢工字钢，角钢	t	3997.64	0.004	0.016	63.96											
2003008	钢管无缝钢管	t	4179.49	0.034	0.136	568.41											
2003025	钢模板各类定型大块钢模板	t	5500.00	0.113	0.452	2486.00											
2003026	组合钢模板	t	5500.00	0.010	0.040	220.00											
2009003	空心钢钎优质碳素工具钢	kg	6.84	0.215	0.860	5.88											
2009004	φ50mm 以内合金钻头 φ43mm	个	80.00	0.350	1.400	112.00											
2009011	电焊条结 422（502、506、507） 3.2/4.0/5.0	kg	7.50	0.460	1.840	13.80											
2009013	螺栓混合规格	kg	7.35	5.730	22.920	168.46											
2009028	铁件铁件	kg	4.97	26.950	107.800	535.77											
2009030	铁钉混合规格	kg	4.60	1.100	4.400	20.24											

代号	工程项目		1道涵洞			片石、块石开采			人工装机动翻斗车			机动翻斗车运输（配合人工装车）		
	工程细目		钢筋混凝土盖板涵砌石台、墙身标准跨径2.50m涵长12m			捡清片石			人工装片石、大卵石（机动翻斗车）			机械翻斗车运输片石、大卵石1000m		
	定额单位		1道			100m³码方			100m³			100m³		
	工程数量		4.000			1.064			1.064			1.064		
	定额表号		4～1～6～8改			借部2018预8～1～5～3			借部2018预9～1～7～4			借部2018预9～1～3～7改		
	工、料、机名称	单位	单价（元）	定额	数量	金额（元）	定额	数量	金额（元）	定额	数量	金额（元）	定额	数量	金额（元）
3005004	水	m³	2.86	102.790	411.160	1175.92									
4003001	原木混合规格	m³	1540.43	0.125	0.500	770.22									
4003002	锯材中板δ＝19～35mm，中方混合规格	m³	2099.00	0.235	0.940	1973.06									
5005002	硝铵炸药1号、2号岩石硝铵炸药	kg	10.75	2.600	10.400	111.80									
5005008	非电毫秒雷管导爆管长3～7m	个	2.26	3.310	13.240	29.92									
5005009	导爆索爆速6000～7000m/s	m	3.19	1.495	5.980	19.08									
5009012	油毛毡400g,0.915m×21.95m	m²	3.42	9.955	39.820	136.18									
5503005	中（粗）砂混凝土、砂浆用堆方	m³	140.00	40.825	163.300	22862.00									
5505013	碎石（4cm）最大粒径4cm堆方	m³	120.00	8.320	33.280	3993.60									
5505015	碎石（8cm）最大粒径8cm堆方	m³	120.00	18.725	74.900	8988.00									
5505025	块石码方	m³	140.00	49.275	197.100	27594.00									
5509001	32.5级水泥	t	502.65	15.345	61.380	30852.66									
7801001	其他材料费	元	1.00	313.850	1255.400	1255.40									
8001045	斗容量1.0m³轮胎式装载机ZL20	台班	567.57	0.700	2.800	1589.20									
8005010	出料容量400L以内灰浆搅拌机UJ325	台班	139.30	0.945	3.780	526.55									
8007005	装载质量6t以内载货汽车CA141K,CA1091K	台班	478.32	0.155	0.620	296.56									

代	工程项目			1 道涵洞			片石、块石开采			人工装机动翻斗车			机动翻斗车运输（配合人工装车）		
	工程细目			钢筋混凝土盖板涵砌石台、墙身标准跨径 2.50m 涵长 12m			捡清片石			人工装片石、大卵石（机动翻斗车）			机械翻斗车运输片石、大卵石 1000m		
号	定额单位			1 道			100m³ 码方			100m³			100m³		
	工程数量			4.000			1.064			1.064			1.064		
	定额表号			4～1～6～8 改			借部 2018 预 8～1～5～3			借部 2018 预 9～1～7～4			借部 2018 预 9～1～3～7 改		
	工、料、机名称	单位	单价（元）	定额	数量	金额（元）	定额	数量	金额（元）	定额	数量	金额（元）	定额	数量	金额（元）
8007046	装载质量 1.0t 以内机动翻斗车 F10A	台班	209.48										6.490	6.905	1446.53
8009025	提升质量 5t 以内汽车式起重机 QY5	台班	640.83	0.115	0.460	294.78									
8009026	提升质量 8t 以内汽车式起重机 QY8	台班	703.10	0.510	2.040	1434.32									
8009030	提升质量 25t 以内汽车式起重机 QY25	台班	1341.54	1.100	4.400	5902.78									
8015028	容量 32kV·A 以内交流电弧焊机 BX1-330	台班	190.22	0.085	0.340	64.67									
8017047	排气量 3m³/min 以内机动空气压缩机 CV-3/8-1	台班	288.86	0.195	0.780	225.31									
8099001	小型机具使用费	元	1.00	45.550	182.200	182.20									
9999001	定额基价	元	1.00	32464.070	154938.333	154938.33	106.280	2103.324	2103.32	106.280	565.410	565.41	212.720	1468.908	1468.91
	直接费	元				191088.43			2103.32			565.41			1446.54
措施费	Ⅰ	元		78952.765	2.296%	1812.76	2103.324	3.223%	67.79	565.410	2.449%	13.85	1468.908	2.449%	35.97
	Ⅱ	元		154938.333	1.201%	1860.83	2103.324	0.521%	10.96	565.410	0.154%	0.87	1468.908	0.154%	2.26
	企业管理费	元		154940.000	4.795%	7429.37	2103.528	3.717%	78.19	564.984	2.279%	12.88	1469.384	2.279%	33.49
	规费	元		70563.543	35.900%	25332.31	2103.323	35.900%	755.09	565.409	35.900%	202.98	733.903	35.900%	263.47
	利润	元		166042.951	7.420%	12320.39	2260.472	7.420%	167.73	592.574	7.420%	43.97	1541.105	7.420%	114.35
	税金	元		239844.089	9.000%	21585.97	3183.078	9.000%	286.48	839.956	9.000%	75.60	1896.078	9.000%	170.65
	金额合计	元				261430.06			3469.56			915.55			2066.73

分项工程概算表

编制范围：上下水库连接路工程

工程名称：钢筋混凝土盖板涵 1-2.5m×2.5m（宽×高）　　　　单位：m　　　　数量：48.0　　　　单价：5580.87 元

代号	工、料、机名称	单位	单价（元）	工程项目									合计	
				工程细目										
				定额单位										
				工程数量										
				定额表号										
				定额	数量	金额（元）	定额	数量	金额（元）	定额	数量	金额（元）	数量	金额（元）
1001001	人工	工日	106.28										667.710	70964.26
2001001	HPB300 钢筋	t	4047.13										0.492	1991.19
2001002	HRB400 钢筋	t	4047.13										1.476	5973.56
2001021	8～12 号铁丝镀锌铁丝	kg	6.50										48.180	313.17
2001022	20～22 号铁丝镀锌铁丝	kg	6.50										6.500	42.25
2003004	型钢工字钢，角钢	t	3997.64										0.016	63.96
2003008	钢管无缝钢管	t	4179.49										0.136	568.41
2003025	钢模板各类定型大块钢模板	t	5500.00										0.452	2486.00
2003026	组合钢模板	t	5500.00										0.040	220.00
2009003	空心钢钎优质碳素工具钢	kg	6.84										0.860	5.88
2009004	φ50mm 以内合金钻头 φ43mm	个	80.00										1.400	112.00
2009011	电焊条结 422（502、506、507）3.2/4.0/5.0	kg	7.50										1.840	13.80
2009013	螺栓混合规格	kg	7.35										22.920	168.46
2009028	铁件铁件	kg	4.97										107.800	535.77
2009030	铁钉混合规格	kg	4.60										4.400	20.24
3005004	水	m³	2.86										411.160	1175.92
4003001	原木混合规格	m³	1540.43										0.500	770.22

代号	工程项目												合计	
	工程细目													
	定额单位													
	工程数量													
	定额表号													
	工、料、机名称	单位	单价（元）	定额	数量	金额（元）	定额	数量	金额（元）	定额	数量	金额（元）	数量	金额（元）
4003002	锯材中板 δ＝19～35mm，中方混合规格	m³	2099.00										0.940	1973.06
5005002	硝铵炸药 1 号、2 号岩石硝铵炸药	kg	10.75										10.400	111.80
5005008	非电毫秒雷管导爆管长 3～7m	个	2.26										13.240	29.92
5005009	导爆索爆速 6000～7000m/s	m	3.19										5.980	19.08
5009012	油毛毡 400g，0.915m×21.95m	m²	3.42										39.820	136.18
5503005	中（粗）砂混凝土、砂浆用堆方	m³	140.00										163.300	22862.00
5505013	碎石（4cm）最大粒径 4cm 堆方	m³	120.00										33.280	3993.60
5505015	碎石（8cm）最大粒径 8cm 堆方	m³	120.00										74.900	8988.00
5505025	块石码方	m³	140.00										197.100	27594.00
5509001	32.5 级水泥	t	502.65										61.380	30852.66
7801001	其他材料费	元	1.00										1255.400	1255.40
8001045	斗容量 1.0m³ 轮胎式装载机 ZL20	台班	567.57										2.800	1589.20
8005010	出料容量 400L 以内灰浆搅拌机 UJ325	台班	139.30										3.780	526.55

代号	工程项目								
	工程细目							合计	
	定额单位								
	工程数量								
	定额表号								
	工、料、机名称	单位	单价（元）	定额	数量	金额（元）	定额	数量	金额（元）	定额	数量	金额（元）	数量	金额（元）

代号	工、料、机名称	单位	单价（元）	定额	数量	金额（元）	定额	数量	金额（元）	定额	数量	金额（元）	数量	金额（元）
8007005	装载质量 6t 以内载货汽车 CA141K，CA1091K	台班	478.32										0.620	296.56
8007046	装载质量 1.0t 以内机动翻斗车 F10A	台班	209.48										6.905	1446.53
8009025	提升质量 5t 以内汽车式起重机 QY5	台班	640.83										0.460	294.78
8009026	提升质量 8t 以内汽车式起重机 QY8	台班	703.10										2.040	1434.32
8009030	提升质量 25t 以内汽车式起重机 QY25	台班	1341.54										4.400	5902.78
8015028	容量 32kV·A 以内交流电弧焊机 BX1-330	台班	190.22										0.340	64.67
8017047	排气量 3m³/min 以内机动空气压缩机 CV-3/8-1	台班	288.86										0.780	225.31
8099001	小型机具使用费	元	1.00										182.200	182.20
9999001	定额基价	元	1.00										159075.975	159075.97
	直接费	元												195203.70
	措施费 I	元												1930.37
	措施费 II	元												1874.92
	企业管理费	元												7553.92
	规费	元												26553.86
	利润	元												12646.43
	税金	元												22118.69
	金额合计	元												267881.89

40. 喷射混凝土护坡 C25

分项工程概算表

编制范围：上下水库连接路工程

工程名称：喷射混凝土护坡 C25　　　　单位：m³　　　　数量：64.92　　　　单价：971.95 元

代号	工、料、机名称		工程项目		喷混凝土								合计	
			工程细目		喷混凝土护坡（边坡高 10m 以内）									
			定额单位		10m³									
			工程数量		6.492									
			定额表号		1～4～6～7									
		单位	单价（元）	定额	数量	金额（元）	定额	数量	金额（元）	定额	数量	金额（元）	数量	金额（元）
1001001	人工	工日	106.28	9.200	59.726	6347.72							59.726	6347.72
2003008	钢管无缝钢管	t	4179.49	0.006	0.039	162.80							0.039	162.80
2009028	铁件铁件	kg	4.97	2.100	13.633	67.76							13.633	67.76
3005004	水	m³	2.86	21.000	136.332	389.91							136.332	389.91
5503005	中（粗）砂混凝土、砂浆用堆方	m³	140.00	6.530	42.393	5934.99							42.393	5934.99
5505012	碎石（2cm）最大粒径 2cm 堆方	m³	120.00	6.110	39.666	4759.93							39.666	4759.93
5509001	32.5 级水泥	t	502.65	4.766	30.941	15552.43							30.941	15552.43
7801001	其他材料费	元	1.00	529.900	3440.111	3440.11							3440.111	3440.11
8005002	出料容量 250L 以内强制式混凝土搅拌机 JD250	台班	181.65	1.490	9.673	1757.11							9.673	1757.11
8005011	生产功率 4～6m³/h 混凝土喷射机 HPH6	台班	321.18	1.640	10.647	3419.56							10.647	3419.56
8017049	排气量 9m³/min 以内机动空气压缩机 VY-9/7	台班	697.38	1.480	9.608	6700.54							9.608	6700.54
8099001	小型机具使用费	元	1.00	2.500	16.230	16.23							16.230	16.23
9999001	定额基价	元	1.00	5993.570	39145.621	39145.62							39145.621	39145.62
	直接费	元				48549.10								48549.10
	措施费 Ⅰ	元		18381.151	2.296%	422.03								422.03
	措施费 Ⅱ	元		39145.621	1.201%	470.15								470.15
	企业管理费	元		39146.760	4.795%	1877.09								1877.09
	规费	元		9638.877	35.900%	3460.36								3460.36
	利润	元		41916.038	7.420%	3110.17								3110.17
	税金	元		57888.900	9.000%	5210.00								5210.00
	金额合计	元				63098.90								63098.90

41. 型钢支架

分项工程概算表

编制范围：上下水库连接路工程

| 工程名称：型钢支架 | | 单位：kg | | 数量：157820.0 | | 单价：7.52 元 | |

代号	工、料、机名称		工程项目	钢支撑									合计	
			工程细目	制作、安装型钢钢架										
			定额单位	1t										
			工程数量	157.820										
			定额表号	3~1~5~1										
	工、料、机名称	单位	单价（元）	定额	数量	金额（元）	定额	数量	金额（元）	定额	数量	金额（元）	数量	金额（元）
1001001	人工	工日	106.28	9.700	1530.854	162699.16							1530.854	162699.16
2003004	型钢工字钢，角钢	t	3997.64	0.960	151.507	605671.24							151.507	605671.24
2003005	钢板 A3，δ=5~40mm	t	4500.00	0.100	15.782	71019.00							15.782	71019.00
2009011	电焊条结 422（502、506、507）3.2/4.0/5.0	kg	7.50	4.100	647.062	4852.97							647.062	4852.97
2009028	铁件铁件	kg	4.97	15.000	2367.300	11765.48							2367.300	11765.48
7801001	其他材料费	元	1.00	15.200	2398.864	2398.86							2398.864	2398.86
8007003	装载质量 4t 以内载货汽车 CA10B	台班	474.90	0.540	85.223	40472.31							85.223	40472.31
8015028	容量 32kV·A 以内交流电弧焊机 BX1-330	台班	190.22	0.800	126.256	24016.42							126.256	24016.42
8099001	小型机具使用费	元	1.00	5.000	789.100	789.10							789.100	789.10
9999001	定额基价	元	1.00	7824.150	830543.090	830543.09							830543.090	830543.09
	直接费	元				923684.54								923684.54
	措施费 I	元		226811.644	0.391%	886.83								886.83
	措施费 II	元		830543.090	0.564%	4684.62								4684.62
	企业管理费	元		830606.660	3.472%	28838.66								28838.66
	规费	元		185175.131	35.900%	66477.87								66477.87
	利润	元		865016.779	7.420%	64184.25								64184.25
	税金	元		1088756.778	9.000%	97988.11								97988.11
	金额合计	元				1186744.89								1186744.89

42. 格栅钢架

分项工程概算表

编制范围：上下水库连接路工程

工程名称：格栅钢架　　　　　单位：kg　　　　　数量：90467.0　　　　　单价：9.00元

代号	工、料、机名称	单位	单价（元）	工程项目									合计	
				钢支撑										
				制作、安装格栅钢架										
				1t										
				90.467										
				3～1～5～2										
				定额	数量	金额（元）	定额	数量	金额（元）	定额	数量	金额（元）	数量	金额（元）
1001001	人工	工日	106.28	10.900	986.090	104801.68							986.090	104801.68
2001001	HPB300钢筋	t	4047.13	0.050	4.523	18306.59							4.523	18306.59
2001002	HRB400钢筋	t	4047.13	0.970	87.753	355147.76							87.753	355147.76
2003004	型钢工字钢，角钢	t	3997.64	0.061	5.518	22060.92							5.518	22060.92
2003005	钢板A3，δ＝5～40mm	t	4500.00	0.054	4.885	21983.48							4.885	21983.48
2009011	电焊条结422（502、506、507）3.2/4.0/5.0	kg	7.50	14.000	1266.538	9499.04							1266.538	9499.04
2009028	铁件铁件	kg	4.97	15.000	1357.005	6744.31							1357.005	6744.31
7801001	其他材料费	元	1.00	92.200	8341.057	8341.06							8341.057	8341.06
8007003	装载质量4t以内载货汽车CA10B	台班	474.90	0.530	47.948	22770.27							47.948	22770.27
8015028	容量32kV·A以内交流电弧焊机BX1-330	台班	190.22	3.440	311.206	59197.70							311.206	59197.70
8099001	小型机具使用费	元	1.00	18.600	1682.686	1682.69							1682.686	1682.69
9999001	定额基价	元	1.00	14405.340	544857.040	544857.04							544857.040	544857.04
	直接费	元				630535.49								630535.49
措施费	Ⅰ	元		186358.058	0.391%	728.66								728.66
	Ⅱ	元		544857.041	0.564%	3073.14								3073.14
	企业管理费	元		544882.741	3.472%	18918.33								18918.33
	规费	元		142972.563	35.900%	51327.15								51327.15
	利润	元		567602.871	7.420%	42116.13								42116.13
	税金	元		746698.900	9.000%	67202.90								67202.90
	金额合计	元				813901.80								813901.80

43. C15 现浇混凝土仰拱

分项工程概算表

编制范围：上下水库连接路工程

工程名称：C15 现浇混凝土仰拱　　　　　　单位：m³　　　　　　数量：578.0　　　　　　单价：531.44 元

代 号	工、料、机名称		工程项目		现浇混凝土衬砌			混凝土搅拌机拌和						合计	
			工程细目		现浇混凝土衬砌仰拱			混凝土搅拌机拌和（250L 以内）							
			定额单位		10m³			10m³							
			工程数量		57.800			59.534							
			定额表号		3～1～9～3 改			4～6～1～1							
		单位	单价（元）		定额	数量	金额（元）	定额	数量	金额（元）	定额	数量	金额（元）	数量	金额（元）
1001001	人工	工日	106.28		2.300	132.940	14128.86	2.100	125.021	13287.27				257.961	27416.14
3005004	水	m³	2.86		11.000	635.800	1818.39							635.800	1818.39
4003002	锯材中板 δ＝19～35mm，中方混合规格	m³	2099.00		0.010	0.578	1213.22							0.578	1213.22
5503005	中（粗）砂混凝土、砂浆用堆方	m³	140.00		6.028	348.418	48778.58							348.418	48778.58
5505013	碎石（4cm）最大粒径 4cm 堆方	m³	120.00		7.588	438.586	52630.37							438.586	52630.37
5509001	32.5 级水泥	t	502.65		3.526	203.803	102441.48							203.803	102441.48
7801001	其他材料费	元	1.00		3.400	196.520	196.52							196.520	196.52
8005002	出料容量 250L 以内强制式混凝土搅拌机 JD250	台班	181.65					0.410	24.409	4433.88				24.409	4433.88
8005051	排量 60m³/h 以内混凝土输送泵 BSA1406，HBT60	台班	1286.32		0.090	5.202	6691.44							5.202	6691.44
8099001	小型机具使用费	元	1.00		7.700	445.060	445.06							445.060	445.06
9999001	定额基价	元	1.00		3357.200	154976.589	154976.59	284.140	17628.648	17628.65				172605.237	172605.24
	直接费	元					228343.91			17721.16					246065.07
	措施费 Ⅰ	元			21130.004	0.460%	97.20	17628.648	2.738%	482.67					579.87
	措施费 Ⅱ	元			154976.589	1.195%	1851.79	17628.648	1.537%	270.85					2122.65
	企业管理费	元			154961.800	4.743%	7349.84	17622.064	6.166%	1086.58					8436.41
	规费	元			14681.733	35.900%	5270.74	15881.457	35.900%	5701.44					10972.19
	利润	元			164260.633	7.420%	12188.14	19462.156	7.420%	1444.09					13632.23
	税金	元			255101.622	9.000%	22959.15	26706.789	9.000%	2403.61					25362.76
	金额合计	元					278060.77			29110.40					307171.17

44. 洞身开挖

分项工程概算表

编制范围：上下水库连接路工程

工程名称：洞身开挖　　　　单位：m³　　　　数量：54511.0　　　　单价：129.46元

代号	工、料、机名称	单位	单价（元）	正洞机械开挖自卸汽车运输 正洞机械开挖Ⅲ级围岩隧长1000m以内自卸汽车运输 100m³自然密实土、石 545.110 3～1～3～3			自卸汽车运土、石方 装载质量20t以内自卸汽车运石1.5km 1000m³天然密实方 54.511 1～1～10～25 改						合计	
				定额	数量	金额（元）	定额	数量	金额（元）	定额	数量	金额（元）	数量	金额（元）
1001001	人工	工日	106.28	31.000	16898.410	1795963.01							16898.410	1795963.01
2001021	8～12号铁丝镀锌铁丝	kg	6.50	2.100	1144.731	7440.75							1144.731	7440.75
2003008	钢管无缝钢管	t	4179.49	0.015	8.177	34174.23							8.177	34174.23
2009003	空心钢钎优质碳素工具钢	kg	6.84	10.800	5887.188	40268.37							5887.188	40268.37
2009004	ϕ50mm以内合金钻头ϕ43mm	个	80.00	5.000	2725.550	218044.00							2725.550	218044.00
2009030	铁钉混合规格	kg	4.60	0.200	109.022	501.50							109.022	501.50
3005002	电	kW·h	0.92	102.890	56086.368	51599.46							56086.368	51599.46
3005004	水	m³	2.86	25.000	13627.750	38975.37							13627.750	38975.37
4003001	原木混合规格	m³	1540.43	0.020	10.902	16794.08							10.902	16794.08
4003002	锯材中板δ＝19～35mm，中方混合规格	m³	2099.00	0.020	10.902	22883.72							10.902	22883.72
5005002	硝铵炸药1号、2号岩石硝铵炸药	kg	10.75	98.500	53693.335	577203.35							53693.335	577203.35
5005008	非电毫秒雷管导爆管长3～7m	个	2.26	113.000	61597.430	139210.19							61597.430	139210.19
5005009	导爆索爆速6000～7000m/s	m	3.19	60.000	32706.600	104334.05							32706.600	104334.05
7001001	电缆35mm²三芯铝芯连地	m	37.09	0.070	38.158	1415.27							38.158	1415.27
7001004	电线6～25mm²BLX铝芯500V	m	1.97	0.650	354.322	698.01							354.322	698.01
7801001	其他材料费	元	1.00	80.400	43826.844	43826.84							43826.844	43826.84

代号	工程项目			正洞机械开挖自卸汽车运输			自卸汽车运土、石方						合计	
	工程细目			正洞机械开挖Ⅲ级围岩隧长1000m以内自卸汽车运输			装载质量20t以内自卸汽车运石1.5km							
	定额单位			100m³自然密实土、石			1000m³天然密实方							
	工程数量			545.110			54.511							
	定额表号			3~1~3~3			1~1~10~25改							
	工、料、机名称	单位	单价（元）	定额	数量	金额（元）	定额	数量	金额（元）	定额	数量	金额（元）	数量	金额（元）
8001027	斗容量 1.0m³ 履带式单斗挖掘机 WY100 液压	台班	1168.04	0.020	10.902	12734.21							10.902	12734.21
8001053	斗容量 3.0m³ 轮胎式装载机 ZLD50 三向倾卸	台班	1294.37	0.270	147.180	190504.99							147.180	190504.99
8001103	气腿式风动凿岩机	台班	18.81	6.560	3575.922	67263.09							3575.922	67263.09
8007002	装载质量 3t 以内载货汽车	台班	404.21	0.150	81.767	33050.84							81.767	33050.84
8007019	装载质量 20t 以内自卸汽车 BJ374	台班	1092.76	0.720	392.479	428885.57	5.380	293.269	320472.83				685.748	749358.40
8009046	最大作业高度 10m 以内高空作业车 QYJ5040JGKZ10	台班	507.84	0.010	5.451	2768.29							5.451	2768.29
8013019	出水口直径 100mm 以内潜水泵	台班	32.55	0.130	70.864	2306.63							70.864	2306.63
8017045	排气量 20m³/min 以内电动空气压缩机 4L-20/8	台班	737.13	1.410	768.605	566561.88							768.605	566561.88
8023004	功率 75kW 以内轴流式通风机	台班	450.66	1.120	610.523	275138.39							610.523	275138.39
8099001	小型机具使用费	元	1.00	178.300	97193.113	97193.11							97193.113	97193.11
9999001	定额基价	元	1.00	12920.550	4672642.337	4672642.34	1120.520	328613.982	328613.98				5001256.318	5001256.32
	直接费	元				4769739.18			320472.83					5090212.01
	措施费 Ⅰ	元		3440328.050	0.460%	15825.51	328613.982	2.449%	8047.76					23873.27
	措施费 Ⅱ	元		4672642.337	1.195%	55838.56	328613.982	0.154%	506.03					56344.59
	企业管理费	元		4672682.920	4.743%	221625.35	328592.308	2.279%	7488.62					229113.97
	规费	元		1865484.164	35.900%	669708.82	31168.649	35.900%	11189.55					680898.36
	利润	元		4965972.345	7.420%	368475.15	344634.717	7.420%	25571.90					394047.04
	税金	元		6101212.567	9.000%	549109.13	373276.678	9.000%	33594.90					582704.03
	金额合计	元				6650321.70			406871.58					7057193.28

45. 管棚 (ϕ108)

编制范围：上下水库连接路工程

工程名称：管棚（ϕ108）　　　　单位：m　　　　数量：1800.0　　　　单价：295.75 元

代	工程项目			管棚、小导管									合计	
	工程细目			管棚管径 108mm										
	定额单位			10m										
	工程数量			180.000										
号	定额表号			3～1～7～4										
	工、料、机名称	单位	单价（元）	定额	数量	金额（元）	定额	数量	金额（元）	定额	数量	金额（元）	数量	金额（元）
1001001	人工	工日	106.28	3.200	576.000	61217.28							576.000	61217.28
2003008	钢管无缝钢管	t	4179.49	0.161	28.980	121121.62							28.980	121121.62
2009005	ϕ150mm 以内合金钻头	个	550.00	0.200	36.000	19800.00							36.000	19800.00
3005004	水	m³	2.86	2.000	360.000	1029.60							360.000	1029.60
4003002	锯材中板 δ＝19～35mm，中方混合规格	m³	2099.00	0.030	5.400	11334.60							5.400	11334.60
7801001	其他材料费	元	1.00	58.300	10494.000	10494.00							10494.000	10494.00
8001112	ϕ38～115mm 液压潜孔钻机 YYG150 含支架	台班	551.58	0.750	135.000	74463.30							135.000	74463.30
8007003	装载质量 4t 以内载货汽车 CA10B	台班	474.90	0.020	3.600	1709.64							3.600	1709.64
8017045	排气量 20m³/min 以内电动空气压缩机 4L-20/8	台班	737.13	0.810	145.800	107473.55							145.800	107473.55
8099001	小型机具使用费	元	1.00	31.100	5598.000	5598.00							5598.000	5598.00
9999001	定额基价	元	1.00	7609.180	390106.420	390106.42							390106.420	390106.42
	直接费	元				414241.59								414241.59
	措施费 Ⅰ	元		246446.172	0.391％	963.60								963.60
	措施费 Ⅱ	元		390106.420	0.564％	2199.94								2199.94
	企业管理费	元		390060.000	3.472％	13542.88								13542.88
	规费	元		75947.688	35.900％	27265.22								27265.22
	利润	元		406766.429	7.420％	30182.07								30182.07
	税金	元		488395.311	9.000％	43955.58								43955.58
	金额合计	元				532350.89								532350.89

46. 中空注浆锚杆 C25

分项工程概算表

编制范围：上下水库连接路工程

工程名称：中空注浆锚杆 C25 L＝4.5m　　　　　单位：m　　　　　数量：17224.0　　　　　单价：69.42 元

代号	工、料、机名称	单位	单价（元）	工程项目									合计	
				锚杆及金属网										
				中空注浆锚杆										
				100m										
				172.240										
				3～1～6～2										
				定额	数量	金额（元）	定额	数量	金额（元）	定额	数量	金额（元）	数量	金额（元）
1001001	人工	工日	106.28	11.300	1946.312	206854.04							1946.312	206854.04
2001021	8～12 号铁丝镀锌铁丝	kg	6.50	0.900	155.016	1007.60							155.016	1007.60
2009003	空心钢钎优质碳素工具钢	kg	6.84	5.100	878.424	6008.42							878.424	6008.42
2009004	ϕ50mm 以内合金钻头 ϕ43mm	个	80.00	3.000	516.720	41337.60							516.720	41337.60
2009008	中空注浆锚杆混合规格	m	30.00	101.000	17396.240	521887.20							17396.240	521887.20
2009030	铁钉混合规格	kg	4.60	0.100	17.224	79.23							17.224	79.23
3005004	水	m³	2.86	5.000	861.200	2463.03							861.200	2463.03
4003001	原木混合规格	m³	1540.43	0.010	1.722	2653.24							1.722	2653.24
4003002	锯材中板 δ＝19～35mm，中方混合规格	m³	2099.00	0.010	1.722	3615.32							1.722	3615.32
5503005	中（粗）砂混凝土、砂浆用堆方	m³	140.00	0.160	27.558	3858.18							27.558	3858.18
5509001	32.5 级水泥	t	502.65	0.187	32.209	16189.79							32.209	16189.79
7801001	其他材料费	元	1.00	2.100	361.704	361.70							361.704	361.70
8001103	气腿式风动凿岩机	台班	18.81	2.900	499.496	9395.52							499.496	9395.52
8007046	装载质量 1.0t 以内机动翻斗车 F10A	台班	209.48	0.110	18.946	3968.89							18.946	3968.89

代号	工程项目		锚杆及金属网											合计	
	工程细目		中空注浆锚杆												
	定额单位		100m												
	工程数量		172.240												
	定额表号		3~1~6~2												
	工、料、机名称	单位	单价（元）	定额	数量	金额（元）	定额	数量	金额（元）	定额	数量	金额（元）		数量	金额（元）
8017045	排气量 20m³/min 以内电动空气压缩机 4L-20/8	台班	737.13	0.820	141.237	104109.88								141.237	104109.88
8099001	小型机具使用费	元	1.00	36.700	6321.208	6321.21								6321.208	6321.21
9999001	定额基价	元	1.00	4291.110	769333.717	769333.72								769333.717	769333.72
	直接费	元				930110.86									930110.86
措施费	Ⅰ	元		324766.271	0.391%	1269.84									1269.84
	Ⅱ	元		769333.717	0.564%	4339.39									4339.39
	企业管理费	元		769396.080	3.472%	26713.43									26713.43
	规费	元		208867.663	35.900%	74983.49									74983.49
	利润	元		801718.747	7.420%	59487.53									59487.53
	税金	元		1096904.544	9.000%	98721.41									98721.41
	金额合计	元				1195625.95									1195625.95

47. 喷射混凝土

分项工程概算表

编制范围：上下水库连接路工程

工程名称：喷射混凝土　　　　　单位：m³　　　　　数量：2869.0　　　　　单价：1140.62 元

代号	工程项目		喷射混凝土				混凝土搅拌机拌和							合计	
	工程细目		喷射混凝土				混凝土搅拌机拌和（250L 以内）								
	定额单位		10m³				10m³								
	工程数量		286.900				295.507								
	定额表号		3~1~8~1				4~6~1~1								
	工、料、机名称	单位	单价（元）	定额	数量	金额（元）	定额	数量	金额（元）	定额	数量	金额（元）		数量	金额（元）
1001001	人工	工日	106.28	18.900	5422.410	576293.73	2.100	620.565	65953.62					6042.975	642247.35

代号	工、料、机名称	单位	单价（元）	喷射混凝土			混凝土搅拌机拌和						合计	
	工程项目			喷射混凝土			混凝土搅拌机拌和（250L 以内）							
	工程细目													
	定额单位			10m³			10m³							
	工程数量			286.900			295.507							
	定额表号			3～1～8～1			4～6～1～1							
				定额	数量	金额（元）	定额	数量	金额（元）	定额	数量	金额（元）	数量	金额（元）
3005004	水	m³	2.86	24.000	6885.600	19692.82							6885.600	19692.82
4003002	锯材中板 δ＝19～35mm，中方混合规格	m³	2099.00	0.010	2.869	6022.03							2.869	6022.03
5503005	中（粗）砂混凝土、砂浆用堆方	m³	140.00	7.200	2065.680	289195.20							2065.680	289195.20
5505012	碎石（2cm）最大粒径 2cm 堆方	m³	120.00	6.840	1962.396	235487.52							1962.396	235487.52
5509001	32.5 级水泥	t	502.65	5.628	1614.673	811615.48							1614.673	811615.48
7801001	其他材料费	元	1.00	378.400	108562.960	108562.96							108562.960	108562.96
8005002	出料容量 250L 以内强制式混凝土搅拌机 JD250	台班	181.65				0.410	121.158	22008.33				121.158	22008.33
8005011	生产功率 4～6m³/h 混凝土喷射机 HPH6	台班	321.18	1.320	378.708	121633.44							378.708	121633.44
8017045	排气量 20m³/min 以内电动空气压缩机 4L-20/8	台班	737.13	0.800	229.520	169186.08							229.520	169186.08
8099001	小型机具使用费	元	1.00	116.700	33481.230	33481.23							33481.230	33481.23
9999001	定额基价	元	1.00	3112.050	1872097.645	1872097.64	284.140	87502.755	87502.76				1959600.400	1959600.40
	直接费	元				2371170.49			87961.94					2459132.43
	措施费 Ⅰ	元		889794.070	0.460%	4093.05	87502.755	2.738%	2395.83					6488.88
	措施费 Ⅱ	元		1872097.645	1.195%	22370.67	87502.755	1.537%	1344.42					23715.08
	企业管理费	元		1872022.500	4.743%	88790.03	87470.072	6.166%	5393.40					94183.43
	规费	元		656791.908	35.900%	235788.30	78830.273	35.900%	28300.07					264088.36
	利润	元		1987276.253	7.420%	147455.90	96603.720	7.420%	7168.00					154623.89
	税金	元		2869668.433	9.000%	258270.16	132563.656	9.000%	11930.73					270200.89
	金额合计	元				3127938.59			144494.38					3272432.97

48. 钢筋网

分项工程概算表

编制范围：上下水库连接路工程

工程名称：钢筋网　　　　　　　　　单位：kg　　　　　　　数量：34242.0　　　　　　单价：7.72 元

代号	工程项目			锚杆及金属网									合计	
	工程细目			钢筋网										
	定额单位			1t										
	工程数量			34.242										
	定额表号			3～1～6～4										
	工、料、机名称	单位	单价（元）	定额	数量	金额（元）	定额	数量	金额（元）	定额	数量	金额（元）	数量	金额（元）
1001001	人工	工日	106.28	13.100	448.570	47674.04							448.570	47674.04
2001001	HPB300 钢筋	t	4047.13	1.025	35.098	142046.37							35.098	142046.37
2001022	20～22 号铁丝镀锌铁丝	kg	6.50	0.900	30.818	200.32							30.818	200.32
2009011	电焊条结 422（502、506、507）3.2/4.0/5.0	kg	7.50	6.300	215.725	1617.93							215.725	1617.93
8015028	容量 32kV·A 以内交流电弧焊机 BX1-330	台班	190.22	1.530	52.390	9965.68							52.390	9965.68
8099001	小型机具使用费	元	1.00	23.200	794.414	794.41							794.414	794.41
9999001	定额基价	元	1.00	3635.360	176497.415	176497.42							176497.415	176497.42
	直接费	元				202298.75								202298.75
	措施费 Ⅰ	元		58120.313	0.391%	227.25								227.25
	措施费 Ⅱ	元		176497.415	0.564%	995.37								995.37
	企业管理费	元		176483.268	3.472%	6127.50								6127.50
	规费	元		53242.078	35.900%	19113.91								19113.91
	利润	元		183833.383	7.420%	13640.44								13640.44
	税金	元		242403.211	9.000%	21816.29								21816.29
	金额合计	元				264219.50								264219.50

49. 水泥混凝土面层厚 260mm 隧道内

分项工程概算表

编制范围：上下水库连接路工程

工程名称：C25 水泥混凝土面层（厚 260mm）　　　　单位：m²　　　　数量：6984.0　　　　单价：137.33 元

代号	工程项目			普通混凝土									合计	
	工程细目			轨道式摊铺机铺筑混凝土路面厚度 26cm										
	定额单位			1000m² 路面										
	工程数量			6.984										
	定额表号			2～2～15～3 改										
	工、料、机名称	单位	单价（元）	定额	数量	金额（元）	定额	数量	金额（元）	定额	数量	金额（元）	数量	金额（元）
1001001	人工	工日	106.28	100.170	699.587	74352.14							699.587	74352.14
2001001	HPB300 钢筋	t	4047.13	0.003	0.021	84.80							0.021	84.80
2003004	型钢工字钢，角钢	t	3997.64	0.001	0.007	27.92							0.007	27.92
3001001	石油沥青	t	5085.39	0.123	0.859	4368.51							0.859	4368.51
3005001	煤	t	561.95	0.026	0.182	102.04							0.182	102.04
3005004	水	m³	2.86	42.000	293.328	838.92							293.328	838.92
4003002	锯材中板 δ＝19～35mm，中方混合规格	m³	2099.00	0.060	0.419	879.56							0.419	879.56
5503005	中（粗）砂混凝土、砂浆用堆方	m³	140.00	121.980	851.908	119267.16							851.908	119267.16
5505013	碎石（4cm）最大粒径 4cm 堆方	m³	120.00	220.140	1537.458	184494.93							1537.458	184494.93
5509001	32.5 级水泥	t	502.65	99.978	698.246	350973.53							698.246	350973.53
7801001	其他材料费	元	1.00	288.100	2012.090	2012.09							2012.090	2012.09
8003077	2.5～4.5m 轨道式水泥混凝土摊铺机 HTG4500 含模轨 400m	台班	1323.75	0.680	4.749	6286.65							4.749	6286.65
8003083	混凝土电动刻纹机 RQF180	台班	267.45	9.274	64.770	17322.63							64.770	17322.63
8003085	电动混凝土切缝机（含锯片摊销费用）SLF	台班	211.60	3.213	22.440	4748.22							22.440	4748.22
8007043	容量 10000L 以内洒水汽车 YGJ5170GSSJN	台班	1085.86	1.903	13.291	14431.68							13.291	14431.68

代 号	工程项目			普通混凝土									合计	
	工程细目			轨道式摊铺机铺筑混凝土路面厚度 26cm										
	定额单位			1000m² 路面										
	工程数量			6.984										
	定额表号			2～2～15～3 改										
	工、料、机名称	单位	单价（元）	定额	数量	金额（元）	定额	数量	金额（元）	定额	数量	金额（元）	数量	金额（元）
9999001	定额基价	元	1.00	16946.340	546937.714	546937.71							546937.714	546937.71
	直接费	元				780190.78								780190.78
	措施费　Ⅰ	元		117274.772	2.931%	3437.32								3437.32
	措施费　Ⅱ	元		546937.713	0.818%	4473.95								4473.95
	企业管理费	元		546937.992	3.335%	18240.38								18240.38
	规费	元		86547.460	35.900%	31070.54								31070.54
	利润	元		573089.650	7.420%	42523.25								42523.25
	税金	元		879936.233	9.000%	79194.26								79194.26
	金额合计	元				959130.49								959130.49

50. 1.5mm EVA 防水板

分项工程概算表

编制范围：上下水库连接路工程

工程名称：1.5mm EVA 防水板　　　　单位：m²　　　　数量：28831.0　　　　单价：29.51 元

代 号	工程项目			防水板与止水带（条）									合计	
	工程细目			EVA 防水板										
	定额单位			100m²										
	工程数量			288.310										
	定额表号			3～1～11～2										
	工、料、机名称	单位	单价（元）	定额	数量	金额（元）	定额	数量	金额（元）	定额	数量	金额（元）	数量	金额（元）
1001001	人工	工日	106.28	3.500	1009.085	107245.55							1009.085	107245.55
5001010	塑料防水板厚1.2mm	m²	15.38	113.000	32579.030	501065.48							32579.030	501065.48
7801001	其他材料费	元	1.00	114.400	32982.664	32982.66							32982.664	32982.66
8099001	小型机具使用费	元	1.00	36.000	10379.160	10379.16							10379.160	10379.16
9999001	定额基价	元	1.00	123.660	651672.859	651672.86							651672.859	651672.86

代号	工程项目			防水板与止水带（条）										合计	
	工程细目			EVA 防水板											
	定额单位			100m²											
	工程数量			288.310											
	定额表号			3～1～11～2											
	工、料、机名称	单位	单价（元）	定额	数量	金额（元）	定额	数量	金额（元）	定额	数量	金额（元）		数量	金额（元）
	直接费	元				651672.86									651672.86
措施费	Ⅰ	元		117624.714	0.460%	541.07									541.07
	Ⅱ	元		651672.859	1.195%	7786.39									7786.39
	企业管理费	元		651580.600	4.743%	30904.47									30904.47
	规费	元		107245.554	35.900%	38501.15									38501.15
	利润	元		690812.534	7.420%	51258.29									51258.29
	税金	元		780664.233	9.000%	70259.78									70259.78
	金额合计	元				850924.01									850924.01

51. 波形梁钢护栏

分项工程概算表

编制范围：上下水库连接路工程

工程名称：波形梁钢护栏　　　　　　单位：m　　　　　　数量：5482.0　　　　　　单价：215.29元

代号	工程项目			波形钢板护栏			波形钢板护栏			波形钢板护栏			合计	
	工程细目			波型钢板护栏基础混凝土			埋入波型钢板护栏钢管立柱			安装波型钢板护栏单面面板波型钢板				
	定额单位			10m³			1t			1t				
	工程数量			27.410			47.430			83.130				
	定额表号			5～1～2～1			5～1～2～2			5～1～2～5				
	工、料、机名称	单位	单价（元）	定额	数量	金额（元）	定额	数量	金额（元）	定额	数量	金额（元）	数量	金额（元）
1001001	人工	工日	106.28	15.000	411.150	43697.02	9.900	469.557	49904.52	0.300	24.939	2650.52	905.646	96252.06
2001019	钢丝绳股丝（6～7）×19，绳径7.1～9mm；股丝6×37，绳径14.1～15.5mm	t	5970.09							0.008	0.665	3970.35	0.665	3970.35
2003005	钢板 A3，δ＝5～40mm	t	4500.00				0.032	1.518	6829.92				1.518	6829.92
2003015	钢管立柱	t	5128.21				1.010	47.904	245663.31				47.904	245663.31
2003017	波形钢板镀锌（包括端头板、撑架）	t	5299.15							1.010	83.961	444923.52	83.961	444923.52

代号	工程项目			波形钢板护栏			波形钢板护栏			波形钢板护栏			合计	
	工程细目			波型钢板护栏基础混凝土			埋入波型钢板护栏钢管立柱			安装波型钢板护栏单面面板波型钢板				
	定额单位			10m³			1t			1t				
	工程数量			27.410			47.430			83.130				
	定额表号			5~1~2~1			5~1~2~2			5~1~2~5				
	工、料、机名称	单位	单价（元）	定额	数量	金额（元）	定额	数量	金额（元）	定额	数量	金额（元）	数量	金额（元）
2009011	电焊条结 422（502、506、507）3.2/4.0/5.0	kg	7.50				6.000	284.580	2134.35				284.580	2134.35
2009013	螺栓混合规格	kg	7.35							53.500	4447.455	32688.79	4447.455	32688.79
3005004	水	m³	2.86	12.000	328.920	940.71							328.920	940.71
5503005	中（粗）砂混凝土、砂浆用堆方	m³	140.00	5.510	151.029	21144.07							151.029	21144.07
5505015	碎石（8cm）最大粒径8cm堆方	m³	120.00	8.360	229.148	27497.71							229.148	27497.71
5509001	32.5级水泥	t	502.65	2.876	78.831	39624.48							78.831	39624.48
7801001	其他材料费	元	1.00	2.600	71.266	71.27	11.300	535.959	535.96				607.225	607.23
8007001	装载质量2t以内载货汽车	台班	344.93				0.380	18.023	6216.81				18.023	6216.81
8007003	装载质量4t以内载货汽车 CA10B	台班	474.90							0.060	4.988	2368.71	4.988	2368.71
8015028	容量32kV·A以内交流电弧焊机 BX1-330	台班	190.22				0.700	33.201	6315.49				33.201	6315.49
8099001	小型机具使用费	元	1.00				42.500	2015.775	2015.78				2015.775	2015.78
9999001	定额基价	元	1.00	587.590	101024.693	101024.69	9315.570	317416.321	317416.32	11852.970	486577.947	486577.95	905018.961	905018.96
	直接费	元				132975.27			319616.14			486601.89		939193.30
	措施费 Ⅰ	元		43697.022	0.391%	170.86	64202.899	0.391%	251.03	4995.282	0.391%	19.53		441.42
	措施费 Ⅱ	元		101024.693	0.564%	569.83	317416.322	0.564%	1790.14	486577.948	0.564%	2744.20		5104.17
	企业管理费	元		101033.260	3.472%	3507.87	317401.560	3.472%	11020.18	486559.890	3.472%	16893.36		31421.42
	规费	元		43697.022	35.900%	15687.23	55348.646	35.900%	19870.16	3180.621	35.900%	1141.84		36699.24
	利润	元		105281.819	7.420%	7811.91	330462.925	7.420%	24520.35	506216.981	7.420%	37561.30		69893.56
	税金	元		160722.967	9.000%	14465.07	377068.011	9.000%	33936.12	544962.122	9.000%	49046.59		97447.78
	金额合计	元				175188.04			411004.13			594008.71		1180200.88

52. 被动型防护网

分项工程概算表

编制范围：上下水库连接路工程

工程名称：被动型防护网　　　　　　单位：m²　　　　　　数量：1200.0　　　　　　单价：397.93 元

代 号	工程项目					柔性防护网								合计	
	工程细目					柔性防护网，被动防护网									
	定额单位					100m²									
	工程数量					12.000									
	定额表号					1～4～8～5 改									
	工、料、机名称	单位	单价（元）	定额	数量	金额（元）	定额	数量	金额（元）	定额	数量	金额（元）	数量	金额（元）
1001001	人工	工日	106.28	22.700	272.400	28950.67							272.400	28950.67
2001019	钢丝绳股丝 6-7×19，绳径 7.1～9mm；股丝 6×37，绳径 14.1～15.5mm	t	5970.09	0.138	1.656	9886.47							1.656	9886.47
2001021	8～12 号铁丝镀锌铁丝	kg	6.50	1.500	18.000	117.00							18.000	117.00
2009031	滑动槽	kg	18.46	8.000	96.000	1772.16							96.000	1772.16
7801001	其他材料费	元	1.00	187.700	2252.400	2252.40							2252.400	2252.40
BC001	250KJ 拦截系统	m²	250.00	110.000	1320.000	330000.00							1320.000	330000.00
8009080	牵引力 30kN 以内单筒慢动电动卷扬机 JJM-3	台班	156.58	0.850	10.200	1597.12							10.200	1597.12
8099001	小型机具使用费	元	1.00	4.700	56.400	56.40							56.400	56.40
9999001	定额基价	元	1.00	6562.480	374567.687	374567.69							374567.687	374567.69
	直接费	元				374632.22								374632.22
	措施费 I	元		30578.178	2.296%	702.07								702.08
	措施费 II	元		374567.687	1.201%	4498.56								4498.56
	企业管理费	元		374568.000	4.795%	17960.54								17960.54
	规费	元		30034.727	35.900%	10782.47								10782.47
	利润	元		397729.178	7.420%	29511.51								29511.51
	税金	元		438087.367	9.000%	39427.86								39427.86
	金额合计	元				477515.23								477515.23

53. 单柱式交通标志

分项工程概算表

编制范围：上下水库连接路工程

工程名称：单柱式交通标志　　　　单位：个　　　　数量：16.0　　　　单价：4503.47 元

代号	工程项目					铝合金标志牌									合计	
	工程细目					安装单柱式铝合金标志牌										
	定额单位					10 处										
	工程数量					1.600										
	定额表号					5～1～7～1										
	工、料、机名称	单位	单价（元）	定额	数量	金额（元）	定额	数量	金额（元）	定额	数量	金额（元）			数量	金额（元）
1001001	人工	工日	106.28	31.000	49.600	5271.49									49.600	5271.49
2001001	HPB300 钢筋	t	4047.13	0.338	0.541	2188.69									0.541	2188.69
2001022	20～22 号铁丝镀锌铁丝	kg	6.50	1.680	2.688	17.47									2.688	17.47
2003004	型钢工字钢，角钢	t	3997.64	0.008	0.013	51.17									0.013	51.17
2003015	钢管立柱	t	5128.21	1.298	2.077	10650.27									2.077	10650.27
2003026	组合钢模板	t	5500.00	0.013	0.021	114.40									0.021	114.40
2009011	电焊条结 422（502、506、507）3.2/4.0/5.0	kg	7.50	0.190	0.304	2.28									0.304	2.28
2009028	铁件铁件	kg	4.97	6.190	9.904	49.22									9.904	49.22
2009029	镀锌铁件	kg	5.73	900.080	1440.128	8251.93									1440.128	8251.93
3005004	水	m³	2.86	22.500	36.000	102.96									36.000	102.96
4003002	锯材中板 δ＝19～35mm，中方混合规格	m³	2099.00	0.002	0.003	6.72									0.003	6.72
5503005	中（粗）砂混凝土、砂浆用堆方	m³	140.00	9.190	14.704	2058.56									14.704	2058.56
5505013	碎石（4cm）最大粒径 4cm 堆方	m³	120.00	15.880	25.408	3048.96									25.408	3048.96
5509001	32.5 级水泥	t	502.65	6.407	10.251	5152.77									10.251	5152.77

代号	工、料、机名称		单位	单价（元）	定额	数量	金额（元）	定额	数量	金额（元）	定额	数量	金额（元）	数量	金额（元）
	工程项目				铝合金标志牌										合计
	工程细目				安装单柱式铝合金标志牌										
	定额单位				10 处										
	工程数量				1.600										
	定额表号				5～1～7～1										
6007002	铝合金标志包括板面、立柱、横梁、法兰盘、垫板及其他金属附件		t	16666.67	0.295	0.472	7866.67							0.472	7866.67
6007004	反光膜		m²	170.94	40.450	64.720	11063.24							64.720	11063.24
7801001	其他材料费		元	1.00	63.000	100.800	100.80							100.800	100.80
8007005	装载质量 6t 以内载货汽车 CA141K，CA1091K		台班	478.32	1.010	1.616	772.97							1.616	772.97
8009025	提升质量 5t 以内汽车式起重机 QY5		台班	640.83	0.890	1.424	912.54							1.424	912.54
8015028	容量 32kV·A 以内交流电弧焊机 BX1-330		台班	190.22	0.030	0.048	9.13							0.048	9.13
8099001	小型机具使用费		元	1.00	6.700	10.720	10.72							10.720	10.72
9999001	定额基价		元	1.00	36935.850	53669.203	53669.20							53669.203	53669.20
	直接费		元				57702.95								57702.95
	措施费	I	元		6994.252	0.391%	27.35								27.35
		II	元		53669.203	0.564%	302.69								302.69
	企业管理费		元		53668.800	3.472%	1863.38								1863.38
	规费		元		5751.022	35.900%	2064.62								2064.62
	利润		元		55862.224	7.420%	4144.98								4144.98
	税金		元		66105.956	9.000%	5949.54								5949.54
	金额合计		元				72055.50								72055.50

54. 单悬臂式交通标志

分项工程概算表

编制范围：上下水库连接路工程

工程名称：单悬臂式交通标志　　　　　　单位：个　　　　　　数量：1.0　　　　　　单价：23781.70 元

代号	工程项目			铝合金标志牌									合计	
	工程细目			安装单悬臂铝合金标志牌										
	定额单位			10 处										
	工程数量			0.100										
	定额表号			5～1～7～3										
	工、料、机名称	单位	单价（元）	定额	数量	金额（元）	定额	数量	金额（元）	定额	数量	金额（元）	数量	金额（元）
1001001	人工	工日	106.28	87.200	8.720	926.76							8.720	926.76
2001001	HPB300 钢筋	t	4047.13	0.584	0.058	236.35							0.058	236.35
2001022	20～22 号铁丝镀锌铁丝	kg	6.50	2.910	0.291	1.89							0.291	1.89
2003004	型钢工字钢，角钢	t	3997.64	0.023	0.002	9.19							0.002	9.19
2003015	钢管立柱	t	5128.21	12.632	1.263	6477.95							1.263	6477.95
2003026	组合钢模板	t	5500.00	0.040	0.004	22.00							0.004	22.00
2009011	电焊条结 422（502、506、507）3.2/4.0/5.0	kg	7.50	1.070	0.107	0.80							0.107	0.80
2009028	铁件铁件	kg	4.97	19.030	1.903	9.46							1.903	9.46
2009029	镀锌铁件	kg	5.73	6114.120	611.412	3503.39							611.412	3503.39
3005004	水	m³	2.86	69.180	6.918	19.79							6.918	19.79
4003002	锯材中板 δ＝19～35mm，中方混合规格	m³	2099.00	0.006	0.001	1.26							0.001	1.26
5503005	中（粗）砂混凝土、砂浆用堆方	m³	140.00	0.020	0.002	0.28							0.002	0.28
5505013	碎石（4cm）最大粒径 4cm 堆方	m³	120.00	0.020	0.002	0.24							0.002	0.24
6007002	铝合金标志包括板面、立柱、横梁、法兰盘、垫板及其他金属附件	t	16666.67	1.884	0.188	3140.00							0.188	3140.00

续表

代号	工程项目			铝合金标志牌										合计	
	工程细目			安装单悬臂铝合金标志牌											
	定额单位			10 处											
	工程数量			0.100											
	定额表号			5～1～7～3											
	工、料、机名称	单位	单价（元）	定额	数量	金额（元）	定额	数量	金额（元）	定额	数量	金额（元）	数量	金额（元）
6007004	反光膜	m²	170.94	271.580	27.158	4642.39							27.158	4642.39
7801001	其他材料费	元	1.00	193.700	19.370	19.37							19.370	19.37
8007007	装载质量 10t 以内载货汽车 JN161，JN162	台班	649.64	1.290	0.129	83.80							0.129	83.80
8009026	提升质量 8t 以内汽车式起重机 QY8	台班	703.10	1.380	0.138	97.03							0.138	97.03
8009046	最大作业高度 10m 以内高空作业车 QYJ5040JGKZ10	台班	507.84	0.250	0.025	12.70							0.025	12.70
8015028	容量 32kV·A 以内交流电弧焊机 BX1-330	台班	190.22	0.160	0.016	3.04							0.016	3.04
8099001	小型机具使用费	元	1.00	20.600	2.060	2.06							2.060	2.06
9999001	定额基价	元	1.00	37394.980	19164.566	19164.57							19164.567	19164.57
	直接费	元				19209.76								19209.76
措施费	Ⅰ	元		1129.237	0.391%	4.42								4.42
	Ⅱ	元		19164.566	0.564%	108.09								108.09
	企业管理费	元		19164.600	3.472%	665.39								665.40
	规费	元		976.819	35.900%	350.68								350.68
	利润	元		19942.493	7.420%	1479.73								1479.73
	税金	元		21818.067	9.000%	1963.63								1963.63
	金额合计	元				23781.70								23781.70

55. 里程碑

分项工程概算表

编制范围：上下水库连接路工程

工程名称：里程碑　　　　　　单位：个　　　　　数量：6.0　　　　　单价：134.55 元

代号	工程项目			里程碑、百米桩、界碑									合计	
	工程细目			预制混凝土里程碑										
	定额单位			100 块										
	工程数量			0.060										
	定额表号			5～1～10～1										
	工、料、机名称	单位	单价（元）	定额	数量	金额（元）	定额	数量	金额（元）	定额	数量	金额（元）	数量	金额（元）
1001001	人工	工日	106.28	33.800	2.028	215.54							2.028	215.54
2001001	HPB300 钢筋	t	4047.13	0.267	0.016	64.84							0.016	64.84
2003004	型钢工字钢，角钢	t	3997.64	0.005	0.000	1.20							0.000	1.20
2003026	组合钢模板	t	5500.00	0.032	0.002	10.56							0.002	10.56
2009028	铁件铁件	kg	4.97	18.000	1.080	5.37							1.080	5.37
3005004	水	m³	2.86	16.000	0.960	2.75							0.960	2.75
4003001	原木混合规格	m³	1540.43	0.021	0.001	1.94							0.001	1.94
5009002	油漆	kg	15.38	31.100	1.866	28.70							1.866	28.70
5503005	中（粗）砂混凝土、砂浆用堆方	m³	140.00	6.200	0.372	52.08							0.372	52.08
5505012	碎石（2cm）最大粒径 2cm 堆方	m³	120.00	4.410	0.265	31.75							0.265	31.75
5505015	碎石（8cm）最大粒径 8cm 堆方	m³	120.00	5.080	0.305	36.58							0.305	36.58
5509001	32.5 级水泥	t	502.65	3.325	0.200	100.28							0.200	100.28
7801001	其他材料费	元	1.00	68.600	4.116	4.12							4.116	4.12
8005002	出料容量 250L 以内强制式混凝土搅拌机 JD250	台班	181.65	0.170	0.010	1.85							0.010	1.85
8007003	装载质量 4t 以内载货汽车 CA10B	台班	474.90	1.000	0.060	28.49							0.060	28.49
8099001	小型机具使用费	元	1.00	1.900	0.114	0.11							0.114	0.11
9999001	定额基价	元	1.00	14166.450	493.501	493.50							493.501	493.50
	直接费	元				586.15								586.15

代	工程项目			里程碑、百米桩、界碑									合计	
	工程细目			预制混凝土里程碑										
	定额单位			100 块										
	工程数量			0.060										
号	定额表号			5～1～10～1										
	工、料、机名称	单位	单价（元）	定额	数量	金额（元）	定额	数量	金额（元）	定额	数量	金额（元）	数量	金额（元）
	措施费 Ⅰ	元		245.670	2.296%	5.64								5.64
	措施费 Ⅱ	元		493.501	1.201%	5.93								5.93
	企业管理费	元		493.500	4.795%	23.66								23.66
	规费	元		222.997	35.900%	80.06								80.06
	利润	元		528.733	7.420%	39.23								39.23
	税金	元		740.667	9.000%	66.66								66.66
	金额合计	元				807.33								807.33

56. 百米桩

分项工程概算表

编制范围：上下水库连接路工程

工程名称：百米桩　　　　　单位：个　　　　　数量：53.0　　　　　单价：14.23 元

代	工程项目			里程碑、百米桩、界碑									合计	
	工程细目			预制混凝土百米桩										
	定额单位			100 块										
	工程数量			0.530										
号	定额表号			5～1～10～2										
	工、料、机名称	单位	单价（元）	定额	数量	金额（元）	定额	数量	金额（元）	定额	数量	金额（元）	数量	金额（元）
1001001	人工	工日	106.28	3.700	1.961	208.42							1.961	208.42
2001001	HPB300 钢筋	t	4047.13	0.070	0.037	150.15							0.037	150.15
2003004	型钢工字钢，角钢	t	3997.64	0.001	0.001	2.12							0.001	2.12
2003026	组合钢模板	t	5500.00	0.007	0.004	20.41							0.004	20.41
2009028	铁件铁件	kg	4.97	3.700	1.961	9.75							1.961	9.75
3005004	水	m³	2.86	1.000	0.530	1.52							0.530	1.52
4003001	原木混合规格	m³	1540.43	0.004	0.002	3.27							0.002	3.27

代号	工程项目		里程碑、百米桩、界碑										合计	
	工程细目		预制混凝土百米桩											
	定额单位		100 块											
	工程数量		0.530											
	定额表号		5～1～10～2											
	工、料、机名称	单位	单价（元）	定额	数量	金额（元）	定额	数量	金额（元）	定额	数量	金额（元）	数量	金额（元）
5009002	油漆	kg	15.38	4.600	2.438	37.50							2.438	37.50
5503005	中（粗）砂混凝土、砂浆用堆方	m³	140.00	0.250	0.133	18.55							0.133	18.55
5505012	碎石（2cm）最大粒径2cm堆方	m³	120.00	0.410	0.217	26.08							0.217	26.08
5509001	32.5级水泥	t	502.65	0.188	0.100	50.08							0.100	50.08
7801001	其他材料费	元	1.00	4.800	2.544	2.54							2.544	2.54
8005002	出料容量250L以内强制式混凝土搅拌机JD250	台班	181.65	0.010	0.005	0.96							0.005	0.96
8007003	装载质量4t以内载货汽车CA10B	台班	474.90	0.050	0.027	12.58							0.027	12.58
8099001	小型机具使用费	元	1.00	0.400	0.212	0.21							0.212	0.21
9999001	定额基价	元	1.00	14083.930	479.512	479.51							479.512	479.51
	直接费	元				544.13								544.13
	措施费 Ⅰ	元		222.027	2.296%	5.10								5.10
	措施费 Ⅱ	元		479.511	1.201%	5.76								5.76
	企业管理费	元		479.650	4.795%	23.00								23.00
	规费	元		211.794	35.900%	76.03								76.03
	利润	元		513.504	7.420%	38.10								38.10
	税金	元		692.122	9.000%	62.29								62.29
	金额合计	元				754.41								754.41

57. 热熔型涂料路面标线

编制范围：上下水库连接路工程

工程名称：热熔型涂料路面标线　　　　　单位：m²　　　　　数量：2775.0　　　　　单价：44.78元

代号	工、料、机名称	单位	单价（元）	工程项目									合计	
				路面标线										
				水泥混凝土路面热熔标线										
				100m²										
				27.750										
				5～1～9～5										
				定额	数量	金额（元）	定额	数量	金额（元）	定额	数量	金额（元）	数量	金额（元）
1001001	人工	工日	106.28	3.200	88.800	9437.66							88.800	9437.66
5009007	底油	kg	11.37	23.000	638.250	7256.90							638.250	7256.90
5009008	热熔涂料	kg	4.10	469.000	13014.750	53360.48							13014.750	53360.48
6007003	反光玻璃珠 JT/T 280—1995 1、2号（A类）	kg	3.33	37.000	1026.750	3419.08							1026.750	3419.08
7801001	其他材料费	元	1.00	194.200	5389.050	5389.05							5389.050	5389.05
8003070	热熔标线设备（含热熔釜标线车 BJ-130）	台班	799.31	0.480	13.320	10646.81							13.320	10646.81
8007003	装载质量 4t 以内载货汽车 CA10B	台班	474.90	0.440	12.210	5798.53							12.210	5798.53
9999001	定额基价	元	1.00	1389.150	95165.450	95165.45							95165.450	95165.45
	直接费	元				95308.51								95308.51
	措施费 Ⅰ	元		25739.945	2.296%	590.99								590.99
	措施费 Ⅱ	元		95165.450	1.201%	1142.81								1142.81
	企业管理费	元		95154.750	4.795%	4562.67								4562.67
	规费	元		13566.641	35.900%	4870.42								4870.42
	利润	元		101451.213	7.420%	7527.68								7527.68
	税金	元		114003.078	9.000%	10260.28								10260.28
	金额合计	元				124263.36								124263.36

58. 振荡标线

分项工程概算表

编制范围：上下水库连接路工程

工程名称：振荡标线　　　　　　　　单位：m²　　　　　　　数量：8.0　　　　　　　单价：125.92 元

代号	工、料、机名称	工程项目	路面标线									合计	
		工程细目	振动标线										
		定额单位	100m²										
		工程数量	0.080										
		定额表号	5~1~9~7										
		单位	单价（元）	定额	数量	金额（元）	定额	数量	金额（元）	定额	数量	金额（元）	数量	金额（元）
1001001	人工	工日	106.28	7.000	0.560	59.52							0.560	59.52
5009007	底油	kg	11.37	23.000	1.840	20.92							1.840	20.92
6007003	反光玻璃珠 JT/T 280—1995　1、2号（A类）	kg	3.33	26.500	2.120	7.06							2.120	7.06
6007010	震动标线涂料	kg	8.12	784.900	62.792	509.87							62.792	509.87
7801001	其他材料费	元	1.00	194.200	15.536	15.54							15.536	15.54
8003075	凸起振动标线机	台班	598.23	1.370	0.110	65.57							0.110	65.57
8007003	装载质量 4t 以内载货汽车 CA10B	台班	474.90	2.610	0.209	99.16							0.209	99.16
9999001	定额基价	元	1.00	1193.530	776.090	776.09							776.090	776.09
	直接费	元				777.63								777.63
	措施费　Ⅰ	元		222.703	2.296%	5.11								5.11
	措施费　Ⅱ	元		776.090	1.201%	9.32								9.32
	企业管理费	元		776.080	4.795%	37.21								37.21
	规费	元		93.357	35.900%	33.52								33.52
	利润	元		827.722	7.420%	61.42								61.42
	税金	元		924.211	9.000%	83.18								83.18
	金额合计	元				1007.39								1007.39

59. 路面标识

编制范围：上下水库连接路工程

工程名称：路面标识　　　　　　单位：个　　　　　　数量：643.0　　　　　　单价：18.36元

代号	工、料、机名称	单位	单价（元）	定额	数量	金额（元）	定额	数量	金额（元）	定额	数量	金额（元）	数量	金额（元）
	工程项目			路面标线									合计	
	工程细目			自发光路面标识										
	定额单位			100个										
	工程数量			6.430										
	定额表号			5～1～9～11										
1001001	人工	工日	106.28	0.800	5.144	546.70							5.144	546.70
5001065	环氧树脂胶水	kg	21.37	4.000	25.720	549.64							25.720	549.64
6007005	反光突起路钮通用型、耐磨型、陶瓷隧道专用	个	10.26	101.000	649.430	6663.15							649.430	6663.15
7801001	其他材料费	元	1.00	9.700	62.371	62.37							62.371	62.37
8007001	装载质量2t以内载货汽车	台班	344.93	0.500	3.215	1108.95							3.215	1108.95
8099001	小型机具使用费	元	1.00	40.300	259.129	259.13							259.129	259.13
9999001	定额基价	元	1.00	482.020	9180.876	9180.88							9180.876	9180.88
	直接费	元				9189.94								9189.94
	措施费　Ⅰ	元		1905.717	2.296%	43.76								43.76
	措施费　Ⅱ	元		9180.876	1.201%	110.28								110.28
	企业管理费	元		9182.040	4.795%	440.28								440.28
	规费	元		888.393	35.900%	318.93								318.93
	利润	元		9776.348	7.420%	725.41								725.41
	税金	元		10828.589	9.000%	974.57								974.57
	金额合计	元				11803.16								11803.16